巷道施工

（第3版）

主　编　冯明伟　李开学

副主编　颜学荣　李　瑞

参　编　冯廷灿　王　琳

重庆大学出版社

内容提要

巷道施工是煤矿开采技术专业的专业核心课程。煤炭生产企业长期坚持"采掘并举,掘进先行"的指导方针,充分表明加强巷道掘进施工管理对维持协调平衡的矿井采掘关系、实现安全生产和稳定生产的重要意义。尤其在国内矿井逐步进入深部开采,瓦斯、地压危害进一步凸显的情况下,加快巷道施工速度、提高巷道掘进工效成为矿井生产技术管理的中心任务。为了满足培养学生现场综合应用能力的要求,本书既介绍了毫秒爆破、光面爆破原理和锚杆支护、喷射混凝土支护机理等理论知识,也收集了一些矿井不同类型的巷道施工实例。本书内容分为两个主要部分,第一部分是巷道施工的基础知识,介绍了岩石的性质、围岩分级与分类,国内目前先进的巷道施工工艺技术,掘进局部通风管理和综合防尘管理的相关规定,以及掘进施工组织管理、技术管理、安全与质量管理的基本要求;第二部分是巷道施工基础知识的应用,针对不同的施工对象,分别介绍了岩石平巷、煤与半煤岩巷、上山与下山(斜井)、立井、硐室与交岔点、煤仓以及巷道修复的施工特点、施工工艺和安全技术措施。本书可作为高职院校煤矿开采技术等煤炭类专业的教材,也可作为煤矿生产、安全、技术管理人员的培训和参考书。

图书在版编目(CIP)数据

巷道施工 / 冯明伟,李开学主编. -- 3 版. -- 重庆:
重庆大学出版社,2024.6
高职高专煤矿开采技术专业及专业群教材
ISBN 978-7-5689-4495-3

Ⅰ.①巷… Ⅱ.①冯… ②李… Ⅲ.①巷道施工—高
等职业教育—教材 Ⅳ.①TD263

中国国家版本馆 CIP 数据核字(2024)第 101626 号

巷道施工
(第3版)

主　编　冯明伟　李开学
副主编　颜学荣　李　瑞
参　编　冯廷灿　王　琳

责任编辑:苟荟羽　　版式设计:苟荟羽
责任校对:邹　忌　　责任印制:张　策

*

重庆大学出版社出版发行
出版人:陈晓阳
社址:重庆市沙坪坝区大学城西路 21 号
邮编:401331
电话:(023)88617190　88617185(中小学)
传真:(023)88617186　88617166
网址:http://www.cqup.com.cn
邮箱:fxk@cqup.com.cn(营销中心)
全国新华书店经销
重庆博优印务有限公司印刷

*

开本:787mm×1092mm　1/16　印张:13.5　字数:340 千
2024 年 6 月第 3 版　2024 年 6 月第 6 次印刷
印数:9 901—10 900
ISBN 978-7-5689-4495-3　定价:39.80 元

前　言

（第 3 版）

　　这是本教材的第二次修订。从修订的必要性来看,有两个主要因素。一是最近几年掘进施工装备技术取得长足发展,无论是采准巷道还是开拓巷道的施工速度和掘进工效都有了大幅提高,正在从根本上缓解一些矿井采掘关系长期紧张的被动局面。这些代表先进生产力发展方向的新技术、新工艺、新装备应该在教材中加以反映。煤炭行业通过淘汰落后产能、压减矿井数量,基本实现规模化、集约化生产,为矿井广泛应用机械化、自动化、智能化装备提供了客观条件。展望未来,掘支运一体化、智能化、无人化掘进配套作业线的推广和新型切割介质破岩技术的应用将为巷道施工带来新的重大变革。二是本教材第 1 版、第 2 版为体现职业教育的特点,其内容按项目任务教学的思路重构,在教学实践过程中出现了一个突出问题:如果把岩石性质与分级分类、巷道施工工艺技术和施工组织管理这部分基础知识放到其中某个施工项目(如岩石平巷施工)中,其他项目不涉及,从逻辑结构上看不合理,但如果其他项目都涉及又必然导致相关内容多次重复。本次修编针对这一问题调整了教材结构,第 1—4 章介绍煤矿井巷掘进的基础知识,第 5—10 章介绍不同类型的巷道施工特点、适用方法和工艺技术流程。高职院校煤矿开采技术专业的人才培养目标是向煤矿企业或行业管理部门输送技术技能型、技术管理型人才,因此我们不仅要让学生知道怎样做,还应当让学生知道为什么这样做。本书前半部分重在理论知识,后半部分重在实践训练,并采用了大量现场实例,力求更好地融合理论与实践知识。

　　本书由冯明伟、李开学担任主编,颜学荣、李瑞担任副主编,冯廷灿、王琳担任参编。第 2 章、第 5 章由冯明伟编写,第 1 章、第 7—10 章由李开学编写,第 3 章由王琳编写,第 4 章由冯廷灿编写,第 6 章由颜学荣编写,李瑞在课程思政方面提供了理念和思路。全书由冯明伟统稿。

本书在修编过程中得到重庆能投集团科技公司、四川古叙煤田开发公司、贵州渝能矿业公司同仁的支持与帮助，在此一并表示感谢！

由于编者水平有限，书中难免存在错谬之处，恳请各位专家、读者批评指正。此外因修订时间紧、资料收集范围不足，一些最新应用的掘进技术、工艺和装备没有收录到教材中，恳望煤炭行业企业的同志们支持我们继续丰富完善教材相关内容。

编　者

2023 年 7 月

目录

第1章
岩石分级与围岩分类

1 岩石的性质

1.1 岩石与岩体

岩石是指颗粒间牢固联结、呈整体或具有节理(裂隙),由各种造岩矿物颗粒组成的集合体。岩石是组成整体地壳的自然材料而非经搬运后的一块巨石。

岩体是指地下工程较大范围内的岩石,它可由一种或几种岩石组成。岩体内存在的层理、节理、不规则裂纹等称为结构。岩体的性质除取决于岩石性质外,在很大程度上受其结构的影响。从煤矿采掘工程角度来看,岩体包括岩石、地下水、瓦斯三部分。

1.1.1 岩石的分类与构造

1) 岩石的分类

岩石按其生成原因不同可分为岩浆岩、沉积岩和变质岩三大类。煤系地层多属沉积岩。

沉积岩是由沉积物经过压紧、脱水、胶结等固结成岩作用而形成的岩石,是一系列地质作用的产物。

注意:

①沉积物是自然界长期暴露在地表的多种岩石,由于受到各种物理、化学、风化、剥蚀和搬运等破坏作用,成为碎石、细砂、泥土及溶解于水的物质。这些风化剥蚀的产物,被流水或风搬运到海洋、湖泊及地表其他低洼地带沉积下来,称为沉积物。

②在建井工程中常把固结性岩石统称为基岩,而把覆盖在基岩上的松散性沉积物称为表土,如黄土、黏土、砂砾等。

煤矿井下最常见的沉积岩有角砾岩、石灰岩、砾岩、砂岩、泥岩和页岩等。煤层本身是由植物遗体转变而成的沉积岩。煤层的顶板和底板多是由沉积岩组成,煤矿的井巷工程绝大多数都布置在沉积岩中。因此,沉积岩与煤矿掘进巷道的围岩管理关系极为密切。

2)岩石的结构

岩石的结构是指决定岩石组织的各种特征的总合,即岩石中矿物颗粒的结晶程度、矿物或岩石碎屑颗粒的形状和大小、颗粒之间相互联结的状况以及胶结物的胶结类型等特征。

对于煤矿中常见的碎屑沉积岩来说,根据岩石结构可分为以下几种:

①砾状结构:指粒径大于 2 mm 的岩石碎屑胶结而成的碎屑结构类型,如砾岩。

②砂质结构:指粒径变化在 0.05 ~ 2 mm 的碎屑结构类型,如砂岩。

③粉砂质结构:指粒径变化在 0.005 ~ 0.05 mm 的碎屑结构类型,如粉砂岩、页岩等。

④泥质结构:指粒径小于 0.005 mm 的碎屑结构类型,如泥岩、页岩、黏土岩等。

3)岩石的构造

岩石的构造是指岩石中矿物颗粒集合体之间,以及与其他组成部分之间的排列方式和充填方式。常见的岩石构造有下列 3 种:

①整体构造:岩石的颗粒互相严密地紧贴在一起,没有固定的排列方向。

②多孔状构造:岩石颗粒彼此相接并不严密,颗粒之间有许多小孔隙(微孔)。

③层状构造:岩石颗粒互相交替,表现出层次叠置现象(层理)。

1.1.2 地下水

地下水是充填于岩石的孔隙、层理、节理、裂隙、断层甚至溶洞之中的水。地下水可使岩质软化,强度降低,与井巷工程的设计方案、施工方法与工期、工程投资与工程长期使用有着密切的关系。若对地下水的处理不当,可能产生不良影响,甚至发生水害事故。因此,在进行巷道施工时必须对地下水采取探、排、堵、截、引等措施。

1.1.3 瓦斯

瓦斯是由煤层气构成的以甲烷为主的有害气体的总称。在煤系地层中,瓦斯主要指的是甲烷(CH_4)。甲烷是无色、无味、无臭(简称"三无")气体,相对密度为 0.554,比空气轻,易积聚于巷道顶部,扩散能力是空气的 1.6 倍,扩散性与渗透性强。

瓦斯是煤矿生产中的主要自然灾害因素之一。其主要危害有瓦斯窒息、瓦斯爆炸、瓦斯喷出、煤与瓦斯突出。国内外已有不少矿井由于瓦斯危害造成人员伤亡和矿井严重破坏的惨痛教训。因此,必须掌握瓦斯事故的发生条件、发展规律及其预防措施,杜绝瓦斯事故的发生,确保安全生产顺利进行。

1.2 岩石的物理性质

岩石的物理性质主要用密度和表观密度、孔隙比、碎胀性和压实性、水胀性和水解性、软化性、硬度和耐磨性来表示。

1.2.1 岩石的密度和表观密度

密度是指物质单位体积的质量。岩石的密度按其是否包括孔隙体积可分为岩石的密度与表观密度,按其是否含水可分为湿密度和干密度。

岩石的表观密度是在自然干燥状态下(包括孔隙体积)的岩石单位体积的质量。计算式为：

$$\rho = \frac{m}{V}$$ (1.1)

式中　ρ——岩石的表观密度，kg/m^3 或 g/cm^3；

　　　m——岩石试件在干燥状态下的质量，kg 或 g；

　　　V——岩石试件在自然干燥状态下的体积，m^3 或 cm^3。

岩石的密度是在干燥绝对密实状态下（不包括孔隙体积）岩石单位体积的质量。计算式为：

$$\rho_0 = \frac{m}{V_0}$$ (1.2)

式中　ρ_0——岩石的密度，kg/m^3 或 g/cm^3；

　　　m——岩石试件在干燥状态下的质量，kg 或 g；

　　　V_0——岩石试件在绝对密实状态下的体积，m^3 或 cm^3。

煤矿中常见岩石的密度和表观密度见表 1.1。

表 1.1　煤矿中常见岩石的密度和表观密度

岩石名称	密度/($g \cdot cm^{-3}$)	表观密度/($kg \cdot m^{-3}$)
砂岩	2 600 ~ 2 750	2 000 ~ 2 600
页岩	2 570 ~ 2 770	2 000 ~ 2 400
石灰岩	2 480 ~ 2 850	2 200 ~ 2 600
煤	1 200 ~ 2 200	1 200 ~ 1 400

1.2.2　岩石的孔隙比

岩石的孔隙比（P）是指岩石中各种孔隙体积占试件内固体矿物颗粒体积（V_0）的百分比。它反映岩石中孔隙和裂隙的发育程度。计算式为：

$$P = \frac{V-V_0}{V_0} \times 100\% = \left(\frac{V}{V_0} - 1\right) \times 100\% = \left(\frac{\rho}{\rho_0} - 1\right) \times 100\%$$ (1.3)

式中　V——试件总体积（包括孔隙体积），m^3；

　　　V_0——试件固体矿物颗粒体积（不包括孔隙体积），m^3。

煤矿中常见岩石的孔隙比见表 1.2。

表 1.2　煤矿中常见岩石的孔隙比

岩石名称	孔隙比/%
砾岩	0.34 ~ 9.30
石灰岩	0.53 ~ 2.00
页岩	1.46 ~ 2.59
砂岩	1.60 ~ 2.83

岩石的孔隙比显著影响岩石的其他性质。随着岩石孔隙比的增大，一方面削弱岩石的整

体性,使岩石的密度和强度降低;另一方面由于孔隙的存在,可加快岩石的风化速度,进一步增大透水性,降低岩石的力学强度。

1.2.3 岩石的碎胀性和压实性

岩石的碎胀性是指岩石破碎以后的体积比处于整体状态下的体积增大的性质。两种状态下的体积比称为碎胀系数,用 α 来表示,可按下式计算:

$$\alpha = \frac{V''}{V} \tag{1.4}$$

式中　α——岩石的碎胀系数;

V''——岩石破碎膨胀后的堆积体积,m^3;

V——岩石处于整体状态下的体积,m^3。

碎胀系数与岩石的物理性质、破碎后块度大小及其排列状态等因素有关。

岩石破碎后,在其自重和外加载荷的作用下将被逐渐压实,体积随之减小,称为岩石的压实性。

破碎后的岩石被压实后的体积与破碎前原始体积之比,称为残余碎胀系数。残余碎胀系数反映破碎岩石被压实的程度,它与岩石本身的物理力学性质、外加载荷大小及破碎后经历的时间长短有关。

煤矿中常见岩石的碎胀系数和残余碎胀系数见表1.3。

表1.3　煤矿中常见岩石的碎胀系数和残余碎胀系数

岩石名称	碎胀系数	残余碎胀系数
砂	1.06 ~ 1.15	1.01 ~ 1.03
黏土	<1.20	1.03 ~ 1.07
碎煤	<1.20	1.05
泥质页岩	1.40	1.10
砂质页岩	1.60 ~ 1.80	1.10 ~ 1.15
硬砂岩	1.50 ~ 1.80	1.15 ~ 1.17

在巷道施工中,应按岩石破碎以后的体积选用装载、运输、提升等设备容器。岩石残余碎胀系数可用于粗略计算采煤工作面采空区顶板岩石的冒落高度。

1.2.4 岩石的水胀性和水解性

岩石的水胀性是指软岩遇水而膨胀的性质。岩石的水胀性指标的测试方法:试件浸入水中后,测量厚度膨胀量并计算其与原始厚度之比。

岩石的水解性是指软岩遇水崩解、破裂的性质。岩石的水解性指标的测试方法:试件浸入水中,崩解后剩余的试件质量与原始质量之比。

水胀性和水解性主要是松软岩石所表现的特征。

1.2.5 岩石的软化性

岩石的软化性是指岩石浸水后强度明显降低的特征,用软化系数来表示。

软化系数是吸水饱和状态下岩石试件的单向抗压强度与干燥岩石试件单向抗压强度的比值。表示水分对岩石强度的影响程度,可按下式计算:

$$K_R = \frac{R_b}{R_g} \tag{1.5}$$

式中　K_R——岩石的软化系数;

　　　R_b——吸水饱和状态下岩石试件的单向抗压强度,MPa;

　　　R_g——岩石试件在干燥状态下的单向抗压强度,MPa。

煤矿中常见岩石的软化系数见表 1.4。

表 1.4　煤矿中常见岩石的软化系数

岩石名称	干试件抗压强度/MPa	水饱和试件抗压强度/MPa	软化系数
黏土岩	20.7 ~ 59.0	2.4 ~ 31.8	0.12 ~ 0.54
页岩	57.0 ~ 136.0	13.7 ~ 75.1	0.24 ~ 0.55
砂岩	17.5 ~ 250.8	5.7 ~ 245.5	0.33 ~ 0.98
石灰岩	13.4 ~ 206.7	7.8 ~ 189.2	0.58 ~ 0.92

岩石浸水后的软化程度,与岩石中亲水性矿物和易溶性矿物的含量、孔隙发育情况、水的化学成分以及岩石浸水时间的长短等因素有关。亲水矿物和易溶矿物含量越多,开口孔隙越发育,岩石浸水时间越长,则岩石浸水后强度降低程度越大。

研究岩石的软化系数对湿式作业、高压注水软化控制坚硬难冒顶板等有着重要意义。

1.2.6　岩石的硬度和耐磨性

岩石的硬度是指岩石表面抵抗其他较硬物体压入或刻划的能力。岩石的硬度常用刻划法测定。硬度越大,则其耐磨性越好,加工越困难。

岩石的耐磨性是指岩石表面抵抗磨损的能力。岩石的耐磨性用磨损率来表示,可按下式计算:

$$N = \frac{m_1 - m_2}{A} \tag{1.6}$$

式中　N——岩石的磨损率,g/cm^2;

　　　m_1——岩石磨损前的质量,g;

　　　m_2——岩石磨损后的质量,g;

　　　A——岩石试件受磨面积,cm^2。

岩石的硬度和耐磨性对合理选择钻机钎头、掘进机截齿有重要的指导意义。

1.3　岩石的力学性质

岩石受到外部载荷时会发生变形,当载荷增加且超过岩石极限强度时,就会导致岩石破坏。因此,变形和破坏是岩石在载荷作用下力学性质变化过程中的两个阶段。

1.3.1　岩石的变形特性

岩石的变形特性与岩石类型、加载方式、载荷大小、加载时间、岩石的物理状态等因素有关。

1)岩石的弹性和塑性

岩石的弹性是指在外力作用下产生变形,当撤消外力后,能立即恢复到原形状的性质。这种立即能恢复的变形,称为弹性变形。

岩石在弹性变形范围内,其应力 σ 与应变 ε 的比值是一个常数,这个常数称为岩石的弹性模量(E),即

$$E = \frac{\sigma}{\varepsilon} \tag{1.7}$$

弹性模量是衡量岩石抵抗变形能力的一个指标,其值越大,则岩石越不易变形。

岩石的塑性是指在外力作用下产生变形,当撤消外力后,仍保持变形后的形状和尺寸的性质。这种不能恢复的永久变形,称为塑性变形。塑性变形具有不可逆性。

2)岩石的流变性质

岩石的流变是指岩石的应力应变随时间因素而变化的特性,表现为蠕变、弹性后效变形和松弛。

(1)蠕变

蠕变是指在恒定载荷持续作用下,应变随时间变化而增长的现象。蠕变有两种情况:当岩石应力较小时,经过一定时间,应变能稳定下来,不再增加,称为稳定蠕变;当岩石应力较大时,应变随时间变化而不断增加,直至岩石破碎,称为不稳定蠕变。

(2)弹性后效变形

弹性后效变形是指岩石在弹性变形阶段,卸载以后,有一部分变形立刻恢复,还有一部分变形不能立刻恢复,但是经过一段时间仍能完全恢复。弹性后效变形的发展很缓慢,而且变形量所占的比重较小,通常只占弹性变形的百分之几,很少超过10%。尽管如此,研究弹性后效变形在巷道支护中仍有重要意义。

(3)松弛

松弛是指在应变保持不变的条件下,应力将随时间逐渐减小的现象。利用岩石的松弛性质可以合理地选择井下支护形式和确定支护时间。

1.3.2 岩石的强度特性

岩石在载荷的作用下产生变形,当载荷达到一定程度时就会破坏。岩石发生破坏时所能承受的最大载荷称为极限载荷,单位面积上载荷称为极限强度。岩石强度常用抗压强度、抗拉强度、抗剪强度表示。

1)岩石的抗压强度

岩石试件在压缩时所能承受的最大压应力值,称为岩石的抗压强度。岩石的抗压强度又分为两类:岩石试件在单向压缩时所能承受的最大压应力值称为岩石的单轴抗压强度;岩石试件在三向压应力作用下所能承受的最大轴向应力(或称最大的主应力)称为岩石的三轴抗压强度。

2)岩石的抗拉强度

岩石试件在拉伸时能承受的最大拉应力值称为岩石的抗拉强度。岩石的抗拉强度主要受其内部因素的影响,如果组成岩石的矿物强度高,颗粒之间的联结力强,且孔隙不发育,则其抗拉强度高。

3)岩石的抗剪强度

岩石的抗剪强度是指岩石抵抗剪切作用的能力。常见岩石的单向抗压强度、抗拉强度与抗剪强度见表 1.5。

表 1.5　煤矿中常见岩石强度值　　　　　单位:kg/cm²

岩石名称		抗压强度	抗拉强度	抗剪强度
煤		50～500	20～50	11～165
砂岩类	细砂岩	1 060～1 460	56～180	178～545
	中砂岩	875～1 360	61～143	136～372
	粗砂岩	580～1 260	55～119	126～310
	粉砂岩	370～560	14～25	70～117
砾岩类	砂砾岩	710～1 240	29～99	72～294
	砾岩	820～960	41～120	67～269
页岩类	砂质页岩	490～920	40～121	210～305
	页岩	190～400	28～55	160～238
灰岩类	石灰岩	540～1 610	79～141	100～310

4)岩石各种强度之间的关系

岩石因受力状态不同,其极限强度悬殊。根据实验研究结果可知岩石在不同应力状态下的各种强度值,一般符合下列顺序:

三向等压抗压强度>三向不等压抗压强度>双向抗压强度>单向抗压强度>抗剪强度>抗拉强度。

针对岩石的特点,在破碎岩石时应使岩石处于拉伸或剪切的状态,在维护井巷时使岩石处于受压状态。

【思考与练习】

1.列表说明岩石的物理性质,分析岩石的碎胀系数与选择装岩设备的关系。

2.列表说明岩石的力学性质,排列岩石各种强度的大小顺序。

2　岩石分级和围岩分类

岩石分级是为了合理选择钻爆法施工的钻眼工具、爆破参数和机掘法施工的破岩设备;围岩分类是为了判定巷道周围岩体的稳定性并合理选择支护类型。

我国煤矿普遍应用以坚固性为基础的普氏岩石分级法和以围岩稳定性为基础的围岩分类法。

2.1 普氏岩石分级法

1926年,苏联采矿工程师M. M.普洛托吉雅可诺夫(简称"普氏")提出用一个综合性的指标即"坚固性系数"来划分岩石等级。坚固性系数是表示岩石在各种采矿作业(如钻眼、爆破等)以及地压等外力作用下被破坏的相对难易程度,不同于岩石的硬度、强度、可钻性和可爆性等指标。该方法是以岩块的强度为基础的,适用于岩石破碎方面的应用。

岩石的坚固性系数表示岩石破坏的相对难易程度,用 f 来表示,也称为普氏系数。f 值的计算式为:

$$f = \frac{R}{10} \tag{1.8}$$

式中 R——岩石的单向最大抗压强度,MPa。

根据 f 值的大小,普氏将岩石分为十级共15种,普氏岩石坚固性系数分类见表1.6。

表1.6 普氏岩石坚固性系数分类

级别	坚固性程度	岩石	坚固性系数 f
I	最坚固的岩石	最坚固、最致密的石英岩及玄武岩,其他最坚固的岩石	20
II	很坚固的岩石	很坚固的花岗岩类;石英斑岩,很坚固的花岗岩,硅质片岩;坚固程度较I级岩石稍差的石英岩;最坚固的砂岩及石灰岩	15
III	坚固的岩石	花岗岩(致密的)及花岗岩类岩石很坚固的砂岩及石灰岩;石英质矿脉,坚固的砾岩;很坚固的铁矿石	10
III$_a$	坚固的岩石	坚固的石灰岩;不坚固的花岗岩;坚固的砂岩;坚固的大理岩;白云岩;黄铁矿	8
IV	相当坚固的岩石	一般的砂岩,铁矿石	6
IV$_a$	相当坚固的岩石	砂质页岩;泥质砂岩	5
V	坚固性中等的岩石	坚固的页岩;不坚固的砂岩及石灰岩;软的砾岩	4
V$_a$	坚固性中等的岩石	各种不坚固的页岩;致密的泥灰岩	3
VI	相当软的岩石	软的页岩;很软的石灰岩;白垩纪岩盐;石膏;冻土;无烟煤;普通泥灰岩;破碎的砂岩;胶结的卵石及粗砂砾,多石块的土	2
VI$_a$	相当软的岩石	碎石土,破碎的页岩,结块的卵石及碎石,坚硬的烟煤硬化的黏土	1.5
VII	软土	致密的黏土;软的烟煤;坚固的表土层;黏土质土壤	1.0
VII$_a$	软土	轻砂质黏土(黄土、细砾石)	0.8
VIII	壤土状土	腐殖土;泥炭;轻亚黏土;湿砂	0.6
IX	松散土	砂;小的细砾石;填方土;已采下的煤	0.5
X	流动性土	流砂;沼泽土;含水黄土及其他含水土壤	0.3

普氏岩石分级法的优点是指标单一简便,分类方法简单易行,给设计与施工带来了方便,在我国矿山工程中至今仍广泛应用,但它只反映了岩石开挖的难易程度。由于定级的标准是以岩块强度为基础,不能反映岩体的稳定性和完整性等特征,而决定岩体稳定性的主要因素是岩体的完整性;另外,由于其分类等级较多,使用起来不很方便。因此,该方法一般对于松散岩体比较适用,而在坚固的裂隙发育较少的岩体中因计算结果偏大则不适用。

2.2　巷道围岩分类

2.2.1　按围岩稳定性分类

我国煤炭、冶金等行业对地下工程提出了岩体稳定性的分类方法,将围岩划分为五类,见表1.7。

表 1.7　巷道围岩稳定性分类表

围岩分类		岩层描述	巷道开掘后围岩的稳定状态 (3~5 m 跨度)	岩种
类别	名称			
Ⅰ	稳定岩层	1. 完整坚硬岩层, R_b >60 MPa, 不易风化; 2. 层状岩层层间胶结好, 无软弱夹层	围岩稳定, 长期不支护无碎块掉落现象	玄武岩、石英质砂岩、奥陶纪灰岩、茅口灰岩、大冶厚层灰岩
Ⅱ	稳定性较好岩层	1. 完整比较坚硬岩层, R_b 为 40 ~ 60 MPa; 2. 层状岩层, 胶结较好; 3. 坚硬块状岩层, 裂隙面闭合, 无泥质充填物, R_b >60 MPa	围岩基本稳定, 较长时间不支护会出现小块掉落	胶结好的砂岩和砾岩、大冶薄层灰岩
Ⅲ	中等稳定岩层	1. 完整的中硬岩层, R_b 为 20 ~ 40 MPa; 2. 层状岩层, 以坚硬岩层为主, 夹有少数软岩层; 3. 比较坚硬的块状岩层, R_b 为 40 ~ 60 MPa	围岩能维持一个月以上稳定, 有时会产生局部岩块掉落	砂岩、砂质页岩、粉砂岩、石灰岩、硬质凝灰岩
Ⅳ	稳定性较差岩层	1. 较软的完整岩层, R_b <20 MPa; 2. 中硬的层状岩层; 3. 中硬的块状岩层, R_b 为 20 ~ 40 MPa	围岩的稳定时间仅有几天	页岩、泥岩、胶结不好的砂岩、硬煤
Ⅴ	不稳定岩层	1. 易风化潮解剥落的松软岩层; 2. 各类破碎岩层	围岩很容易产生冒顶片帮	炭质页岩、花斑泥岩、软质凝灰岩、煤、破碎的各类岩石

注:当地下水影响围岩的稳定性时,应考虑适当降级。

巷道围岩稳定性分类法考虑了围岩的节理、裂隙影响,是一种定性分类方法。

2.2.2 按围岩松动圈大小分类

围岩松动圈是指巷道开挖而使围岩应力平衡状态破坏、产生松动变形的范围。巷道开挖后,破坏了围岩的原始应力平衡状态,当围岩应力超过围岩强度时,围岩即产生变形松动现象,若不及时支护,任其发展,就会产生岩层破坏、围岩冒落等现象。围岩松动圈是用超声波仪测定松动圈范围值,比较简单、实用。用围岩松动圈进行围岩分类,确定支护结构和参数,是一种行之有效的方法。

经过大量的现场松动圈测试及其与巷道支护难易程度相关关系的调研之后,结合锚喷支护机理,依据围岩松动圈的大小将围岩分为小松动圈(0~40 cm),中松动圈(40~150 cm)和大松动圈(>150 cm)三大类、六小类,见表1.8。

表1.8 巷道围岩松动圈分类表

围岩类别		分类名称	围岩松动圈/cm	支护机理及方法	备注
小松动圈	I	稳定围岩	0~40	喷浆支护	围岩整体性好,不易风化,可不支护
中松动圈	II	较稳定围岩	40~100	锚杆悬吊理论,喷层局部支护	
	III	一般围岩	100~150	锚杆悬吊理论,喷层局部支护	刚性支护有局部破坏,采用可缩性支护
大松动圈	IV	一般不稳定围岩(较软围岩)	150~200	锚杆组合拱理论,喷层,金属网局部支护	刚性支护大面积破坏,采用可缩性支护
	V	不稳定围岩(软岩)	200~300	锚杆组合拱理论,喷层,金属网局部支护	围岩变形有稳定期
	VI	极不稳定围岩(极软围岩)	>300	锚杆组合拱理论,锚网喷联合支护	围岩变形在一般支护下无稳定期

围岩松动圈分类法的主要特点是用围岩开挖后的松动变形范围作为划分依据并指导锚喷支护参数设计,是一种定量分析方法。

2.2.3 按围岩变形位移量大小分类

按围岩变形特征和围岩变形量大小进行围岩分类,符合多因素影响的地下工程实际状况,具有实践指导意义。根据锚喷支护参数设计需要,结合煤矿岩体的特点,将锚喷支护巷道围岩划分为五类,见表1.9。

表1.9 围岩变形位移量与支护结构参数对照表

围岩变形位移量/mm	围岩稳定类别	支护结构参数	
		巷道宽度:B≤5 m	巷道宽度:5 m<B<10 m
<5	I	不支护	喷浆或喷射30~50 mm厚度混凝土

续表

围岩变形位移量/mm	围岩稳定类别	支护结构参数	
		巷道宽度:$B \leq 5$ m	巷道宽度:5 m$<B<10$ m
6 ~ 10	Ⅱ	喷射 50 mm 厚度混凝土	喷射 80 ~ 100 mm 厚度混凝土,必要时设局部锚杆
11 ~ 50	Ⅲ	喷射 80 ~ 100 mm 厚度混凝土,局部锚杆或锚网	喷射 100 ~ 150 mm 厚度混凝土、锚杆或锚网
50 ~ 200	Ⅳ	喷射 100 ~ 150 mm 厚度混凝土、锚网或锚网加钢拱架,二次支护	喷射 150 ~ 200 mm 厚度混凝土、锚网或锚网加钢拱架,二次支护
>200	Ⅴ	喷射 150 ~ 200 mm 厚度混凝土、锚网或锚网加桁架,二次支护	喷射 200 ~ 250 mm 厚度混凝土、锚网或锚索网加桁架,二次支护

【思考与练习】

1.熟悉常见煤系地层岩石对应的普氏系数值。

2.熟悉围岩的稳定性分类方法及其对应的主要岩石种类。

3.熟悉围岩的松动圈分类与变形位移量分类方法,掌握不同类别围岩所对应的支护方式设计建议。

第2章
巷道施工工艺技术

1 概述

本书所指的巷道,是井工开采煤矿为构成采煤、运输、通风、排水、行人、管线敷设等生产、安全系统而掘进的通达煤层的地下通道。

1.1 巷道分类

1.1.1 按功能用途分类

1)开拓巷道

开拓巷道指为全矿井和矿井内各阶段服务的巷道。如井筒、井底车场、主石门、运输大巷、回风大巷、专用瓦斯抽采巷道、采区运输石门、回风石门等。

开拓巷道通常使用时间长,大多布置在相对稳定且不受采动应力影响的岩层中。

2)准备巷道

准备巷道指为采区服务的巷道。如采区上(下)山、区段运输石门、区段回风石门、采区煤仓、采区联络巷等。

3)回采巷道

回采巷道指为回采工作面服务的巷道,即采煤工作面的运输巷、回风巷、开切眼等。

1.1.2 按围岩性质分类

1)全岩巷道

全岩巷道指设计掘进断面中4/5及以上为岩体的巷道。

2)全煤巷道

全煤巷道指设计掘进断面中4/5及以上为煤体的巷道。

3)半煤岩巷道

半煤岩巷道指设计掘进断面中煤体占 1/5 ~ 4/5 的巷道。

巷道围岩性质通常按地质勘察提供的资料以煤层平均厚度作为设计定性的依据。在施工过程中,断层构造、煤层起伏或煤层厚度变化等因素可能导致局部区域掘进断面中煤体或岩体的占比发生改变,但并不影响该巷道整体的定性。

1.1.3 按断面形状分类

1)折边形

折边形巷道指巷道断面轮廓由直线段合围而成,如矩形、梯形、多边形等,如图 2.1(a)、(b)、(c)所示。

2)曲边形

曲边形巷道指巷道断面轮廓由曲线段合围而成,如圆形、椭圆形、马蹄形等,如图 2.1(d)、(e)、(f)所示。

3)混合形

混合形巷道指巷道断面轮廓为折边形与曲边形的结合,如半圆拱形、三心拱形、圆弧拱形等,如图 2.1(g)、(h)、(i)所示。

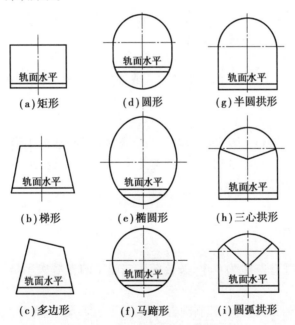

图 2.1　巷道断面形状图

(a)、(b)、(c)为折边形巷道;(d)、(e)、(f)为曲边形巷道;(g)、(h)、(i)为混合形巷道

生产矿井在巷道形状、尺寸和支护设计的基础上,根据实践经验形成各种类型巷道的标准断面图册,为掘进作业规程编制提供基础技术资料。矿井向深部延深后若瓦斯涌出量增加、地压增大,可根据实际情况对巷道断面尺寸或支护形式、支护参数进行调整,形成新的巷道标准断面图册。

1.1.4 按倾角大小分类

1）平巷

平巷指坡度在6‰以下的开拓巷道、准备巷道和回采巷道。为了提供矿井水自流和空车上行、重车下行的有利条件,通常平巷按3‰～5‰设计一个由外至内、由近及远的上行坡度。

2）斜巷（井）

斜巷（井）指倾角在8°～60°的井筒和上（下）山。倾角小于8°的巷道称为近水平巷道,倾角大于60°的采区巷道一般称为煤仓或立眼。

3）立井

立井也称竖井,指垂直的井筒。与地面相通的竖井称明立井,不与地面直接相通的竖井称暗立井。

1.1.5 按支护方式分类

1）裸巷

裸巷指布置在稳定岩层中,开挖后变形量很小不需要进行支护的巷道。

2）架棚巷道

架棚巷道是以工字钢或U形钢作为材料,按一定间距架设的梯形、矩形或其他支架形式的巷道。架棚巷道多为回采巷道或准备巷道。

3）锚喷巷道

采用喷浆、喷射混凝土、锚杆单一支护方式或锚杆加锚网、锚索、喷混凝土等复合支护方式的巷道统称锚喷巷道。

4）砌碹巷道

以石块、混凝土块或砖块为材料,辅以胶结填充材料而形成的拱形支护巷道称砌碹巷道。

在锚喷支护技术广泛应用的情况下,砌碹支护方式目前只在矿井平硐、斜井井筒开口处或特殊硐室施工时偶有采用。

1.2 巷道施工工序

巷道施工的主要工序一般为4个,按传统工艺施工的先后次序是:①破岩（煤）;②装岩（煤）;③运输;④支护。

为了减少巷道围岩暴露时间,控制围岩变形,保证施工安全,随着掘进施工工艺技术的不断发展,目前支护工序多超前于煤矸装、运工序,或与破岩工序平行作业。

巷道施工还有一些次要的工序,如临时或永久轨道的铺设,水沟的砌筑,局部通风风筒和管道、线缆的延接等。这些工序也应当合理组织,尽可能与主要工序同时进行。

2 破岩

井巷掘进常用的破岩方法有两种:一是钻眼爆破破岩,称钻爆法（也称"炮掘"）;二是机械破岩,称机掘法(简称"机掘")。机械破岩的速度和效率明显高于钻爆破岩,是矿井未来发展的主要方向。目前,在煤巷、半煤岩巷和 $f<10$ 的全岩巷道,使用局部断面掘进机破岩已经有了成熟的配套方案;在具备条件的全煤巷道和全岩巷道分别使用全断面煤巷掘进机、全断面岩巷掘进机施工也取得了成功的经验。中国南方地区的一些中小型煤矿因巷道断面尺寸偏小,使用破岩机械设备受限,钻眼爆破仍然是比较常见的破岩方式。

2.1　钻爆法破岩

2.1.1　钻眼机械

1)钻眼机械种类

钻眼机械按使用的动力不同分为风动、电动和液压传动 3 种。按破岩机理不同分为冲击式、旋转式和冲击旋转式 3 类,冲击式钻眼工具同时具备冲击和回转功能。

风动凿岩机、电动凿岩机和液压凿岩机属冲击式钻眼机械,煤电钻、风煤钻和岩石电钻属旋转式钻眼机械。

在坚硬岩石巷道施工中,主要采用冲击式风动凿岩机、液压凿岩机钻眼;在松软岩石巷道施工中,主要采用旋转式岩石电钻钻眼;在煤巷、半煤岩巷施工中,主要采用旋转式煤电钻或风煤钻钻眼。

(1)风动凿岩机

风动凿岩机按安设与推进方式分为手持式、气腿式、向上式和导轨式 4 种。

手持式风动凿岩机需要人力掌握与推进,劳动强度大,可以钻凿任意方向的炮眼,主要在立井掘进中使用。

气腿式风动凿岩机在机身下有一个气腿起支撑与推进作用,操作灵活,适应性强,使用最为广泛,主要用于钻凿水平和倾斜方向的炮眼,定型产品有 YT 系列。

向上式(伸缩式)风动凿岩机的尾部有一个可伸缩的气腿,它既是支架又是推进器,可以自下向上钻凿与水平面成 60°~90°夹角的炮眼,主要用于钻凿立眼、煤仓及顶板锚杆眼,定型产品有 YS 系列。

导轨式风动凿岩机由于质量大,冲击力大,需要与凿岩台车(钻车)或凿岩柱架配套使用,可钻凿各种方向的炮眼,主要用于大断面巷道的施工,定型产品有 YG 系列。

国产风动凿岩机的主要性能见表 2.1。

表 2.1　国产风动凿岩机的主要性能

类型	型号	质量/kg	缸径/mm	活塞行程/mm	冲击功/J	扭矩/(N·m)	冲击频率/Hz	耗风量/(m³·min⁻¹)	附注
手持式	Y-30	28	65	60	>44	>9	>27	<2.2	
气腿式	YT-23	24	76	60	>60	>15	≥35	<3.6	孔径 34~42 mm,钻眼深度≤5 m
	YT-28	26	80	60	>60	>13	37	<3.9	
	YT-29	26.5	82	60	>70	>15	≥37	<3.9	
向上式	YSP-45	44	95	47	>70	>18	≥45	<5	

续表

类型	型号	质量/kg	缸径/mm	活塞行程/mm	冲击功/J	扭矩/(N·m)	冲击频率/Hz	耗风量/(m³·min⁻¹)	附注
导轨式	YGP-28	28	95	50	90	>40	≥43	<4.5	孔径38~50 mm
	YGP-35	35	100	48	100	>50	>45	<6.5	孔径45~60 mm
	YG-35	36	85	80	105	38	27	<5	孔径40~55 mm
	YGZ-90	90	125	62	200	>120	>33	冲击式小于8.5 旋转式小于2.5	孔径60~80 mm

注:①凿岩机产品型号含义:Y—凿岩机,T—气腿,P—高频,G—导轨,S—向上,Z—独立回转。

②冲击频率在40 Hz以上者为高频凿岩机。

风动凿岩机类型虽多,但其结构大同小异。现以 YT-29 型凿岩机为例,说明其构造和功能。

YT-29 型凿岩机外形如图2.2所示,由柄体、缸体和机头3个部分组成,利用两根螺杆固装在一起。YT-29 型凿岩机的工作系统由冲击、转杆、排粉和润滑系统组成,利用压缩空气推动机体内的活塞前后移动打击钎子完成钻眼工作。

图2.2 YT-29 型气腿式凿岩机外形图

风动凿岩机工作时机体振动大,噪声高达 100~130 dB,油雾、水雾影响作业环境,造成能见度低。

(2)电动凿岩机

电动凿岩机以电作动力,用于煤矿井下时其电动机为矿用隔爆水冷式,因电气防爆安全管理难度高,目前较少使用。

(3)液压凿岩机

液压凿岩机以高压油为动力,所有运动部件都浸在油液中工作,润滑条件好;钻速高,一般可比风动凿岩机钻速高2倍,没有排气,消除了排气噪声,消除了油雾、水雾,工作环境得到改善,可以钻凿较深和直径较大的炮孔。

液压凿岩机由冲击机构、转钎机构及排粉机构等组成。冲击机构包括活塞、缸体和配油机构,通过配液机构,使高压油交替作用于活塞两端,并形成压差,迫使活塞在缸体内作往复运动,完成冲击钎子、破碎岩石的功能。旋转机构用液压马达驱动,并经减速齿轮减速,带动钎子回转。排粉机构由中空活塞或钎尾径向水孔构成,采用压力高、流量大的冲洗水排粉。供水方式有中心供水与旁侧供水两种。中心供水时,活塞中空;旁侧供水时,钎尾设径向水孔。

QL-Y28 液压凿岩机的技术特征见表 2.2,液压凿岩机外形如图 2.3 所示。

表 2.2　QL-Y28 液压凿岩机的技术特征

技术特征	主要技术性能与参数	
单机质量	25 kg	
冲击特性	冲击能量	≥85 J
	冲击频率	≤46 Hz
	冲击功率	15 kW
	循环供油量	44 ~ 51 L/min
	冲击油压	12 ~ 14 MPa
回转性能	转矩	200 ~ 300 N·m
	转速	1 r/min
凿岩性能	凿岩速度	1 m/min
	适应孔径	$\phi 30 \sim 60$ mm
声特性	声压级差	>10 dB(A)

图 2.3　QL-Y28 液压凿岩机

(4)煤电钻

煤电钻由电动机、减速器、手柄、散热风扇和外壳组成。电动机为三相交流异步鼠笼式全封闭感应电动机,电压为 127 V,功率一般为 1.2 kW。减速器一般由二级外啮合圆柱齿轮构成。散热风扇装在机轴后端,与电动机同步运转。

煤电钻的外壳用铸铝合金制成,要求严密隔爆,壳外设有轴向散热片,由风扇冷却。手柄上设有开关扳手,手柄包有绝缘橡胶,以防触电。

为了降尘,制成中孔供水湿式煤电钻。MZ-12S 型矿用隔爆型煤电钻,外形和结构如图 2.4 所示。钻眼时,由供水开关控制,通入适量清水,经空心麻花钻杆,在钻杆端部的空心钻头处喷水,喷水后其平均粉尘浓度仅为干式钻眼时粉尘浓度的 5%。

煤电钻适用在煤层和 $f<4$ 的软岩中钻眼,但禁止在煤与瓦斯突出矿井中使用。

国产煤电钻的技术特征见表 2.3。

(a)煤电钻外形图

(b)煤电钻结构图

图 2.4　煤电钻外形和结构图

1—电动机;2—散热风扇;3,4,5,6—减速器;7—电钻轴;8—钻杆;9—钻头

表 2.3　煤电钻的技术特征

技术特征	型号			
	MZ-12	MZ-12S	SD-12	MZ-12A
质量/kg	15.25	≤15	18	15.5
功率/kW	1.2	1.2	1.2	1.2
电钻效率/%	79.5	80.43	75	76
额定电压/V	127	127	127	127
额定电流/A	9	9	9.1	9
相数	3	3	3	3
电机转速/(r·min⁻¹)	2 850	2 820	2 750	2 820
电钻转速/(r·min⁻¹)	640	600	620/420	520
电钻扭矩/(N·m)	17.2	19	17.6/26	20.69
外形尺寸(长×宽×高)/mm	366×318×218	355×328×255	427×314×354	340×318×220
钻孔直径/mm	38～45	38～45	36～45	38～45
适用条件	中硬及硬煤	中硬及硬煤	中硬及硬煤	
最高供水压力/MPa		1～1.5		
供水流量/(L·min⁻¹)		0～5		
密封寿命/h		1 000		

（5）风煤钻

风煤钻也称矿用气动钻机,适用于$f \leqslant 6$的半煤岩巷道钻眼及煤巷煤帮的锚杆支护作业,既可钻锚杆孔,又可搅拌和安装树脂药卷类锚杆。

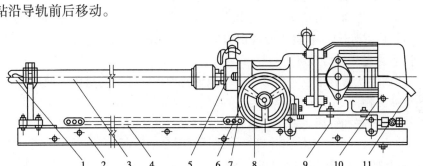

风煤钻有多种型号,其中,ZQS-50/1.9S型风煤钻（外形见图2.5）的主要性能参数如下:工作气压$0.4 \sim 0.63$ MPa;空载转速$\geqslant 950$ r/min;额定转矩$\geqslant 50$ N·m,额定转速$\geqslant 390$ r/min;负荷转矩$\geqslant 60$ N·m;失速转矩$\geqslant 72$ MPa;输出功率$\geqslant 1.9$ kW;钻孔速度$\geqslant 500$ mm/min;耗气量$\leqslant 3.5$ m³/min;冲洗水压力$0.6 \sim 1.8$ MPa;噪声$\leqslant 108$ dB(A);整机质量10.2 kg。

ZQS-50/1.9S型手持式风煤钻的主要特点如下:

①体积较小,质量适当,操纵简单,维护方便。

②齿轮式气动马达,运转稳定可靠。

③安全防爆设计,结构合理,适应性强。

图2.5 ZQS型风煤钻

（6）岩石电钻

岩石电钻由于电机容量大,质量大,钻进时需要很大的轴推力,故必须有自动推进与支撑设备。

岩石电钻安装在特制的导轨上,由电动机、减速箱、牵引装置、机壳和供水装置组成（图2.6）。电动机经减速后带动蜗轮蜗杆,通过摩擦离合器,带动链轮在链条上正反转动,进而带动岩石电钻沿导轨前后移动。

图2.6 岩石电钻与自动推进装置

1—钻头;2—导轨;3—钻杆;4—链条;5—供水装置;6—手轮;
7—导向链条;8—离合器;9—滑架;10—岩石电钻;11—电缆

岩石电钻采用六角中空钢钎,湿式钻眼,但其破岩方式为旋转式破岩。在坚硬的岩石中使用时,要求有很大的轴推力和旋转力矩,而且钻头极易磨损,故效率难以提高,在f为$4 \sim 6$的岩石中钻眼比较适宜。

2）与钻眼机械配套的工具

（1）钎头与钎杆

钎头与钎杆是冲击式钻眼机械的配套工具。钎子由钎头、钎杆、钎尾和钎肩组成。钎子有整体钎子与活头钎子两种。前者由于钎刃强度低、不耐用、损耗大、加工搬运工作量繁重等缺点,已很少使用。使用广泛的是活头钎子,如图2.7所示。

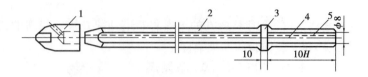

图 2.7　活头钎子

1—钎头;2—钎杆;3—钎肩;4—钎尾;5—水孔

钎头是直接破碎岩石的部分。它的形状、结构、材质以及加工工艺等是否合理,直接影响着凿岩效率高低和本身的磨损程度。钎头要求锋利、坚韧耐磨、排粉顺利、制造及修磨简便,而且成本要低。

钎头的形状较多,按形状分为一字形、十字形、球齿钎头。过去常用一字形和十字形,目前普遍使用镶硬质合金齿的球齿钎头。

一字形钎头冲击力集中,一次凿入岩石的深度大,凿速较快,制造和修磨工艺简单。缺点是在凿裂隙性的岩石时易夹钎,直径磨损较快,有时凿出的炮孔不圆。

十字形钎头能克服一字形钎头的缺点,但凿速较低,而且合金片的制造与修磨工艺复杂且用量大。

球齿钎头是在钎头体上镶嵌几颗球形或锥球形硬质合金齿而成,适用于磨蚀性较高的硬脆岩层。球齿钎头的特点是:冲击能量在眼底均匀分布,凿岩速度较快;开眼容易、不易夹钎、炮孔圆;重复破岩少,岩屑呈粗颗粒状,粉尘少,耐磨。

钎头直径一般为 32 ~ 43 mm。

钎杆的作用是传递冲击功与回转力矩的细长杆体。冲击时又由于横向振动产生弯曲应力。在每分钟高达 2 000 多次的重复冲击力的作用下,钎杆承受着冲击疲劳应力、弯曲应力、扭转应力等,容易发生疲劳破坏。

钎杆横断面形状常有中空六角形与中空圆形两种。钎杆材料目前多使用中空合金钢,具有强度高、抗疲劳性能好、耐磨蚀等优点,价格较贵,使用寿命比碳素工具钢高 3 ~ 5 倍。

钎杆设计有钎尾和钎肩。钎尾是直接承受活塞冲击和扭转的部分。钎肩则用来限制钎尾插入机体的长度,并使钎卡能卡住钎杆不致从钎尾套中脱落。

钎尾和钎肩的形式、规格如图 2.8 所示。六角形钎杆用环形钎肩,圆形钎杆用耳形钎肩,向上式凿岩机用的钎子没有钎肩,因其机头内有限定钎尾长度的砧柱。

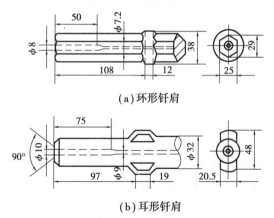

(a)环形钎肩

(b)耳形钎肩

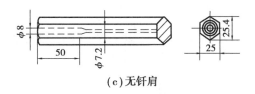

（c）无钎肩

图 2.8　钎尾和钎肩的构造

钎尾的长度必须准确。过长会缩短活塞冲程，降低冲击功，过短会使活塞冲击功无法全部释放，降低凿岩速度。钎尾横断面尺寸应与钎套正好配合，过紧卸装不便，过松容易磨损转动套，并且易使钎杆产生横向振动与弯曲应力甚至折断。

钎尾硬度以稍低于活塞硬度为宜，过软容易被打堆，过硬则会损坏活塞。钎尾中心孔应予扩大并达到规定深度，以便水针顺利插入钎尾。

钎头与钎杆的连接方法有两种：螺纹连接和锥形连接。螺纹连接加工较复杂，安装、拆卸不便，已很少使用，实际采用较多的是锥形接头，如图 2.9 所示。它依靠锥体间的摩擦力楔紧，前端留有 6～8 mm 的间隙，以免损坏钎头。

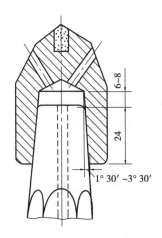

图 2.9　钎头与钎杆的锥形连接

（2）钻头与钻杆

钻头与钻杆是旋转式钻眼机械的配套工具，一般采用螺纹连接。

钻头工作时要承受很大的轴推力和扭力矩，要求坚固、耐磨。最常用的是两翼钻头，它由刃、钻头体部和连接部组成，钻刃部分镶有硬质合金片。

钻头直径取决于药卷直径，一般为 38～45 mm。

钻杆的作用是向钻头传递轴推力和旋转扭矩。煤电钻钻杆是由菱形或矩形断面的碳素工具钢扭制而成，俗称麻花钻杆，如图 2.10 所示。钻眼时，粉尘能自动沿钻杆上的螺旋沟槽排出。矩形断面的钻杆适用于煤层中钻眼。菱形断面的钻杆强度较大，应用较多。钻杆尾部的直径与长度应与电钻的钎套筒尺寸相吻合。岩石电钻钻杆要求强度高，能承受较大的轴推力和扭矩。为了湿式排粉，一般都采用六角中空钢或中空圆钢制作。

3）钻眼机械破岩机理

（1）冲击旋转式凿岩机械破岩机理

冲击旋转式凿岩机的破岩机理（钻孔形成过程）如图 2.11 所示。

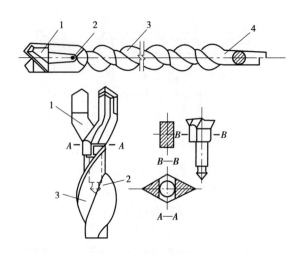

图 2.10　麻花钻杆钻头

1—钻头;2—销钉孔;3—麻花钻杆;4—钻杆尾

钎刃在冲击力 F 的作用下凿入岩石,凿出深度为 h 的沟槽Ⅰ—Ⅰ,然后将钎子转动一角度 β,再次冲击,此时不但凿出沟槽Ⅱ—Ⅱ,而且两条沟槽之间的岩石也被冲击时产生的水平剪切力 H 凿掉。为使钎刃始终作用在新的岩面上,必须及时排除岩石碎屑。冲击、转杆、排粉循环往复持续进行,即可凿出圆形炮孔。

(2)旋转式钻眼机械破岩机理

旋转式钻眼机械破岩机理如图 2.12 所示。钎刃在轴向压力 P 的作用下侵入岩石,同时钎刃不停地旋转,旋转力矩 M 推动钎刃向前切削岩石。在 P 和 M 的共同作用下,孔底岩石连续沿螺旋线破坏,切削下来的岩石碎屑,沿着钎杆的螺旋沟排出或用压力水排除。

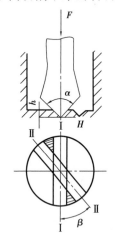

图 2.11　冲击旋转破岩机理

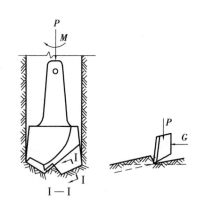

图 2.12　旋转式破岩机理

4)提高钻眼效率的措施

(1)提高冲击旋转式钻眼机械凿岩效率的主要措施

①合理选择与正确使用凿岩机。操作要熟练,加强保养与维修,保证凿岩机正常运转。

②保证压力。必须尽量减少管路损失,防止压气或油液漏损,合理确定同时工作的凿岩机台数。压力过高会引起凿岩机剧烈振动,加快零部件磨损。

③施加适当的轴向推力。轴推力不足,钎头不能有效地接触和破碎岩石,同时还会使机体振动,容易损坏钎子和机件;轴推力过大,增加了钎子回转阻力,降低回转速度和冲击功,甚至引起停钻。在一定条件下,各类凿岩机均有相应的最优轴推力,该力主要取决于凿岩机的缸体直径和使用的压力。若缸体直径大、压力高,则所需施加的轴推力更大。

④正确确定眼径和眼深。炮眼直径和深度加大,钻速必然下降,气腿式凿岩机适用于钻凿直径 38～45 mm、眼深不超过 2 m 的炮孔。

(2)提高旋转式钻眼效率的措施

①施加适当的轴向推力。钻头在轴推力逐渐增大时,压入岩石的深度呈跳跃式增加;当压力小于某一临界值时,岩石只作弹性或塑性变形,并不破碎。因此,轴推力和钻速的关系也是跳跃式的。轴推力不可任意增大,否则会使电钻过负荷。

②保持合理的电钻转数。当轴推力一定时,对于在煤层或岩石中钻眼有一个最优转数,此时的钻速最大。超过最优转数,由于刃尖切割岩石时,岩石变形没有允裕的时间向前传递,而且切削下来的岩石碎屑也来不及排除,造成岩屑积滞重复破碎,钻速反而下降。最优钻速的数值取决于岩石的坚固程度,岩石越坚硬,最优转数值越小。

③协同转数和轴向推力。在实际工作中,应选择最优的电钻转数,不宜过分加大转数,也不宜过度增加轴向推力,否则既费力又耗能,钻速反而下降。

2.1.2　爆破器材

1)炸药与煤矿许用炸药

(1)炸药与爆炸

炸药是在一定条件下能够发生快速化学反应、放出能量、生成气体产物、显示爆炸效应的化合物。炸药的主要元素是 C、H、O、N。炸药爆炸的过程是 C、H 原子氧化的过程。氧化时所需的氧并不取自周围空气,而是炸药本身,这是炸药与燃料的重要区别之一。另外,炸药具有燃料所没有的高能密度,单位体积放出的热量远比燃料多得多。

炸药的氧平衡是用来表示炸药内含氧量与充分氧化可燃元素所需氧量之间的关系。炸药的氧平衡可分为正氧平衡、负氧平衡、零氧平衡。

爆炸是物质系统一种极其迅速的物理或化学变化。在变化过程中,瞬间放出其内含的能量,并借助系统内原有气体或爆炸生成气体的迅速膨胀,对系统周围介质做功,使之产生巨大的破坏效应,同时可能伴随产生声、光、热效应。爆炸可分为化学爆炸、物理爆炸和核爆炸。炸药爆炸属于化学爆炸。

(2)炸药爆炸的形式

炸药爆炸的形式有 3 种:爆炸、爆轰和燃烧。

爆炸是指炸药以每秒数百米至数千米可变速度进行的爆炸反应过程。变速爆炸又称非稳定性爆炸。

爆轰是指炸药以每秒数十米不变的速度进行的爆炸反应过程。恒速爆炸又称稳定性爆炸。

燃烧是指炸药快速燃烧产生微弱声响而不产生冲击波的过程。炸药燃烧速度一般为每秒数毫米至数厘米,最大可达每秒数百米。

这 3 种爆炸形式在一定条件下是可以相互转化的。

（3）炸药爆炸的基本特征

一是高温。炸药爆炸反应属于放热反应,爆炸过程中产生的高温热能可以对周围介质做功。

二是高压。炸药爆炸产生大量气体,如在封闭空间中爆炸,气体膨胀可以对周围介质做功。

三是高速。炸药爆炸反应时间短至数微秒,其传播速度可达每秒数千米。

炸药爆炸的基本特征也是任何化学爆炸同时具备的 3 个特征,通常称其为爆炸的三要素。

（4）煤矿许用炸药

我国煤矿许用的炸药种类有铵梯炸药、乳化炸药、水胶炸药和离子交换炸药。

煤矿许用铵梯炸药的主要成分有硝酸铵、梯恩梯、氯化钠、木粉和石蜡,是我国煤矿使用最广泛的炸药。

煤矿许用乳化炸药和水胶炸药也称含水炸药。它们的组分中含有较多的水,爆温较低,有利于安全,生产成本相对较高。

离子交换炸药含有硝酸钠和氯化铵的混合物,称为交换盐或等效混合物。在爆炸瞬间生成的氯化钠,作为消焰剂高度弥散在爆炸点周围,可有效降低爆温和抑制瓦斯燃烧,与此同时生成的硝酸铵则作为氧化剂加入爆炸反应。离子交换炸药还具有一种"选择爆轰"的独特性质,在不同的爆破条件下会自动调节消焰剂的有效数量和作用。在密封状态下,离子交换炸药爆炸强烈、交换盐的反应更完全、生成的氯化钠更多,其消焰降温的作用更强,是一种新型煤矿许用炸药。

地下开采煤矿都有瓦斯涌出,采掘工作面是主要的产尘点。当瓦斯和煤尘达到一定浓度时,受外界条件作用可能引发爆炸。

通常煤矿许用炸药应该具有以下特点:

①在保证爆破做功能力的条件下,对煤矿许用炸药的能量要有一定的限制,其爆温、爆压和爆速都要求低一些,尤其是爆温不超过瓦斯的燃点,一般低于 750 ℃。

②应有较高的起爆敏感度和较好的传爆能力,以保证其爆炸的完全性和传爆的稳定性。爆炸过程中爆轰不至于转化为爆燃,同时尽可能减少爆炸产物中未反应的炽热固体颗粒,提高安全性。

③有害气体的生成量应符合国家标准。煤矿许用炸药的氧平衡应接近于零,以确保其爆破后生成较少的有害气体。

④煤矿许用炸药组分中不能含有金属粉末,以防爆破后生成炽热固体颗粒。

我国煤矿许用炸药分为五级,第五级安全等级最高。每个等级的炸药又分 3 个号,1 号威力最大,3 号威力最小。

《煤矿安全规程》对煤矿许用炸药的使用有明确规定:

低瓦斯矿井的岩石掘进工作面,使用安全等级不低于一级的煤矿许用炸药。

低瓦斯矿井的煤与半煤岩掘进工作面,使用安全等级不低于二级的煤矿许用炸药。

高瓦斯矿井,使用安全等级不低于三级的煤矿许用炸药。

煤与瓦斯突出矿井,使用安全等级不低于三级的煤矿许用含水炸药。

2）雷管与煤矿许用雷管

雷管是安全炸药的起爆材料。起爆方法有电力起爆法和非电力起爆法两种,煤矿井下只允许使用电力起爆法。电力起爆法的起爆材料分为以下 4 种。

（1）瞬发电雷管

通入足够的电流后能在瞬间起爆的电雷管称为瞬发电雷管,其构造如图 2.13 所示。

瞬发电雷管可分为普通型和煤矿许用型两种。

煤矿许用型瞬发电雷管与普通瞬发电雷管结构基本相同。它之所以具有较高的安全性,主要是在副起爆药(猛炸药)中加入了一定量的消焰剂,消焰剂通常采用氯化钾,可以起降低爆温、消焰和隔离瓦斯与爆炸火焰接触的作用,进而有效地预防瓦斯爆炸。

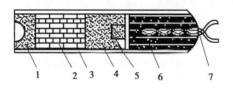

图 2.13　瞬发电雷管

1—副起爆药(头遍药);2—副起爆药(二遍药);3—雷管壳;
4—正起爆药;5—桥丝;6—硫黄;7—脚线

瞬发电雷管从通电到爆炸的时间间隔一般不超过 10 ms,无延期过程。瞬发电雷管在巷道掘进中只能用于全断面分次爆破。

（2）秒延期电雷管

秒延期电雷管是通入足够的电流后,以 1 s、0.5 s 间隔时间延期爆炸的电雷管。

秒延期电雷管和瞬发电雷管的区别是在引火头和加强帽之间增加了一段导火索作为延期引爆元件,改变导火索的长短就可以得到各段的不同延期时间。同时,为排出导火索燃烧时的气体而不影响导火索的燃速,在雷管壳上设有气孔,秒延期电雷管的结构如图 2.14 所示。

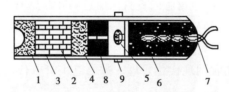

图 2.14　秒延期岩石电雷管

1—副起爆药(头遍药);2—副起爆药(二遍药);3—雷管壳;4—正起爆药;5—引火药头;
6—硫黄;7—脚线;8—导火索;9—出气孔

秒延期电雷管为非煤矿许用电雷管,只能用于无瓦斯的岩巷掘进工作面。秒延期电雷管和半秒延期电雷管各段的间隔时间分别长达 1 s、0.5 s,当前段雷管爆炸后,瓦斯浓度达到 1%以上,后段雷管爆炸时,就很容易引燃或引爆瓦斯,而且秒或半秒延期电雷管内的延期药燃烧时,要从电雷管排气孔中喷出火焰和高温气体,也成为引燃瓦斯的危险因素。因此,秒或半秒延期电雷管不能用于有瓦斯或煤尘爆炸危险的采掘工作面。

（3）毫秒延期电雷管

通入足够的电流,以若干毫秒间隔时间延期爆炸的电雷管为毫秒延期电雷管,简称毫秒电雷管。

毫秒延期电雷管分为普通型和煤矿许用型两种。国产普通型毫秒电雷管共20段,其结构如图2.15所示。

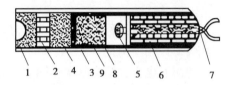

图2.15 毫秒延期电雷管

1—副起爆药(头遍药);2—副起爆药(二遍药);3—雷管壳;4—正起爆药;5—引火药头;
6—硫黄;7—脚线;8—内铜管;9—延期引爆药

普通型毫秒电雷管由于金属管壳、加强帽、聚乙烯绝缘脚线包皮等在雷管爆炸时产生灼热碎片、残渣,延期药燃烧时喷出的高温颗粒残渣,副起爆药爆炸时产生的高温火焰等原因,仍有引爆瓦斯的可能性。

煤矿许用型毫秒电雷管是在猛炸药中加入消焰剂,还将延期药装入延期体的5个细管中并加厚管壁,有效解决非安全问题,其结构如图2.16所示。

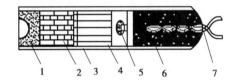

图2.16 煤矿许用毫秒延期电雷管

1—副起爆药;2—正起爆药;3—雷管壳;4—铅延期体;5—引火药头;6—硫黄;7—脚线

(4)数码电雷管

数码电雷管采用内置电子控制模块对起爆过程进行控制,具备雷管起爆延期时间控制和起爆能量控制功能。此外,数码电雷管内置身份信息码和起爆密码,可对自身性能进行测试,并与起爆控制器进行通信。数码电雷管的起爆系统由雷管、编码器和起爆器三部分组成。

数码电雷管的使用提升了爆破作业的安全性、可靠性及爆破作业信息的准确性,爆破作业信息的管理转变为数字物联网现代化管理。数码电雷管取代过去常用的普通毫秒电雷管已成为趋势。

经测定,在高瓦斯矿井炸药爆炸后160 ms,瓦斯浓度达到0.3%～0.5%;260 ms时为0.3%～0.95%;360 ms时为0.35%～1.6%;650 ms时瓦斯浓度将接近爆炸下限。为保证足够的安全系数,《煤矿安全规程》规定:

井下爆破作业,必须使用煤矿许用电雷管。一次爆破必须使用同一厂家、同一品种的电雷管。在掘进工作面,必须使用煤矿许用瞬发电雷管、煤矿许用毫秒延期电雷管或煤矿许用数码电雷管。使用煤矿许用毫秒延期电雷管时,最后一段的延期时间不得超过130 ms。使用煤矿许用数码电雷管时,一次起爆总时间差不得超过130 ms,并应当与专用起爆器配套使用。

3)起爆器

关于起爆器,《煤矿安全规程》规定:

井下放炮都必须使用起爆器,开凿或延深通达地面的井筒时,无瓦斯的井底工作面中可使用其他电源起爆,但电压不得超过 380 V,并必须有电力起爆接线盒。起爆器或起爆接线盒都必须采用矿用防爆型(矿用增安型除外)。

煤矿井下爆破过去普遍使用 MFB 系列电容式起爆器和 MFBB 型起爆器,目前全面推广使用数码电雷管,与之配套的数码起爆器也得到广泛使用。

(1)MFBB 型起爆器

MFBB 型起爆器由 MFB-100 型隔爆网路安全闭锁式起爆器、本质安全型爆破测试器、本质安全型爆破用警示器、爆破母线及母线缠绕绞车包箱、本质安全起爆器测量仪组成。

MFBB-100 型起爆器适用于有瓦斯或煤尘爆炸危险的采掘工作面,供引爆串联电雷管用。适用工作环境:海拔 1 000 m 以下,相对湿度≤95%,温度-20 ~ 40 ℃。

(2)数码起爆器

煤矿许用数码起爆器可快速检测每发雷管的状态,对每发雷管进行授权和密码管理;爆破的流程信息、爆破作业故障信息、雷管起爆情况都能实时记录在数码起爆器内,方便安全监管和工程技术人员对相关信息进行分析处理。

采用煤矿许用数码起爆器实施爆破一般有以下步骤:

①自检。对数码电子起爆器开机自检。

②身份验证。对操作人员进行身份验证,如果验证通过则进入下一步操作,否则数码起爆器处于待机状态。

③对数码电雷管进行注册。起爆器对数码电雷管进行扫描注册,并将数码电雷管脚线连接到起爆器,起爆器对数码电雷管进行检测并显示结果。

④起爆申请及授权。起爆器主控模块通过监管平台通信模块将起爆申请信息发送到第三方监管平台,起爆申请信息包括起爆器定位信息、起爆施工相关信息、数码电雷管数量及其工作码信息;第三方监管平台在收到起爆申请信息审批合格后下发授权信息,起爆器通过监管平台通信模块接收起爆授权信息,起爆器将起爆授权信息与注册的数码电雷管信息进行核验、解密,包括爆破范围、数码电雷管密码有效期和爆破时间信息核验,对数码电雷管 UID 码、起爆密码、雷管壳体码组成的工作码进行解密处理;如果核验不符合或解密失败,起爆器进行蜂鸣报警提示,禁止组网;核验符合解密成功则进入组网检测。

⑤组网检测。起爆器主控模块控制将通信电源模块的开关打开,此时通信阶段保护电路Ⅱ和通信供电保护电路Ⅰ导通连接,组成通信检测两级保护电路,通信检测两级保护电路通过数码电雷管通信模块连接数码电雷管,通信电源模块为通信检测两级保护电路充电,达到组网检测所需通信电压值,对注册的雷数码电雷管进行桥丝检测、起爆电容检测、起爆电容充放电电路检测,判断数码电雷管是否离线;组网检测过程中,通信检测两级保护电路限定检测电压电流不超出限定值。

⑥充电。起爆器主控模块控制将雷管起爆电源模块开关打开,此时起爆阶段保护电路Ⅱ和通信供电保护电路Ⅰ导通连接,组成起爆控制两级保护电路,起爆控制两级保护电路通过数码电雷管通信模块连接数码电雷管,起爆电源模块为起爆控制两级保护电路充电,达到起爆所需电压值;充电过程中,起爆控制两级保护电路限定检测电压电流不超出限定值。

⑦起爆。主控模块发送起爆指令后,通过起爆阶段保护电路Ⅱ、连接通信供电保护电路Ⅰ,以及数码电雷管通信模块到达数码电雷管,数码电雷管启动起爆开关,起爆电容对桥丝放电,数码电雷管起爆。

⑧数据备份。存储模块对所有爆破数据进行备份,并实时或定期回传给监管平台以便查询、追溯。

2.1.3 炸药、雷管与炮泥装填

1）装药结构

装药结构是指炸药在炮眼内的装填方式。主要有连续与间隔装药、耦合与不耦合装药、正向与反向装药。

（1）连续与间隔装药

①连续装药。炸药在炮眼内连续装填,没有间隔。连续装药操作简单,但药量集中,爆炸能量分布不均。

②间隔装药。炸药在炮眼内分段装填,炸药与炸药之间用炮泥、沙子、水或空气等介质隔开,间隔装药可克服连续装药的缺点。试验和工程实践表明:在较深炮眼中采用间隔装药可使炸药在炮眼全长分布更均匀,岩石爆破破碎块度均匀,大块率低。

空气间隔装药中的空气起到缓冲作用,使作用在炮眼壁上的冲击压力峰值降低,减少对周边围岩的冲击压缩作用,延长爆生气体膨胀做功时间,增加应力波的作用时间,提高爆炸能量的利用率。

（2）耦合与不耦合装药

①耦合装药。药卷直径与炮眼直径相同。耦合装药爆轰波直接作用于眼壁,激起岩石中的冲击波,造成粉碎区,消耗大量能量。

②不耦合装药。药卷直径小于炮眼直径,用不耦合系数(炮眼直径与药卷直径的比值)表示不耦合程度。多用空气不耦合或水不耦合装药。在光面爆破中常用。不耦合装药可克服耦合装药缺点,其原理类似于间隔装药,降低对眼壁的爆轰冲击,可减少或消除粉碎区,延长爆生气体在炮眼内存在时间和增加应力波的作用时间,提高爆炸能量的利用率。

（3）正向与反向装药(或正向与反向起爆)

①正向装药。起爆药包在眼口,聚能穴朝向眼底,爆轰向眼底传播。

②反向装药。起爆药包在眼底,聚能穴朝向眼口,爆轰向眼口传播。

反向装药优于正向装药。爆轰波、眼底起爆在岩石中形成的应力波以及破碎岩石的运动方向都是朝向眼口,利于岩石的破碎和运动。尤其是在坚硬岩石中,应力波超前爆轰波传播,能加强炮眼上部岩石的破碎。因此在坚硬岩石中,中深孔爆破时反向装药更为有利。

2）装填程序

在井下爆破作业时,爆破工、班组长和瓦斯检查员必须对掘进工作面附近进行全面检查,发现有下列情况之一时,必须及时进行处理。

①掘进工作面支架歪斜,或者有冒顶片帮。

②爆破地点附近20 m以内,风流中瓦斯浓度达到1%时。

③爆破地点附近 20 m 以内,有矿车,未清除的煤、矸或其他物体堵塞巷道断面 1/3 以上。

④炮眼内发现异常状况,如温度骤高骤低、瓦斯涌出、煤岩松散、穿透老空等。

⑤掘进工作面无风。

⑥炮眼内煤粉、岩粉未清除干净。

⑦没有合乎质量和满足数量要求的黏土炮泥和水炮泥。

⑧工作面正在打眼、装岩。

⑨出现冒顶、透水或瓦斯突出预兆。

爆破地点确认无上述情况时,方可按下列程序进行装药。

(1)检验炮眼

装药前用炮棍插入炮眼内,检验炮眼的角度、深度、方向和炮眼内的情况。

(2)清理炮眼

待装药的炮眼,必须用掏勺或压缩空气吹眼器清除炮眼内的煤、岩粉,防止药卷不能密接或装不到眼底。使用吹眼器时,附近人员必须避开压风吹出气流方向,以免炮眼内飞出的岩块或杂物伤人。

(3)装药

井下放炮地点使用的炸药和电雷管的种类、数量及电雷管的段数必须符合爆破作业说明书的规定,并严格按下列规定进行装药:

①清理好炮眼中的煤粉或岩粉后,用木质或竹质炮棍将药卷轻轻推入炮眼,不得冲撞。炮眼内的各药卷彼此密接。最初的两段应慢用力、轻捣动,之后各段药卷需依次用力一一捣实。

②在低瓦斯矿井的采掘工作面采用毫秒爆破时,可采用反向起爆;在高瓦斯矿井采掘工作面采用毫秒爆破时,若采用反向起爆,必须制定安全技术措施。

③装药时,所有炸药和电雷管的聚能穴方向必须一致。

④毫秒电雷管不得跳段使用。

⑤一个炮眼内不得装两个引药。在特殊情况下确需装两个引药时,必须制定专门措施。

⑥装药后必须把电雷管脚线悬空,严禁电雷管脚线和爆破母线与运输设备、电气设备以及采掘机械等导电体相接触。

(4)封孔

炮眼眼口附近段必须用炮泥封堵。煤矿井下常用的炮泥有两种,一种是在塑料圆筒袋中充满水的水炮泥,另一种是黏土炮泥。

水炮泥的作用:

①爆炸气浪的冲击作用,使水炮泥中的水形成一层水幕,可降低炸药爆炸后的温度。使爆炸火焰存续的时间缩短,降低引爆瓦斯和煤尘的可能性,有利于矿井安全生产。

②水炮泥形成的水幕,有降低和吸收爆破过程中产生的有毒有害气体的作用,可改善井下劳动环境。

黏土炮泥的作用:

①能提高炸药的爆破效果。由于炮泥能阻止爆生气体自炮眼透出,自爆炸初始就能在炮眼内聚积压缩能,增加冲击波的冲击力;同时还能使炸药在爆炸反应中充分氧化,放出更多的

热量,使热量转化为机械功,提高爆破效果。

②有利于爆破安全。由于炮泥的堵塞作用,炸药在爆炸中充分氧化,进而减少有毒有害气体的生成,降低爆生气体逸出时的温度和压力,减小了引燃瓦斯煤尘的可能性;由于炮泥能阻止火焰和灼热固体颗粒从炮眼内喷出,有利于防止瓦斯和煤尘爆炸。

炮孔封泥必须使用水炮泥,水炮泥外剩余的炮眼部分应当用黏土炮泥或用不燃性、可塑性松散材料制成的炮泥封实。严禁用煤粉、块状材料或者其他可燃性材料作炮孔封泥。

无封泥、封泥不足或不实的炮眼,严禁爆破。严禁裸露爆破。

炮泥的质量好坏、封泥长度和封泥质量直接影响爆破效果和安全。封泥长度必须符合《煤矿安全规程》的规定:

①炮眼深度小于0.6 m时,不得装药、爆破;在特殊条件下,如挖底、刷帮、挑顶确需进行炮眼深度小于0.6 m的浅孔爆破时,必须制定安全措施并封满炮泥。

②炮眼深度为0.6~1 m时,封泥长度不得小于炮眼深度的1/2。

③炮眼深度超过1 m时,封泥长度不得小于0.5 m。

④炮眼深度超过2.5 m时,封泥长度不得小于1 m。

⑤深孔爆破时,封泥长度不得小于孔深的1/3。

⑥光面爆破时,周边光爆炮眼应当用炮泥封实,且封泥长度不得小于0.3 m。

⑦工作面有2个及以上自由面时,在煤层中最小抵抗线不得小于0.5 m,在岩层中最小抵抗线不得小于0.3 m。浅孔装药爆破大块岩石时,最小抵抗线和封泥长度都不得小于0.3 m。

2.1.4 电爆网路连线

1)导线的分类与要求

根据导线在电爆网路中的不同位置,可划分为脚线、端线、连接线、支线(区域线)和母线(主线)五类。

(1)脚线

雷管原带的导线,对其连接要求为:

①必须经常处于扭结状态,不连线不分开。

②脚线接头应对头连接,不得顺向连接和留有须头,两根脚线的接头位置应错开,并用胶布包扎好。

③脚线应在连接完毕后,经检查无误才能与连接线连接。其工作只允许爆破工一人操作,无关人员要撤离到安全地点。

(2)端线

端线指用来接长雷管脚线使之引出炮孔的导线,常用截面为0.2~0.4 mm² 多股铜芯塑料皮软线。端线必须悬空,不淹水,不虚连,减小接头电阻。

(3)连接线

连接线指连接各串联组或并联组的导线,因位于工作面,直接受到炮击,常用截面为2.5~4 mm² 的铜芯或铁芯塑料线。

(4)区域线

区域线指连接母线与连接线之间的导线,其规格与母线相同,长度以不崩伤母线为原则,一般为10~20 m。因区域线经常受炮崩,应及时更换或包扎,以防漏电短路。

（5）母线

母线指连接电源与区域线的导线,因它不在崩落范围内,一般用专用放炮线或两芯铜制电缆。母线可多次重复使用。对放炮母线有以下要求:

①放炮母线应采用铜芯或铁芯绝缘线,严禁使用裸线或铝芯线。

②放炮母线不得漏电、短路、外皮损伤,接头必须及时包扎。

③母线必须悬挂,不得同轨道、管路、钢丝绳、刮板运输机等导电体相接触,不得从电气设备上通过,不得挂在淋水处或冒顶、片帮危险处,不得受漏电或杂散电流影响。

④与动力、信号、照明、通信电缆分开悬挂于巷道两侧,如果必须悬挂于同一侧时,应保持0.3 m 以上的悬挂距离。

⑤多头巷道,母线必须随用随敷设,严禁使用固定母线。

⑥母线只准单回路放炮,严禁用轨道、管路和大地当回路。

⑦放炮前后母线必须扭结成短路。

⑧母线要有足够长度,满足躲炮距离。

⑨严禁用四芯、多芯或多根导线做母线。

⑩母线要定期做电阻测定。

2）电爆网路连接方式

电爆网路的连接方式有串联、并联和混联 3 种。

（1）串联电路

串联电路是将各雷管脚线连续地、一个接一个连在一起,最后串联到放炮母线上,如图2.17 所示。

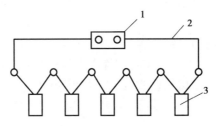

图 2.17　串联电爆网路

1—电源；2—导线；3—雷管

串联电路的特点:

①电路的总电流小,适于用起爆器放炮,使用较安全。

②母线电阻的大小对雷管起爆影响不明显。

③连线操作简便,不易漏连或误连,便于用导通表检查。

④一发电雷管断路时会导致全部拒爆,处理很麻烦。

⑤对雷管的电阻值差要求较严格,不同雷管严禁混用。

串联网路的总电阻为:

$$R = R_m + nr \tag{2.1}$$

式中　R_m——母线总电阻,Ω;

　　　n——串联雷管个数;

r——每个雷管全电阻,Ω。

串联网路的总电流为:

$$I=\frac{U}{R_{\mathrm{m}}+nr} \qquad (2.2)$$

式中　I——网路总电流,也就是通过每个雷管的电流,A;

U——电源电压,V。

当通过每个雷管的电流大于串联网路准爆电流时,串联网路中的电雷管被全部引爆。即:

$$I=I_{\mathrm{d}}\geqslant I_{准} \qquad (2.3)$$

式中　I_{d}——通过每个雷管的电流,A;

$I_{准}$——串联网路准爆电流,A。

串联网路的适应条件:

①有瓦斯与煤尘爆炸危险的掘进工作面,均采用串联。

②全断面一次起爆的炮眼数目较少,起爆器的起爆能力和外接负载能满足实际校核条件。

(2)并联电路

并联是将各个雷管的两根脚线分别连接到两根连接线上。根据连接方式不同可分为分段并联和簇状并联两种,如图2.18所示。

并联电路的特点:

①电路的总电流大,起爆器无法起爆,须用线路电源起爆,在瓦斯矿井中禁用。

②母线、连接线及接头电阻值的大小,对雷管的准爆影响很大,须使用断面足够大的母线。

③不会因一个雷管不爆导致全部拒爆。

④并簇联的连线特别迅速方便,但需要雷管脚线稍长才能连到一起。

⑤分段并联由于连接线的电阻影响很大,容易使电流分配不均,只有在大直径井筒掘进时才使用。

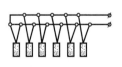
（a）分段并联

（b）簇状并联

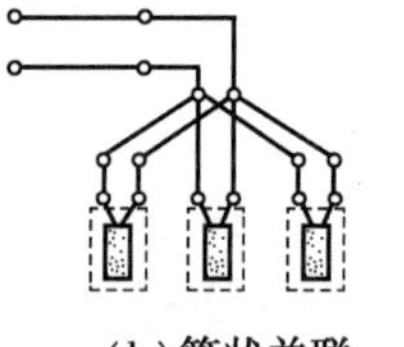

图2.18　并联电爆网路

并联网路总电阻为:

$$R=mR_{\mathrm{m}}+r \qquad (2.4)$$

式中　m——并联电雷管的数目。

通过每一个电雷管的电流:

$$I_{\mathrm{d}}=\frac{U}{mR_{\mathrm{m}}+r}\geqslant I_{准} \qquad (2.5)$$

当此电流 I_{d} 满足准爆条件时,并联电路的雷管将全部被引爆。

并联网路的适应条件：

①立井或斜井井筒施工可采用并联，尤其涌水量较大时更显优越。

②掘进工作面检查瞎炮时，应采用并联，起爆器起爆。但由于起爆器输出电流很小，一次并联的雷管数一般不超过 10 发。

（3）混联电路

混联是串联与并联两种方法的结合，可分为串并联和并串联两种。当一次起爆炮眼数目较多时，则需要采用串并联或并串联。串并联是先将电雷管分组，每组串联接线，然后各组剩余的两根脚线都分别接到放炮母线上。并串联是将各组电雷管并联，然后将各组串联起来。

并串联在现场很少采用，因此混联通常是指串并联。串并联是将若干个雷管先行串联起来组成一个个串联组，然后再将各组并联起来的连线方法，如图 2.19 所示。

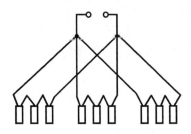

图 2.19 混联电爆网路

混联接法兼具串联法和并联法的缺点，也兼具它们的部分优点。其连接和计算网路都比较复杂，容易错接和漏接，每个并联分路的电阻要大致相等，分组均匀，否则电阻小的分路会因分路电流大而先爆炸，对于电阻大的分路，会由于分路电流小，电雷管仍未得到足够的起爆电能，但网路已被炸断而造成雷管拒爆。

混联网路的特点：

①在同样电压和起爆电流条件下，可以起爆的雷管数目最多。

②各组串联的雷管数应当完全相等。

③为使每个雷管均获得最大电流，应采用最优并联组数。

④连线复杂，容易出错。

最优并联组数为：

$$m = \sqrt{\frac{N_r}{R_m}} \tag{2.6}$$

式中 m——并联的组数，必须取整数；

N_r——每炮的雷管总数。

网路总电流为：

$$I_d = \frac{U}{mR_m + nr} \geq I_{准} \tag{2.7}$$

式中 n——每串雷管的个数，$n = N_r / m$。

当 $I = I_d \geq I_{准}$ 时，串并联电路的雷管将全部被引爆。

混联网路的适应条件：

①大断面硐室全断面一次起爆，需用大功率起爆器。

②大规模爆破工程,还可采用多种方案,如串并联或并串联等方案。

在井下爆破作业时,若用并联或混联,由于各分路电阻大小不一,有的分路可能先起爆而炸断仍在通电的其他分路或母线,容易造成丢炮、瞎炮和产生电火花,甚至引起瓦斯或煤尘爆炸,因此煤矿井下一般不使用并联和混联网路连线方式。

2.1.5 爆破技术

1)基本概念

(1)药包爆炸形成的三区

当药包起爆后,药包附近的岩石在爆轰波和爆生气流的冲击下产生粉碎性的破碎或被压缩成一个空洞,这个区域称为粉碎区(或称压缩区)。虽然爆轰压力超过岩石的抗压强度很多,但一方面岩石本身在短暂的冲击下的强度比静压时的强度要高得多。另一方面,在岩石中传播的应力波因能量消耗于粉碎岩石而很快衰减,故此粉碎区的范围并不大。

在粉碎区外面,由压缩应力波在继续向外传播时衍生的拉应力,同时随爆生气体的充入而扩大形成径向和环向的裂隙,即裂隙区。

在应力波继续向外传播的过程中,应力波继续衰减,以致连裂隙也不能产生,只能使岩石产生震动,故此为震动区。

集中药包的爆破分区如图2.20所示。

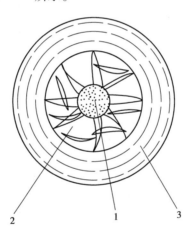

图2.20 集中药包的爆破分区图
1—破碎区;2—裂隙区;3—震动区

(2)自由面与最小抵抗线

如果将一个球形或立方体形药包(也称集中药包)埋入岩石中,岩石与空气相接的表面叫自由面,从药包中心到自由面的垂直距离叫最小抵抗线。

当应力波传到自由面时,在自由面处产生反射,反射波可以看作与入射的应力波大小相等、方向相反的拉伸波,进而产生从自由面向药包一层层剥落的拉伸破坏,这个区叫拉断区(或片落区)。

(3)爆破作用指数

当最小抵抗线小到一定距离时,拉断区与裂隙区连接起来,爆生气体又沿裂隙区的裂隙冲出,使裂隙扩大、岩石移动,于是靠近自由面一侧的岩石便完全破坏而形成漏斗状的坑。如果岩石只产生松动称为松动漏斗,如果岩石不仅松动而且将岩石抛掷出去称为抛掷漏斗。

漏斗半径与最小抵抗线的比值称为爆破作用指数。

当爆破作用指数为 1 时形成的漏斗坑,称为标准抛掷漏斗。

当爆破作用指数大于 1 而小于 3 时,称为加强抛掷漏斗。

当爆破作用指数小于 1 而大于 0.75 时,称为减弱漏斗。

当爆破作用指数为 0.75 时,岩石一般只产生松动而不发生抛掷,称为松动漏斗。

当爆破作用指数小于 0.75 时,将不能形成漏斗。

通常情况下,当爆破作用指数为 1 时形成的漏斗坑体积最大,爆破作用也最好。当爆破作用指数略大于 1 时,可减少清理坑内岩石的工作。而当爆破作用指数略小于 1 时,岩石飞散不远,使装岩工作容易进行。井巷掘进的爆破作用指数一般选用 0.8~1.0,掏槽眼一般稍大于 1。

(4)多自由面爆破

如果自由面不止一个,当集中药包爆炸时,应力波在各个自由面都能产生反射,也都能产生从各个自由面到药包的拉断破坏区,而药包到各自由面的反射波的交叉处无疑将受到破坏,因而增多自由面就可使爆破单位体积岩石的炸药消耗量降低,而岩石的块度也会比较均匀。在爆破工程实践中,一般都先使几个炮眼先爆炸,进而为后爆炸的炮眼形成新的附加自由面,这也是掏槽眼最先起爆的理论依据。

2)爆破技术

(1)毫秒爆破

毫秒爆破也称微差爆破,是一种延期爆破,延期间隔时间是几毫秒到几十毫秒。由于前后相邻段药包爆炸时间间隔极短,各药包爆炸产生的能量场相互作用,产生良好的爆破效果。

毫秒爆破的基本原理如下:

①应力增强作用。炸药在岩体中爆炸后,周围的岩石产生变形、位移,处于应力状态中。毫秒爆破时,先起爆的药包在岩体中形成的应力状态还未消失之前,后起爆的药包又在岩体中形成新的应力场,两个或多个应力叠加使应力增强,改善破碎效果。

②增加自由面作用。先起爆的炮眼爆破,使其附近的岩石产生径向裂隙。径向裂隙发展到一定程度时,则这些径向裂隙就成为后起爆炮眼新的自由面。自由面的增加,有利于后起爆炮眼的破碎作用,爆破的破碎范围增大,也增大了孔间距和每米炮眼破碎的岩体量,相对减少了炸药消耗量。

③岩块间的相互挤压碰撞作用。先爆的岩块在未落下之前,与后爆的岩块相互挤压碰撞。这样可充分地利用能量,使岩块进一步破碎,提高爆破质量,易于控制爆堆,减少飞石距离。

④减弱地震作用。选择恰当的毫秒时间间隔,使先后起爆的地震波相互作用,产生干扰,可以使地震作用削弱,减弱地震波对临近巷道的影响。

采用毫秒爆破时,其爆破效果除与装药起爆方式和起爆顺序有关外,还取决于所采用的爆破参数。若保持岩石爆破后的块度不变,与一般爆破比较,毫秒爆破可增大炮眼间距 10%~20%。

毫秒爆破的另一个重要参数是延期间隔时间。确定合理的毫秒间隔时间是关系到毫秒爆破应用成功与否的关键。在实际爆破工作中,合理的毫秒间隔时间应能得到良好的爆破碎效果和最大限度地降震。

毫秒爆破的优点：

①可减弱爆破地震效应和空气冲击波的影响，减少飞石距离。

②可增大一次爆破的岩体量，减少爆破次数。

③爆落的矸石块度均匀，大块率低；爆堆形状整齐，爆堆比较集中，有利于提高装岩效率。

④可以在有瓦斯煤尘爆炸危险的工作面使用，实现全断面一次起爆，缩短爆破和通风时间，提高掘进速度，有利于工人健康。

在有瓦斯煤尘爆炸危险的地点进行爆破时，以瞬发爆破最安全，但在这种情况下，全断面只能分次放炮。爆破次数越多对巷道掘进进度影响越大，爆破次数越少对爆破效果和震动作用的影响越小。如采用秒延期爆破，因延期时间较长，爆破过程中从煤岩体内泄出的瓦斯有可能达到爆炸界限，因此在有瓦斯爆炸危险的地点不能使用秒延期爆破。

毫秒爆破则克服了瞬发爆破的缺点；同时，只要对总延期时间加以控制，就不会发生秒延期爆破可能存在的危险。

（2）光面爆破

光面爆破的目的是控制爆破作用的范围和方向，使爆破后巷道围岩岩面光滑平整，防止岩面开裂，控制欠挖，减少超挖和支护工作量，增加岩壁的稳定性，减少爆破的震动作用。

光面爆破是沿巷道顶部和两侧开挖轮廓线布置间距较小的等距炮孔，在这些光面炮孔中进行药量减少的不耦合装药，然后同时起爆，爆破时沿这些炮孔的中心连线破裂成平整的光面。

光面爆破原理如下：

光面爆破由于采用不耦合装药，药包爆轰后，对孔壁的冲击压力显著降低，此时，药包的爆破作用主要为准静压作用。当炮孔压力值低于岩石动抗压强度时，在炮孔壁上就不致造成"压碎"破坏。这样爆轰波引起的应力波只能引起少量的径向细微裂隙，裂隙数目及其长度随不耦合系数和装药量而不同。一般在药包直径一定时，不耦合系数值越大，药量越小，则细微裂隙数越小而长度也越短。光面炮孔组同时起爆时，由于起爆时间存在微小的差异，先起爆的药包应力波作用在炮眼周围产生细微径向裂隙，后起爆炮孔在相邻炮孔的导向作用下，其连心线的那条径向裂隙得到优先发育。又在爆生气体作用下，这条裂隙继续延伸和扩展，在相邻两炮孔的连心线同眼壁相交处产生应力集中，此处的拉应力值最大，相邻炮孔中爆生气体的气楔作用将这些径向裂隙扩展为贯通裂隙，最后形成光面。

为获得良好的光面效果，一般选用低密度、低爆速、低体积威力的光面爆破专用药卷，以减少炸药爆轰波的击碎作用并延长爆生气体的膨胀作用时间，使爆破作用为准静压力作用，以获得预期的效果。此外，应注意以下光面爆破参数的选择：

①不耦合装药系数。实践证明，不耦合装药系数 K 为 $2 \sim 3$ 时，光面效果最好。大部分情况选用 K 值为 $1.5 \sim 2.5$。

②炮眼间距。炮眼间距一般为炮眼直径的 $10 \sim 20$ 倍。在节理裂隙比较发育的岩石中应取大值，整体性好的岩石中取小值。

③炮眼临近系数。炮眼临近系数 m 为最小抵抗线 W 与光爆炮眼眼距的比值。当炮眼临近系数过大时，爆后有可能在光面眼间的岩壁表面留下岩埂，造成欠挖；m 值过小时，则会在新壁面造成超挖凹坑，实践表明，当 m 为 $0.8 \sim 1.0$ 时，爆破后的光面效果最好。

④线装药密度。线装药密度又称装药集中度,它是指单位长度炮眼中装药量的多少(g/m)。为了控制裂隙的发育以保持新壁面的完整稳固,在保证沿连心线破裂的前提下,应尽可能少装药。一般线装药密度为:软岩 70~100 g/m,中硬岩 100~150 g/m,硬岩 150~250 g/m。

⑤起爆间隔时间。爆破试验研究表明:齐发起爆的裂隙表面最平整,毫秒延期起爆次之,秒延期起爆最差。因此,在实施光面爆破时,间隔时间越短,壁面平整的效果越有保证。

与普通爆破比较,光面爆破具有以下优点:

①岩面光滑平整,能减少超挖和欠挖,保证轮廓线达到设计要求。

②巷道轮廓外裂隙区范围较小,对围岩破坏不大,提高了巷道的稳定性。

③施工安全,巷道和工作面平整,很少有活石,在围岩自身稳定性较差的情况下不易发生冒顶、片帮。

④巷道成形规整,可减少通风阻力,不易产生瓦斯积聚。

⑤可提高工程进度和工程质量,降低成本。

⑥与喷射混凝土和锚杆支护相配合,可形成一套高效、快速、安全的施工工艺。

光面爆破的质量标准和要求:

①眼痕率,硬岩不小于 80%,中硬岩不小于 60%。

②软岩中的巷道,周边成形应符合设计轮廓。

③巷道围岩岩面上不应有明显的爆震裂缝。

④巷道周边不应欠挖,超挖平均线性值小于 200 mm。

《煤矿安全规程》规定:

采用钻爆法掘进的岩石巷道,应当采用光面爆破。

2.1.6　爆破质量

掘进工作面爆破工作要做到"七不、二少、一高"。

1)"七不"

①不发生爆破伤亡事故,不发生引燃、引爆瓦斯和煤尘事故。

②巷道轮廓符合设计要求,工作面平、直、齐,中心线、腰线符合规定,超挖欠挖不超过作业规程规定。

③不崩倒支架,防止冒顶事故。

④不崩破顶板,不留伞檐,防止冒落事故。

⑤不留底垾,便于装车、铺轨和支护。

⑥不崩坏管线、设备。

⑦不抛掷太远,块度均匀,岩堆集中,有利于打眼与装岩平行作业。

2)"二少"

①减少放炮时间,做到全断面一次起爆。

②减少材料消耗,合理布置炮眼,降低炸药雷管消耗量。

3)"一高"

炮眼利用率高,达到 90% 以上,保证作业规程规定的循环进度。

2.1.7 爆破安全

1)爆破安全制度

《煤矿安全规程》规定：

井下爆破工作必须由专职爆破工担任。突出煤层采掘工作面爆破工作必须由固定的专职爆破工担任。爆破作业必须执行"一炮三检"和"三人连锁"爆破制度，并在起爆前检查起爆地点的甲烷浓度。

(1)"一炮三检制"

"一炮三检制"指采掘工作面装药前、放炮前和放炮后，爆破工、班组长和瓦斯检查员都必须在现场，由瓦斯检查员检查瓦斯，如放炮地点附近20 m以内风流中的瓦斯浓度达到1%则不准装药、放炮;放炮后瓦斯浓度达到1%时，必须立即处理，且不准用电钻打眼。

(2)"三人连锁放炮制"

"三人连锁放炮制"指爆破工、班组长和瓦斯检查员三人必须同时且自始至终参加放炮工作的全过程，并执行换牌制。

执行"三人连锁放炮制"，实施换牌制，应按下述程序进行放炮作业：

①爆破工在检查连线工作无误后，将警戒牌交给班组长。

②班组长接到警戒牌后，在检查顶板、支架、上下出口、风量、阻塞物、工具设备、喷雾洒水等放炮准备工作无误，达到放炮要求的条件时，负责布置警戒，组织撤出人员到规定的安全地点躲避。

③班组长必须布置专人在警戒线和可能进入放炮地点的所有通路上，担任警戒工作。警戒人员必须在规定距离的有掩护的安全地点进行警戒。警戒线处应布置警戒牌、栏杆或拉绳等标志。同时，警戒人员应在警戒地点的警戒牌板上填写好姓名、放炮时间、班次等相关内容。

班组长必须清点人数，确认无误后，方准下达放炮命令，将自己携带的放炮命令牌交给瓦斯检查员。

④瓦斯检查员检查放炮地点附近20 m内风流中的瓦斯浓度，确定瓦斯浓度在1%以下，将自己携带的放炮牌交给爆破工。

⑤爆破工接到放炮牌后，才能将放炮母线与连接线进行连接，与班长最后离开放炮地点。当爆破工与班长离开工作面到达放炮地点的唯一通道口时，应在唯一通道口拉好警戒绳，并挂好明显的警示牌。在通风良好有掩护的安全地点进行放炮。掩护地点到放炮工作面的距离，在作业规程中具体规定。

爆破工、警戒人员和放炮待避人员都必须躲在有支架、物体等掩护和支护，通风良好的安全地点。

⑥放炮通电工作只能由爆破工一人完成。放炮前，爆破工应先检查网路是否导通，若网路不导通，必须查清原因。

⑦若网路正常，爆破工必须发出放炮警号，在从掘进工作面撤出到放炮起爆点的过程中，应高喊"放炮"或鸣笛，到达起爆点后应再次鸣笛，至少再等5 s，方可接通电源起爆。

⑧放炮后，爆破工应立即将放炮母线从电源上摘下，扭结成短路，将三牌各归原主。

执行"三人连锁放炮制"，爆破工、班组长和瓦斯检查员按规定的程序交牌，明确各自的任务和责任,可以有效防止放炮程序混乱、放炮警戒不严或警戒不落实、不清点人数造成的放炮崩人事故;放炮前认真检查顶板和支护加固情况及设备保护情况,可以避免因放炮引起的冒顶事故和崩坏设备事故;放炮前认真检查连线,可以避免漏连、误连而引起的放炮故障和事故;放炮前认真检查瓦斯、煤尘,可防止因漏检和违章放炮而引发瓦斯、煤尘爆炸事故。

2)爆破前安全检查

有下列情况之一时,必须报告班、队长,及时处理,未做出妥善处理之前,爆破工不准放炮。

①采掘工作面的控顶距不符合作业规程的规定、有支架损坏或留有伞檐时。

②爆破前,爆破地点附近 20 m 以内风流中瓦斯浓度达到或超过 1% 时。

③爆破地点 20 m 以内,有矿车、未清除的煤矸或其他物体堵塞巷道断面 1/3 以上时。

④工具、设备和电缆等未加以可靠的保护或移出工作面时。

⑤在有煤尘爆炸危险的煤层中,掘进工作面放炮前,放炮地点附近 20 m 巷道内,未洒水降尘时。

⑥放炮前,靠近掘进工作面 10 m 长度内的支架未加固时;掘进工作面到永久支护之间,未使用临时支架或前探支架,造成空顶作业时。

⑦放炮与其他工作执行平行作业,不符合作业规程规定的距离时。

⑧放炮母线的长度、质量和敷设质量不符合规定时。

⑨局部通风机未运转或工作面风量不足时。

⑩工作面人员未撤离到警戒线外、各个警戒岗哨未设置好或人数未点清时。

3)爆破后注意事项

①巡视放炮地点。放炮后,爆破工、班组长和瓦斯检查员必须巡视放炮地点,检查通风、瓦斯、煤尘、顶板、支架、瞎炮、残炮等情况,发现问题应立即处理。

②撤除警戒。检查放炮地点以后,班组长亲自将警戒人员撤回。

③发布作业命令。只有在工作面的炮烟吹散、警戒人员按规定撤回、检查瓦斯不超限,以及影响作业安全的崩倒、崩坏的支架已经修复的情况下,班组长才能发布人员可以进入工作面正式作业的命令。

④洒水降尘。放炮后,放炮地点附近 20 m 的巷道内都必须洒水降尘。

⑤处理残、瞎炮。发现并处理残、瞎炮时,必须在班组长直接领导下进行,并应在当班处理完毕,如果当班未能处理完毕,爆破工则必须同下一班爆破工的现场交接清楚。

4)爆破事故的防范与处理

(1)拒爆处理

放炮不响时,放炮员必须先取下钥匙,摘下母线并扭结短路,再等一段时间(使用瞬发雷管至少等 5 min,使用段发雷管至少等 15 min),才可沿线路检查,进入工作面,查找拒爆原因。

处理拒爆必须在班组长直接指导下进行,并应在当班处理完毕。

(2)瞎炮的预防与处理

①瞎炮的预防。禁止使用不合格的爆破器材,不同雷管不串联混用;雷管阻值差<0.3 Ω;网路不误连;接头不虚连;母线不漏电;脚线不淹水;网路总电阻的实测值与计算值之差小于10%;准爆电流计算正确。

②瞎炮的处理。因网路错连、漏连,应重新连线放炮,经检查确认网路线路完好时,方可

重新起爆;因其他原因造成的瞎炮,应在距瞎炮至少0.3 m处重新钻凿平行炮眼,再装药放炮;禁止将残眼继续加深,严禁用镐刨,压风管吹,拽拉脚线取出炮头;处理瞎炮的炮眼爆破后,收集残药、残管,并与检查记录一同交火药库统一销毁;处理瞎炮只允许放炮员一人操作,除瓦斯检查员、班组长配合外,其他人员一律撤出放炮地点。

(3)早爆的预防

①产生早爆的原因。一是杂散电流引起早爆,主要是架线电机车牵引网路的漏电电流,通过管路或潮湿的煤(岩)壁导入雷管脚线。二是母线与交流电源接触或与管路、轨道等导电体接触引起早爆。

②预防早爆措施。装药、连线、放炮时,切断工作面电源,用矿灯照明;电爆网路不得与风、水管路、轨道、钢丝绳和刮板运输机等导电体接触,更不能与动力、照明、信号电缆接触;电雷管脚线与连接线、脚线与脚线之间的接头必须悬空,不得与任何导电体或煤岩壁接触;架线电机车轨道接头用导线接通,形成轨道电路,减小杂散电流;母线一端经常扭结短路,避免杂散电流流入,只有连接起爆器时才可分开。

(4)残爆的预防

①发生残爆的原因。管道效应的作用结果是深孔爆破发生残爆的主要原因;装填盖药和垫药因传爆方向不一致而发生残爆;炮眼未吹净使药卷间阻隔而影响传爆;药卷被捣实增加了密度而降低爆轰稳定性;炸药变质失效或雷管起爆能不足造成爆轰中断等。

②预防残爆的措施。采用水胶炸药消除管道效应;采用合理的装药方法;装药前将炮眼内的煤岩粉吹干净;不使用超期和变质炸药。

2.2 机掘法破岩

掘进机按截割煤岩形成巷道断面的过程不同分为局部断面掘进机和全断面掘进机两种类型。

我国的局部掘进机装备经历了引进、消化、自主研制三个阶段。20世纪50年代引进煤巷局部断面掘进机,60—70年代引进半煤岩巷局部断面掘进机,80年代开始与奥地利、日本等国家合作生产局部断面掘进机。进入21世纪后,我国在消化国外技术的基础上不断自主创新,目前生产的系列局部断面掘进机质量稳定,技术性能处于世界先进水平。

最近几年,我国在连续采煤机、全断面煤巷掘进机和全断面硬岩掘进机的研制、生产与应用方面进入了一个新的阶段,在掘锚一体机基础上研制成功的掘支运一体化快速掘进智能装备实现了重大技术突破,为煤炭生产企业推广应用掘进智能化装备技术确立了方向。

2.2.1 局部断面掘进机

局部断面掘进机能同时完成煤岩截割、装载与转载,具有调动行走、喷雾降尘等功能。它的截割头每次触及巷道设计轮廓线内的岩(煤)体截割掉断面的一部分(故也称"部分断面掘进机"),可掘出矩形、梯形、拱形等断面形状的巷道。随着工艺技术的不断进步,局部断面掘进机的使用实现了新的突破:一是从煤巷、半煤岩巷扩展到全岩巷道;二是从水平巷道扩展到倾斜巷道。

局部断面掘进机的工作机构一般由悬臂及安装在悬臂上的截割头所组成。掘进机工作机构经过上下左右反复摆动,截割头旋转完成岩石的破碎,最终形成设计的巷道断面形状。局部断面掘进机具有掘进速度快、生产效率高、适应性强、操作方便等优点,过去主要应用于断面大于 8 m² 的煤巷和半煤岩巷道掘进施工。局部断面掘进机采用硬质合金截齿能截割普氏系数 10 以内的岩石,采取防滑稳定措施后可用于倾角 22° 以下的巷道。

悬臂式局部断面掘进机按照截割头的布置方式不同,分为横轴式和纵轴式两种类型。目前使用较多的是纵轴式局部断面掘进机。

①横轴式局部断面掘进机。该掘进机截割头的旋转轴线与截割臂轴线垂直,工作时主要靠截割头的水平进给,即悬臂的水平摆动,实现断面的截割,如图 2.21(a)所示。

横轴式局部断面掘进机截齿截割方向比较合理,破碎煤岩省力,排屑方便;工作机构横向摆动阻力小,机器稳定性好,质量小,但截深小,钻进效率低。在掏槽切进和上下摆动截割时都必须左右移动截割头,不如纵轴式局部断面掘进机使用方便。

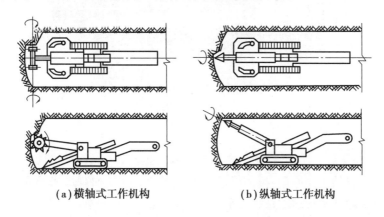

（a）横轴式工作机构　　　　　（b）纵轴式工作机构

图 2.21　局部断面掘进机截割头的布置方式

②纵轴式局部断面掘进机。该掘进机截割头的旋转轴线与截割臂轴线重合,工作时可根据截割阻力的大小,使截割头水平进给或垂直进给,来完成断面的截割。如图 2.21(b)所示,纵轴式局部断面掘进机截割头的运行轨迹一般为 S 形,煤岩相对坚硬时可由下向上截割,煤岩相对松软时可由上向下截割。

纵轴式局部断面掘进机在钻进掏槽时,工作机构可以方便、快速地达到要求的截割深度,钻进效率高。但在横向摆动时,工作机构会受到较大的煤岩反力作用,影响机器工作时的稳定性,因此这种类型的掘进机一般质量都比较大。纵轴式局部断面掘进机一般能截割出表面光整的巷道,且可开挖柱窝和水沟。

国内有多家企业生产局部断面掘进机。过去有 AM 系列、ELMB 系列、EBJ 系列,目前主流产品有 EBZ 系列和 EBH 系列。E 代表掘进机,B 代表悬臂式,Z 代表纵轴切割式,J 代表径向截割式(同纵轴式),H 代表横轴截割式。目前使用较广泛的是 EBZ 系列局部断面掘进机。

为了解决掘进施工过程中的顶板控制问题,掘锚一体化快速掘进机应运而生。掘锚一体化机组是在改进的局部断面掘进机机体上加装了锚杆打眼和安装机具,可实现煤岩截割与支护工序的平行作业。

1)悬臂式局部断面掘进机

悬臂式局部掘进机具有以下主要特点:

①采用电机和液压混合传动,机身矮,结构紧凑,操作方便、可靠,运转平稳。

②截割臂可伸缩,其回转、升降可实现联动,能进行弧形截割。

③采用圆锥台形小直径截割头,单刀力量大,截齿布置合理,破岩过断层能力强,切割振动小,工作稳定性好。

④采用独特的分装分运系统,降低了截割煤岩过程中装运机构的故障发生率,改善了装运效果,提高了装运能力。

⑤配备内喷雾及外高压喷雾装置,可有效抑制截割时产生的粉尘。

⑥可选装液压锚杆钻机驱动装置,驱动一台或两台液压锚杆钻机作业。

2)掘锚一体化掘进机

掘锚一体化机组如图 2.22 所示。

图 2.22 掘锚一体化机组

掘锚一体化机组的工作原理:掘锚机组截割部在上下摆动切割煤岩的同时,装运机构将破落的煤岩通过星轮和刮板运输系统运至机后配套运输设备,机载除尘装置处于长时间工作状态,同时掘锚机组上的锚杆钻机进行钻孔、安装锚杆作业,一排锚杆安装完毕,随机器前进进行下一循环作业。

掘锚一体化机组可截割出大断面的矩形巷道,并能及时对巷道顶帮进行锚杆或锚网支护。

3)掘支运一体化快速掘进智能化成套装备

中国煤炭科工集团太原研究院有限公司研制出全球首套掘支运一体化快速掘进智能化成套装备(图2.23),主要包括掘锚一体机、锚杆钻装机、连续运输系统、远程集控系统等,通过远程集控系统对成套装备协同控制,形成了掘进、支护、运输一体化、自动化作业线,开创了人机高效协同智能掘进新模式。掘支运一体化快速掘进智能成套装备不仅可适应于稳定、中等稳定的围岩条件,也适应于"三软"煤层等复杂地质条件,适应高度为 2.0~6.0 m、宽度为 5.0~7.2 m 的煤与半煤岩巷道。掘锚一体机有 EJM340/4-2H、EJM340/4-2D、EJM340/4-4E 等轻型到重型 8 种机型,其中轻型机截割功率 340 kW、钻机转矩 400 N·m、除尘系统处理风量 400 m³/min;锚杆钻装机有 MZHB4-1200/25、MZHB6-1200/20 等 10 种机型,集成自动锚索钻机可实现锚索自动连续钻孔。整机系统具备煤岩破碎、锚杆(索)支护、煤流缓冲与转载多重功能,连续运输系统主要有柔性连续运输系统、大跨距桥式转载系统、自动延伸系统,可根据带式输送机带宽、底板条件、进尺要求、采购成本等因素进行合理配套。

图 2.23　掘支运一体化机组外形图

2.2.2　连续采煤机

连续采煤机起源于美国,是国外房柱式采煤的主要设备。它与掘进机在结构上的不同之处在于其截割滚筒多为横轴式且宽度较大,在液压缸控制下上下摆动,可一次掘出宽 4 m 左右的巷道。随着英、美等国将前进式开采改为后退式开采,连续采煤机逐步被用于煤巷掘进并取得很高单进。用于掘进时,它与一般掘进机使用上的不同之处在于:巷道掘进机用于单一巷道掘进,而连续采煤机则是多巷道同时掘进并可实现掘锚装运平行作业。

我国一些有条件的矿区借鉴其他国家煤炭开采的经验,在开采方法上实现长壁回采和房柱式联合采掘的统一。即在长壁工作面两侧各布置 2~3 条平行巷道,用连续采煤机进行房柱式开采形成运输、通风、行人通道,结束后再进行长壁工作面开采。一般来说,对于开采深度不大于 500 m、顶板和煤层稳定性好的矿区,可利用连续采煤机进行房柱式开采,如图 2.24 所示。

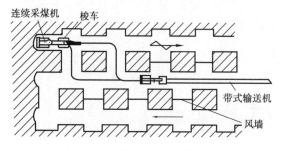

图 2.24　连续采煤机

连续采煤机与局部断面掘进机比较具有下列优点:

①液压系统简单,大多采用电机驱动,故障少,传动系统可靠。

②既可用于掘进又可用于采煤。用于掘进时,掘、锚、装、运可平行作业,掘进速度快、工效高;用于采煤时,能充分发挥连续采煤机采掘合一功能,便于采煤工艺改革,减少顶板管理工作量,尤其对于边角煤、残煤的开采具有普通掘进机无法比拟的优点。

③多顺槽开拓长壁工作面时,可保证工作面所需的足够风量,甚至可通过通风设施实现全负压通风,对防止瓦斯积聚非常有利;此外,在主通道冒顶时,还可提供备用的脱险通道。

连续采煤机和局部断面掘进机比较存在以下缺点:

①连续采煤机及配套梭车往复运行,对底板破坏比掘进机严重。

②连续采煤机受地质条件影响较大,一般煤层倾角不宜太大,厚度为 1.3~4 m,底板坚硬或矿井水对底板影响较小,顶板应为中等稳定及以上,有较好自控和可锚性。

③截割头在液压缸控制下上下摆动,巷道断面一般为矩形,对其他断面形状巷道适用性

较差。由于截割头一般在 3 m 左右,通常大于机身宽度,仅适用于巷道宽度大的矿井。

④在用于煤巷快速掘进时,由于掘、锚分离作业,不得不多开联络巷并进行快速密闭,给今后生产通风管理带来不利因素。对于有自然发火危险的矿井,由于煤体暴露多,可能造成安全隐患,应采取相应的防灭火技术措施。

连续采煤机掘进适用于沿近水平煤层掘进的矩形断面煤巷,要求顶板稳定,底板遇水不膨胀、不易泥化,中厚以上的中硬或硬煤层,没有坚硬的夹矸或较多的黄铁矿球。

2.2.3 全断面掘进机

1)全断面煤巷掘进机

全断面煤巷掘进机集全断面连续切割技术、自动定位、无线遥控技术、快速装运、机载除尘、机载锚杆钻机、调车等功能于一体,实现煤巷快速掘进,远距离遥控作业,显著提高掘进效率,可实现单头月进 3 000 m 以上。

全断面煤巷掘进机组主要由刀盘装置、上滚筒装置、本体、履带行走机构、左右支架、电控系统、第一运输机、液压系统、后临时支护、机载锚杆钻机、前临时支护、铲板、下滚筒装置、水系统、除尘系统、润滑系统构成。

QMJ4260 型全断面煤巷掘进机组的外形如图 2.25 所示。

图 2.25　QMJ4260 型全断面煤巷掘进机

QMJ4260 型全断面煤巷掘进机重 295 t,装机功率 1 809 kW,截割断面 4.2 m×6.0 m,掘进速度 0~0.3 m/min,调车行走速度 0~4 m/min,集全断面连续切割技术、自动定位、无线遥控技术、快速装运、机载除尘、机载锚杆钻机、调车等功能于一体,是我国研发的首台全断面高效掘进机。

2)全断面硬岩掘进机

20 世纪 60 年代问世的全断面掘进机也称盾构机(TBM),机体庞大笨重,拆装时间长,转移运输不方便,辅助作业时间长,机器作业率低,动力消耗大,刀具寿命短,掘进成本高,要求所掘巷道曲率半径大,难以适应井下复杂地质条件,过去主要在长距离的大型隧道工程中使用。

为了加快煤矿全岩巷道的掘进施工速度,我国在引进消化国外技术的基础上,开发研制了小型全断面硬岩掘进机组,目前已经在煤矿企业得到成功应用。

全断面岩巷掘进机一般由移动机体部分和固定支撑推进两大部分组成,主要有破岩、行走推进、岩碴装运、驱动、动力供给、方向控制、除尘和锚杆安装等装置。

全断面掘进机包括主机和后配套系统。主机由刀盘工作机构、传动导向机构、推进操纵机构、大梁、主带式输送机和司机室等部件组成。配备内喷雾、水膜除尘设施、瓦斯自动检测报警仪等,主机上配备环形支架安装机和锚杆钻机,掘进机工作系统中配备激光导向、坡度指示和浮动支撑调向机构,可以不停机调向和控制掘进方向。全断面掘进机的后配套系统主要由斜带式输送机、转载机和喷雾泵站组成。

EQH2800 全断面硬岩掘进机组(图 2.26)由刀盘、超前钻机、撑靴、锚杆钻机、一运二运和电控系统、液压系统、后配套运输系统、渣浆分离系统以及地质探测雷达、激光导向仪、远程控制系统组成。机身全长 17 m,切割直径 2.8 m,切割强度 50～150 MPa,推进速度 0～4.9 m/h,适应巷道倾角±15°,最小转弯半径 180 m,能实现自动测量控制、远程无线传输、全站式自动定位、掘锚同步作业、圆形巷道一次成巷。速度快、用工少、防尘效果好,劳动强度低,安全可靠。

图 2.26　全断面硬岩掘进机(TBM)外形图

全断面硬岩掘进机适用于地质构造简单、长度超过 800 m 的矿井运输大巷、回风大巷、瓦斯抽采巷道和倾角小于 15°的斜井或上(下)山岩石巷道。

未来的全断面掘进机成套系统将在以下方面进一步迭代更新,以适应矿井安全、高效集约化发展的需要:

①向小型化、轻量化、智能化方向发展,实现设备模块化组装。

②整合超前钻探和超前注浆支护,扩大适应范围。

③实现断面可调。

④矸石井下处理利用,减少地面排放。

⑤研制适应较大倾角斜巷和立井施工的机组。

⑥舍弃截齿、刀盘为工具的传统破岩方式,研制以激光、水射流、声波等作为切削介质的新技术新装备,提升掘进效率,改善工作环境,降低施工成本。

【思考与练习】

1.简述风动凿岩机、液压凿岩机、岩石电钻、煤电钻、风煤钻的适用条件。

2.简述煤矿许用炸药的分类、分级和主要规格。

3.毫秒延期爆破的延期时间不能超过多少毫秒?

4.简述岩巷光面爆破的原理、标准和优点。

5.简述"一炮三检制""三人连锁放炮制"的内容。

6.简述悬臂式局部断面掘进机纵轴式与横轴式截割煤岩的特点。

7.简述局部断面掘进机、连续采煤机、全断面煤巷掘进机、全断面硬岩掘进机的适用条件。

3　装岩

3.1　装岩设备

钻爆法施工的装岩工序约占掘进循环时间的35%～50%,因此提高装载机械化水平及其生产效率,是实现快速掘进的主要措施之一。在近水平巷道施工中常用的装岩设备有耙斗装岩机、铲斗装岩机、蟹爪装岩机和扒碴式装载机,在35°以下的斜巷中可以使用耙斗装岩机。

机掘法施工的装岩工作主要由设备自身配套的蟹爪或星轮装载机构与截割机构同步连续运转完成。

3.1.1　耙斗装岩机

1)结构与适用范围

耙斗装岩机由耙斗、绞车、机体和辅助设备组成,使用情况如图2.27所示,主要技术性能见表2.4。

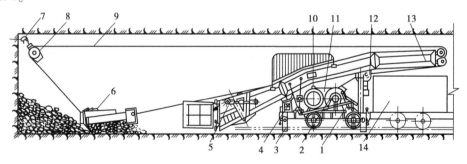

图2.27　耙斗装岩机装岩示意图

1—连杆;2—主、副滚筒;3—卡轨器;4—操纵手把;5—调整螺丝;6—耙斗;7—固定楔;
8—尾轮;9—耙斗牵引绳;10—电动机;11—减速器;12—架绳轮;13—卸料槽;14—矿车

耙斗装岩机结构简单、操作方便、易于修理,且使用成本低,以电为动力,轨轮行走,在钻爆法施工的掘进工作面使用广泛。适用于净高2.2 m、宽2.0 m以上的水平巷道或倾角小于30°的倾斜巷道,也能用于弯道。

表 2.4　耙斗装岩机技术性能

型号		P-60B	P-30B	P-15B	YP-20	YP-60	YP-90
生产能力/(m³·h⁻¹)		70~105	35~50	15	25~35	80~100	120~150
耙斗容积/m³		0.6	0.3	0.15	0.2	0.6	0.9
外形尺寸/mm	长度	9 800	6 600	4 700	5 300	7 725	8 391
	宽度	2 750	2 045	1 040	1 400	1 850	2 000
	高度		1 650	1 500			
轨距/mm		600,900	600,900	600	600	600,900	600
质量/kg		6 450	4 500	2 200	2 600	6 140	8 000
电机功率/kW		30	17	11	13	30	40

2)操作与使用

装岩前,先用耙斗装岩机上的 4 个大卡轨器将装岩机固定在轨道上,放炮后在工作面打好上部眼,在炮眼内或另打眼装设固定楔,挂上尾轮,开始耙岩。操作时,司机压紧主绳滚筒操作把手,此时主绳滚筒转动,副滚筒从动,牵引耙斗耙取矸石至卸料槽口卸入矿车;随后再压紧副绳滚筒的操纵手把,此时副绳滚筒转动,主绳滚筒从动,耙斗空载返回工作面,重复装岩。

耙取巷道两侧岩石时,只需移动尾轮位置即可,尾轮用挂钩系在固定楔上。

耙斗装岩机距工作面以 6~20 m 为宜,过近机体易被放炮崩坏,且耙斗出绳偏角过大;过远则操作不便,效率降低。移动耙斗装岩机时,先要把机前的矸石耙净,并清理底板及巷道两侧的矸石,检查底板的标高是否符合要求,当符合规定时,可卸掉装岩机前的簸箕,铺好轨道,去掉卡轨器,然后用人推或用电机车顶,也可借助两个滚筒同时缠绕拉紧钢丝绳,使机器向前移动至需要的位置。

3)耙斗装岩机使用安全注意事项

①悬挂钢丝绳的尾轮一定要固定好,打楔眼时要有一定的偏角,如图 2.28 所示。安装固定楔处的岩石要坚硬,以防止由于固定楔不牢靠,在工作过程中拉脱伤人。

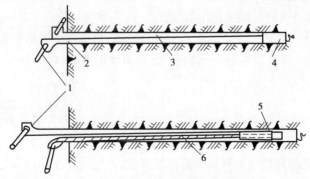

图 2.28　尾轮固定楔示意图
1—圆环;2—楔体;3—紧楔;4—楔眼;5—圆锥套;6—钢丝绳

②选好装岩位置后,还要把机身固定好,防止在工作过程中运动。在上、下山施工使用耙斗装岩机时,必须采取防滑措施。用在下山时,若坡度小于10°,除原有的4个卡轨器外,可在车轮前面加两道卡子或在车轮后面再加两个卡轨器。坡度大于10°时,须另加一些防滑装置来固定,如常用4个U形卡子把车轮与导轨一起卡住。用在上山时,除用卡轨器、道卡子、U形卡子固定外,可在机身后的立柱上加两个斜撑,起到稳定防滑的作用。

③耙斗装岩机在拐弯巷道装岩(煤)时应首先清理机道,为了保证安全,在拐弯处应设专人联系。

④开车时其他人员不得靠近耙斗和机身两旁,以免钢丝绳弹跳或岩石飞出伤人。绝对不允许用手、脚或工具触摸钢丝绳、耙斗等运动部件。如有故障应停车处理。

⑤在耙斗装岩机工作或检修时应注意观察掘进工作面的情况,发现有透水、冒顶等征兆时,应立即停止工作,撤离人员。当工作面有瓦斯积聚时应停机断电排瓦斯,以防重大事故发生。

⑥经常检查钢丝绳、溜槽的磨损情况,磨损严重时立即更换,以防断绳事故。在检修工作结束后,一定要检查是否有工具落在机器上,防止试车时,工具卡住钢丝绳而引起伤人事故。注意不能使用打结的钢丝绳。

⑦耙斗装岩机工作之前要对岩堆洒水,耙斗装岩机工作时要有良好的照明设施,在爆破时应注意保护照明灯具。

⑧在司机侧应安设栅栏,以防牵引绳弹跳伤人。

⑨较长距离移动耙斗装岩机时,要找好重心,避免翻翘。采用自拉自移动时,导向滑轮要固定在轨道的中心线上。

《煤矿安全规程》规定:

高瓦斯、煤与瓦斯突出和有煤尘爆炸危险矿井的煤巷、半煤巷和石门揭煤工作面禁止使用钢丝绳牵引的耙斗装岩机。

3.1.2　铲斗装岩机

铲斗装岩机有后卸式和侧卸式两大类。后卸式铲斗装岩机由于生产效率较低,逐步被侧卸式所取代。

1)后卸式铲斗装岩机

(1)后卸式铲斗装岩机的性能及适用范围

后卸式铲斗装岩机主要用于井下水平岩石巷道装载,也可用于倾角8°以下的斜井和下山装岩之用。适用于高度(自轨面算起)一般不小于2.2 m的巷道,矸石块度以不超过250 mm为宜。

(2)结构与操作

后卸式铲斗装岩机由装载提升机构、回转机构、行走机构和操作系统四部分组成,其构造如图2.29所示。

后卸式铲斗装岩机的两侧均装有操纵箱和踏脚板,司机可在左侧或右侧操作。装岩开始前先放下铲斗,按前进按钮使机器向岩堆前进,当机器距岩堆还有500~600 mm时,再次按前进按钮使装岩机产生冲击力,将铲斗插入岩堆;此时对提升和前进按钮交替供电,使铲斗在岩石中发生抖动,让铲斗装满;再点按提升按钮提升铲斗同时后退,将岩石卸入装岩机后面的矿车中;卸载后铲斗借助弹簧及自重返回,又可开始下一个装岩循环。

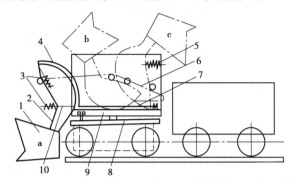

图 2.29　后卸式铲斗装岩机构造示意图
1—铲斗;2—斗柄;3—弹簧;4、10—稳绳;5—缓冲弹簧;6—提升链条;
7—导轨,8—回转底盘;9—回转台

2)侧卸式铲斗装岩机

侧卸式铲斗装岩机采用了履带行走机构,克服了后卸式铲斗装岩机在轨道上行走,装岩面宽度受限的缺点;机体稳定性好,可在平巷和小倾角的上下山时使用;改变了斗型和卸载方式,克服了对装岩块度要求严格、卸载时粉尘大的缺点,能一机多用(铲底、辅助安装支架等)。但履带在软岩底板上行走困难,为了实现进退和转弯等动作,结构复杂。与后卸式铲斗装岩机相比,其铲头插入力大,斗容大,提升距离短,卸岩速度快,生产率高,调动灵活,操作方便,铲斗还可兼作活动平台,用于安装锚杆等。

(1)侧卸式铲斗装岩机的性能及适用范围

国产 ZLC-60 型侧卸式铲斗装岩机结构见图 2.30,该机适用于宽度不小于 4 m,高度不小于 3.5 m 的巷道。

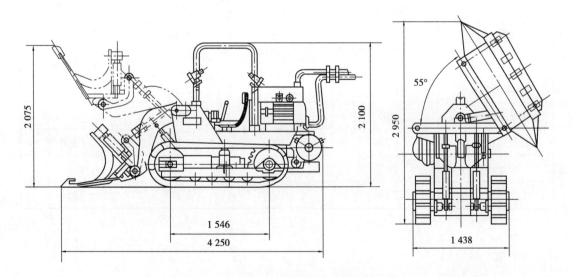

图 2.30　ZLC-60 型侧卸式铲斗装岩机

该机工作时将铲斗下放插入岩堆,装满后提升铲斗并后退 2～3 m 到侧面设有矿车或胶带转载机的地方,歪斜铲斗卸载,然后再重复下次装岩动作。

（2）使用侧卸式铲斗装岩机的安全注意事项

①机器工作前必须通知附近人员撤离,避免挤碰人员和设备的事故发生。

②操作中应经常检查电缆是否完好,避免压坏,避免与油管发生摩擦,引发火灾事故。应保证所有操作按钮完好。

③装岩前,应对岩堆洒水灭尘,如果无水或洒水装置损坏,则不能开机装岩。

④装岩机上的照明装置一定要完好,使操作人员有良好的视线,避免挤伤人员事故发生,良好的照明对提高生产效率也是非常有利的。

⑤装岩机工作和检修时,工作人员特别是跟班领导要注意掘进头的情况。发现有透水、冒顶、煤岩突出征兆时,应立即组织人员撤离到安全地方,并采取相应的措施。

⑥当装岩机举起铲斗时,严禁人员在铲斗下方操作或进行检修。必须进行修理时,应有可靠的安全措施。

⑦司机离开机器时必须切断电源。非机组操作人员不得擅自操纵机器,以免误操作而伤人。此外,检修结束后,等所有工作人员撤离机器周围后方可开机试车。

铲斗装岩机的技术参数见表2.5。

表 2.5 铲斗装岩机的技术参数

型号		Z-20B	Z-30B	ZCZ-26	ZLC-60 侧卸式
生产能力/（m³·h⁻¹）		30 ~ 40	45 ~ 60	50	90
耙斗容积/mm		0.2	0.3	0.26	0.6
外形尺寸/mm	长度	2 395	2 660	2 375	4 250
	宽度	1 426	1 410		1 800
	高度	1 518	1 455	1 378	2 100
轨距/mm		600,900	600	600	
质量/kg		4 100	5 000	2 700	7 430
电机功率/kW		21	30		52
装载宽度/mm		2 200	2 550	2 700	
最大装料块度/mm		400	500	500	
卸载高度/mm		1 280	1 300	1 250	1 300
行走机构		轨轮	轨轮	轨轮	履带
工作高度/mm		2 180	2 380	2 240	2 950

3.1.3 蟹爪装岩机

1）蟹爪装岩机的性能和使用范围

蟹爪装岩机是为适应岩巷快速掘进而发展起来的一种装载机械,这种装岩机具有连续装载的特点,且有转载运输机,可与大容量的运输设备配套。减少辅助作业时间,提高装岩效率。蟹爪装岩机适用于断面在 7 m² 以上的近水平岩巷,可装载坚固性系数 f 最大为 16 的岩石,岩石块度在 500 mm 以下为宜。其技术性能见表 2.6。

表 2.6 蟹爪装岩机技术性能

型号		LB-150	ZS-60	ZXZ-60
生产能力/(m³·h⁻¹)		150	60	60
外形尺寸 /mm	长度	8 850	7 570	8 100
	宽度	2 170	1 350	1 600
	高度	2 040	1 720	1 770
质量/kg		23 430	6 000	15 000
电机功率/kW		97.5	43	64.5
最大装料块度/mm		600	500	500
卸载高度/mm		1 150		
行走机构		履带	履带	履带

2)结构和工作原理

这类装岩机主要由蟹爪、履带行走部、转载输送机、液压系统和电气系统等组成(图 2.31)。装岩机前端的铲板上设有一对蟹爪,在电动机或液压马达驱动下,连续交替扒取矸石,并经刮板输送机运到机尾胶带输送机或刮板输送机上,而后再装入运输设备。

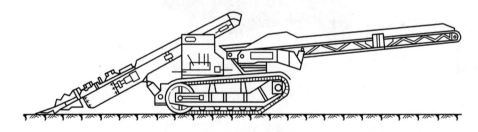

图 2.31 ZYZ-60 型蟹爪装岩机

蟹爪装岩机装岩工作连续,并且装载宽度大,生产率高,但结构复杂,履带行走对软岩巷道不利,适用于装硬岩。

3)蟹爪装岩机使用安全注意事项

①蟹爪装岩机在工作之前,要检查控制系统,多路换向阀手把位置是否正常,机器周围有无妨碍正常运转的障碍物,并向周围人员发出开车信号。

②机器在行走过程中,操作人员应让脚躲开履带一定距离,同时要有专人拖拉电缆,并与机器保持一定距离,避免拉坏或压坏电缆。司机在机器回转时要注意避免撞伤人员,同时注意棚梁被撞。

③禁止在大于12°的斜坡上使用蟹爪装岩机,在小于12°斜坡上工作时,为防止机器下滑,应使用木板等物体阻挡。

④在检修和撤离机器时一定要先检查瓦斯情况，严禁带电作业。同时要注意工作面情况，发现异常，应立即撤离人员。

⑤在煤堆上洒水后方可开机装运，以防煤尘飞扬。

⑥当发现有障碍物如大块煤、杂物、工具等卡住蟹爪和刮板链时，必须停机处理，严禁在机器运行中用工具或手处理。

⑦要检查各电气部分的防爆性能。司机或检修人员工作结束后，一定要切断机器上的总电源。

⑧严禁用蟹爪装岩机的尾部挑架棚梁。严禁装煤蟹爪刮碰岩壁。

3.1.4　扒碴式装载机

矿用扒碴式装载机(图 2.32)按照行走方式分为轮式和履带式。主要由电动机、行走装置、挖掘装置和电器控制系统等部分组成。在后方配置胶带转载机可实现多个矿车连续装车。具有转向灵活、操作简单、装载效率高等特点，同时可对巷道底板进行平整清理。适用于钻爆法施工的中到大断面的岩石巷道。

合理选择装载机的因素较多，主要应考虑巷道断面尺寸、装载机的适应性能和生产效率，操作、维修的难易程度和可靠性，货源、造价及与其他设备的配套等。

图 2.32　矿用扒碴式装载机

3.2　装煤设备

常用的装煤机械是 ZMZ-17 型蟹爪式装煤机，如图 2.33 所示。

图 2.33　ZMZ-17 型蟹爪式装煤机

采用 ZMZ-17 型蟹爪式装煤机装运煤矸时，矿车可逐一进入其尾部链板输送机下方接装煤(矸)；为充分发挥其效能，可配备胶带转载机，其下方可容纳多个矿车实现连续装车。

在小断面的煤与半煤岩巷道,也可以使用改装的刮板运输装载机装煤。

3.3　提高装载效率的措施

对于钻爆法施工的掘进工作面,可以通过以下途径提高装岩效率:

①选用高效能装岩机。在小断面巷道中主要选用耙斗装岩机,在中等断面巷道选用扒碴式装载机或蟹爪装岩机,在大断面巷道中可选用侧卸式铲斗装岩机。

②改善爆破效果。装岩生产率与爆破的岩石块度、抛掷距离、堆积情况密切相关,应合理选择爆破参数,做到爆破出的巷道底板平整以利装岩,爆破的岩石块度及抛掷距离适中,岩堆集中。

③减少装岩间歇时间。结合实际条件合理选择各种工作面调车和转载设备,提高实际装岩生产率。

④加强装岩调车的组织工作。提高装岩机司机操作技术,加强装岩机维修保养,保证装岩熟练减少故障;严格执行工种岗位责任制,保证各工种密切配合,工序紧密衔接,保证稳定的电压或液压压力;保证轨道质量,加强日常维护,提高行车速度,减少掉道事故;加强调度工作,及时供应空车。

【思考与练习】

1. 简述耙斗装岩机、铲斗装岩机和扒碴式装载机的工作性能和适用条件。
2. 简述耙斗装岩机、后卸式铲斗装岩机和蟹爪装岩机的使用安全注意事项。

4　运　输

4.1　运输设备

煤矿井下运输设备可分为两大类:连续动作的运输设备和周期动作的运输设备。

4.1.1　连续动作的运输设备

连续动作的运输设备的特点是:设备启动后,能连续不断地运送货载,在运转中无须控制。

常用的连续运输设备主要有刮板输送机和胶带输送机。

无极绳运输煤矸的效率偏低,南方地区煤矿多在斜井采用无极绳吊挂人车实现人员运送。单轨吊也是连续运输方式,多用于井下辅助(材料)运输。

此外掘进上山如坡度达到或超过 28°时,可在上山巷道内安设溜槽,实现自溜连续运输。

1)刮板输送机

刮板输送机又叫链板输送机,俗称电溜子,由机头部、机身部、机尾部和辅助设备四部分组成。它既可作为采煤工作面的运输设备,也可作为掘进工作面的运输设备。

刮板输送机的主要特点:

①沿运输机全长任意地点均可装载。

②货载运送可连续运行。

③高度和宽度均较小,便于装载。

④运输能力不受货载的块度和湿度影响。

⑤结构简单而且坚固,便于维护、检修,便于拆装和伸缩,移置方便。

2)胶带输送机

胶带输送机是煤矿井下广泛使用的一种连续动作式运输设备。

(1)煤矿常用胶带输送机的种类

①吊挂式胶带输送机(也称绳架式胶带输送机)。

②伸缩式胶带输送机。

③钢丝绳芯胶带输送机(也称高强度胶带输送机)。

④钢丝绳牵引胶带输送机。

(2)胶带输送机的主要特点

①运输能力大。

②运输距离长。

③工作阻力小,耗电量低。

④节省人力,运输费用低。

⑤使用方便,操作安全可靠,维修容易。

4.1.2 周期性动作的运输设备

周期性动作运输设备的特点是:以一定的方向作周期性的运行。该种设备在运转中要经常操纵,控制其运行速度和方向。

常用的周期性动作运输设备主要是机车牵引一组矿车在轨道上运行。

1)机车

机车运输主要在矿井井底车场、运输大巷、采区运输石门等平巷或坡度小的巷道内使用。

矿用机车按动力提供方式分为电机车和柴油机车两类。

(1)矿用电机车

矿用电机车按电源提供方式又分为架线式电机车和蓄电池电机车。

架线式电机车由受电弓接受架设在运输线路上方的架空导线提供的直流电流驱动。架线式电机车受电弓与架线接触滑动过程中可能产生火花,《煤矿安全规程》规定只能在低瓦斯矿井使用。

蓄电池电机车的电源(即蓄电池)安装在车体上,定期进行充电,电池衰老后可直接更换。目前,煤矿广泛使用防爆型蓄电池机车。

(2)矿用柴油机车

防爆型矿用柴油机车以柴油燃烧作动力,机车设计了消焰和降温装置,可在煤矿井下安全使用。因其对井下环境的影响,目前没有得到广泛推广。

2)矿车

矿车是装载煤矸的容器。从标准上分为固定矿车和非固定矿车,从外形上分为 U 形矿车和 V 形矿车,从卸载方式上分为翻笼式矿车、侧卸式矿车和底卸式矿车。

矿车载质量多为 1 t、2 t、3 t 3 种。

3)梭式矿车

梭式矿车既是大容积矿车,又是一种转载设备。

梭式矿车由前车体、后车体、刮板输送机、前后横梁、转向架、传动系统和电气控制系统等组成,如图 2.34 所示。刮板输送机安设在车厢底部。装岩时,装岩机把岩石装入车厢的前端,当岩堆达到车厢高度时,即开动刮板输送机将岩堆向车厢后端移运一段,直至装满整个车厢。然后用电机车拉至卸载点,开动刮板输送机将梭车内的岩石全部卸出。

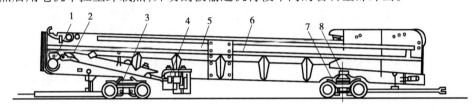

图 2.34 梭式矿车

1—蜗轮减速器;2—万向传动轴;3—前横梁;4—电动托架;

5—前车体;6—后车体;7—转向架;8—后横梁

根据掘进工作面的条件,可以一次进一台梭车,也可把梭车搭接组列使用。

4.2 调车与转载

在装运岩石过程中,如果采用矿车运输,矿车装满后,必须迅速调换空车继续装岩,此时合理选择调车方法与设备,缩短调车时间,减少调车次数,是提高装岩效率与加快巷道掘进的主要途径。

由于钻爆施工本身不是连续掘进,因此没有必要配套连续运输的长胶带输送机而大量使用矿车运输。若巷道施工长度超过 200 m,应在巷道中设置临时车场方便调车,并配备小型机车牵引以提高效率,加快施工速度。

4.2.1 调车装置

常用的调车装置有浮放道岔、翻框式调车器两种。

1)浮放道岔

浮放道岔结构形式分为以下 3 种。

(1)对称浮放道岔

对称浮放道岔结构如图 2.35 所示,在一块厚 8～10 mm 的钢板上焊有 25 mm×25 mm 的方钢作为轨道,在轨道两端与永久轨道接触处,制成扁平道尖,扣在四根轨距为 600 mm 的轨道上,以便矿车通行。这种道岔主要用在双轨巷道单机装岩的工作面,适用于耙斗装岩机装岩。

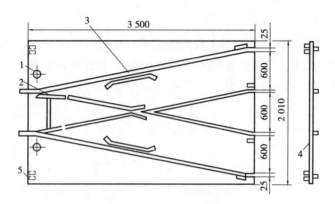

图 2.35　对称浮放道岔

1—牵引孔;2—活动尖轨;3—方钢轨道;4—钢板;5—卡在轨道上的定位槽

（2）扣道式浮放道岔

扣道式浮放道岔结构如图 2.36 所示,用扁铁拼焊成长槽形,以便扣在轨道上,在岔尖处焊上小块钢板将道岔连接起来,扣道两头制成斜坡状,以便通过矿车,为使车轮能通过浮放轨道,可在槽钢上割一斜槽。

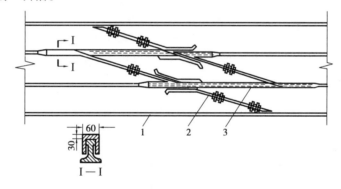

图 2.36　扣道式浮放道岔

1—轨道；2—长槽形扣道；3—渡轨

这种道岔扣在轨道上,轨道只抬高一块扁钢的厚度,并不妨碍通过车辆。这种道岔可用于单轨巷道,也可用于双轨巷道。

（3）菱形浮放道岔

菱形浮放道岔结构如图 2.37 所示,它是在 8～10 mm 厚的钢板上焊上 6～8 kg/m 的轻型钢轨而制成的。适用于双轨巷道装岩的工作面。

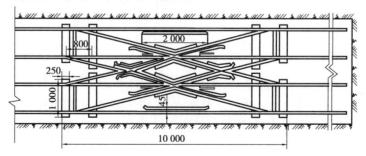

图 2.37　菱形浮放道岔

2）翻框式调车器

这种调车器也叫折叠式或手移式调车器,如图 2.38 所示。它的两个框架由 75 mm×5 mm 等边角钢焊成,一个称为活动盘,一个称为固定盘。两个盘用螺栓连接,活动盘可翻起折叠。在盘上设有一个四轮滑车板(移车盘),可以沿框架的长边角钢横向移动。滑车板上焊有两根方钢轨条,其间距与轨距相等。在活动盘四角与轨道接触处用扁钢焊成斜坡形道尖,以便通过矿车。使用时将活动盘放在轨道上,调来的空车推到活动盘的滑车板上,再横推到固定盘上,然后翻起活动盘让出轨道,待工作面重车推出后,再放下活动盘,即可将空车推下调车器到工作面装岩。

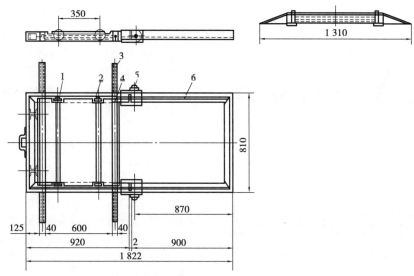

图 2.38　翻框式调车器

1—滑车板;2—活动盘;3—斜坡道尖;4—方钢轨条;5—螺栓;6—固定盘

这种调车器具有结构简单、质量小、移动方便等优点,在单轨巷道掘进时应用相当广泛。

4.2.2　调车方法

单、双轨巷道调车方法较多,常用的调车方法和使用特点见表 2.7。

1）固定错车场调车

此种调车方法比较简单,但错车场与工作面不能经常保持较短的调车距离,因此装岩机的工时利用率只有 20% ~30%。特别是在单轨巷道中掘进,为了调车则需要加宽一段巷道而敷设错车道岔(现场常采用简易道岔)。在双轨巷道施工则可利用双轨段敷设标准道岔进行调车。可用电机车调车,或辅以人力。这种调车方法可用于工程量不大、工期要求较缓的项目。

2）活动错车场调车

为了缩短调车时间,加快巷道掘进速度,使错车场与工作面经常保持较短的调车距离,可将固定道岔改为专用调车设备(翻框式调车器、浮放道岔)。这时装载机的工时利用率可达30% ~40%。

表 2.7　单、双轨巷道调车方法

车场布置方式	调车方法	使用特点
20~30 m　60~100 m　30~60 m	1.空车由后部车场推入错车道; 2.重车通过错车道后将空车推入工作面; 3.根据需要可设置多个错车道	1.可采用扣道式浮放道岔、简易道岔或标准道岔; 2.仅适用于人工调车,便于空车迅速进入工作面; 3.占用人工较多,巷道需要刷帮
30~40 m　60~100 m　30~60 m	1.电机车顶空车进入工作面,将重车拉出; 2.将空、重车顶入错车道,并留下重车,再拉出空车顶入工作面; 3.由人工将重车推出错车道,由电机车将重车顶到后部车场	1.可用于电机调车,铺设标准道岔; 2.铺设道岔麻烦,仍占用少量人工推车,调车能力低; 3.巷道需要刷帮
80~100 m　15 m	1.电机车将成组空车顶入工作面; 2.装满一车后,由电机车拉入错车场留下重车,并将错车场内原有重车顶到错车场后面	1.用于电机车成组调车为宜,取消了人力车; 2.铺设标准道岔工作量大,巷道刷帮量大
10~20 m　80~100 m　40~60 m	1.将空车推入平移式调车器,并平移至巷道一侧; 2.将重车通过调车器推向后部车场; 3.将空车平移还原,推入工作面	1.采用翻框式调车器或风动吊车器,配合人力或电机车调车; 2.安设方便能随工作面推进迅速前移
30~40 m	利用道岔调动空、重车	1.可采用浮放道岔或标准道岔; 2.用于单机装岩,适宜配合耙斗装岩机使用
30~40 m	1.空车经由道岔分别供两台装岩机使用; 2.两侧重车经由道岔进入重车线	1.采用菱形浮放道岔,用于双机装岩; 2.道岔长度与用两个渡线道岔相比大为缩短,两股道上的车辆调动同样方便; 3.设备简单,但移动笨重

4.2.3 专用转载设备

为了提高装载机的工时利用率,减少调车时间,尽可能使装载机连续作业,利用胶带转载机与梭式矿车等专用转载设备是行之有效的措施。

1)胶带转载机

这种转载机结构简单、长度较短、行走方便,能适应弯道装岩。为了增加连续装车的数目,可采用反复倒车的方法。连续装车的数目与转载机下容纳的矿车数有关。连续装车数目的计算公式如下:

$$X = 2^n - 1 \tag{2.8}$$

式中 X——能连续装车的矿车数目,辆;

n——转载胶带下一次能存放的矿车数目,辆。

例如:$n=3$,则 $X=2^n-1=7$。具体调车方法如图2.39所示。

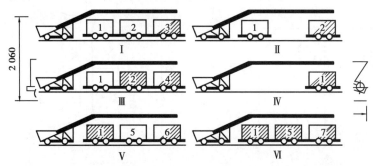

图2.39 连续装车调车方法示意图

1,2,3,…,7—矿车排列顺序; Ⅰ,Ⅱ,…,Ⅵ—调车步骤序号

2)梭式矿车

梭式矿车在井下使用一般需要有专门的卸载点,如溜井、矸仓等。在丁字巷道,可将梭车尾部抬高直接卸入矿车,也可由梭车卸入固定地点的转载机,再由转载机装入矿车。

【思考与练习】

1.简述胶带输送机和刮板运输机在掘进运输时的适用条件。

2.简述机车和矿车的分类。

3.简述掘进巷道施工中单轨与双轨巷道的调车方式。

4.简述胶带转载机与矿车配套的装运方法。

5 支护

5.1 支护材料

矿用支护材料种类较多,常用的有钢材、玻璃钢材料、混凝土和水泥砂浆。煤矿巷道支护过去大量使用木材、石材和装配式混凝土,木材作为可燃性材料已于 2013 年禁止在井下主要巷道作为支架使用,石材和装配式混凝土也已淘汰。

5.1.1 钢材

巷道支护所用的钢材主要有线材、钢丝绳、钢板和型钢。线材中的螺纹钢、圆条用于加工制作锚杆杆体;钢丝绳用于制作锚索;钢板用于加工制作管缝式锚杆;型钢中的工字钢、U 形钢用于加工制作棚式支架的梁、腿,槽钢、角钢和钢轨用于特殊情况下的支护。

专门用于矿山的 U 形钢和工字钢如图 2.40、图 2.41 所示,其规格见表 2.8、表 2.9。

用型钢做成的支架,具有强度高、使用期长、可多次复用、容易安装、耐火性强等优点,但初期投资较大。

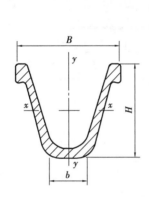

图 2.40 矿用特殊型钢(U 形钢)

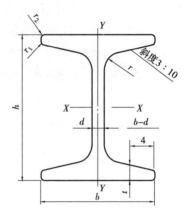

图 2.41 矿用工字钢

表 2.8 U 形钢主要规格与技术特征

型号	截面尺寸/mm			截面积 F /cm²	每米质量 /(kg·m⁻¹)	惯性矩/cm⁴		截面模数/cm³		主要对比参数		
	H	B	b			J_X	J_Y	W_X	W_Y	W_X/G	W_Y/G	W_X/W_Y
25U	110	134	50.8	31.54	24.76	451.7	518.7	81.68	76.92	3.3	3.1	1.08
29U	124	151.5	53	37	29	616	775	94	103	3.2	3.6	0.91

表 2.9 矿用工字钢断面参数

型号	尺寸/mm							截面面积/cm²	理论质量/(kg·m⁻¹)	断面参数						
	h	b	d	t	r	r_1	r_2			J_X/cm⁴	W_X/cm³	i_x/cm	S_x/cm³	J_Y/cm⁴	W_y/cm³	I_y/cm
9	90	76	8	10.9	12	4	1.5	22.5	17.7	281	62.5	3.53	37.8	62.5	16.5	1.67
11	110	90	9	14.1	12	5	1.5	33.2	26.1	623.7	113.4	4.34	68.5	127.7	28.4	1.96
12	120	95	11	15.3	15	5	1.5	39.7	31.2	867.1	144.5	4.67	87.9	178.2	37.5	2.12

5.1.2 玻璃钢材料

玻璃钢材料在煤矿中的应用主要是制作锚杆支护的杆体,取代采煤工作面两巷过去使用的金属锚杆材料,避免综采机械切割头接触金属锚杆时产生火花而引发瓦斯爆炸或粉尘爆炸(燃烧)。高强度玻璃钢锚杆如图2.42所示,它在许多技术参数上超过了金属锚杆。其优越性主要表现在:

①强度高:高性能的玻璃钢锚杆的抗拉强度可达到钢质锚杆的1.5倍。

②质量小:是同类规格钢锚杆质量的1/4,大大降低了安装操作工人的劳动强度,进而提高了作业效率。

③可切割、防静电、阻燃、采煤切割不产生火花,在高瓦斯矿不易引发事故。

④耐腐蚀、耐酸碱、耐高温、耐低温,井下使用可保证20年不老化。

图2.42　玻璃钢锚杆

5.1.3　混凝土

1)混凝土的组成成分

巷道支护常用的混凝土主要成分是水泥、细骨料(砂)、粗骨料(石子或卵石)和水,砂、石起骨架作用,水泥为胶凝材料,掺水后的水泥浆将砂、石胶凝在一起,经凝结、硬化形成高强度的混凝土。

(1)水泥

水泥是混凝土中的胶结材料,配制混凝土时,正确选择水泥品种及标号是至关重要的,它是决定混凝土质量的主要因素。

水泥按种类分为硅酸盐水泥、普通硅酸盐水泥、矿渣硅酸盐水泥、火山灰质硅酸盐水泥以及粉煤灰硅酸盐水泥。硅酸盐水泥和普通硅酸盐水泥在巷道支护时被广泛使用。

水泥的主要技术性能指标如下:

①密度。水泥的密度一般为 $3.1 \sim 3.2$ g/cm³;松散密度为 $1\,000 \sim 1\,600$ kg/m³。

②细度。细度指水泥颗粒的粗细程度。颗粒越细,水化反应越快,凝结硬化速度快,早期强度高;但硬化时收缩性大,易产生裂缝。

水泥细度用筛分法测定。国家标准规定,用 0.08 mm 方孔筛进行筛分时,筛余量不得超过15%。

③标准稠度的需水量。水泥净浆在一定时间达到标准稠度时所需要的拌和水量,用加水量占水泥质量的百分数表示。

标准稠度用水量,是作为测定水泥的凝结时间和体积安定性的标准条件,也直接影响拌制混凝土或水泥砂浆的水泥用量、强度、抗渗性、抗水性和拌和物的和易性。硅酸盐水泥的标准稠度用水量为23% ~31%。

④凝结时间。从水泥加水拌和起到水泥浆开始失去可塑性止,其所需的时间称为初凝时间。水泥的初凝时间过短,使混凝土或砂浆没有足够的拌和时间和浇灌时间;水泥的终凝时间过长,不便于水泥制品及早硬化而具有一定的强度,不利于施工工序的接续。

国家标准规定:硅酸盐水泥的初凝时间不得小于45 min,终凝时间不得大于12 h。

⑤体积安定性。体积安定性是指标准稠度的水泥净浆,在硬化过程中体积变化是否均匀的性质。安定性是水泥的重要性质之一,安定性不合格的水泥,会在后期硬化过程中产生裂缝或破碎,严重影响工程质量。

⑥水化热。水化作用时,放出的热量为水化热,其值主要取决于水泥熟料中各成分的比例,其中铝酸三钙和硅酸三钙的比例大,水化热就高。另外,还与水泥的细度有关,细水泥早期放热多而快。

水化热主要在硬化初期放出,后期逐渐减少。水化热对水泥使用有很大的影响。水化热大的水泥能加速凝结硬化过程,但由于内部温升高,导致混凝土产生内应力而开裂,甚至破坏。对于小体积混凝土工程,水化热大,能加速硬化,热量也易散发,不但无害反而有利,尤其能给冬季施工带来方便。但对大体积混凝土工程,其危害就严重。

⑦抗水性。硬化后的水泥对环境水腐蚀的抵抗性能称为抗水性。水泥被腐蚀是由于水、酸、盐、碱的作用。硅酸盐水泥和普通水泥的抗水性能较差,可采用增强混凝土的密实性,使有害物质不能侵入其内部,或在其表面涂沥青等防水材料,以增强抗水性。

(2)细骨料

粒径在0.15 ~5 mm的天然砂(以河砂为优)为细骨料。

砂按粒径不同可分为粗砂、中砂和细砂。细砂总表面积大,包围砂粒的水泥浆就要多,水泥用量就大;粗砂总表面积小,节省水泥,但砂粒间孔隙大,孔隙内又增加了水泥浆,而且在凝结前会产生泌水现象,影响混凝土质量。故砂的粒径大小必须合理搭配。

(3)粗骨料

粒径大于5 mm的卵石或碎石为粗骨料。碎石比卵石表面粗糙、多棱角,孔隙率和总表面积较大,在同样条件下,用其制作的混凝土强度较高。

粗骨料大小也应合理搭配,使之互相充填,减少孔隙,以增强混凝土的密实性和节省水泥用量。粗骨料粒径以5 ~60 mm为宜。

(4)水

一般饮用水均可用于拌制混凝土及养护混凝土。对水的要求是:pH>4,硫酸盐含量按SO_3计不应超过水重的1%。

2)混凝土的主要特性

未成型的混凝土拌和物,必须具有良好的和易性,即合适的稠度、良好的黏滞性和保水性,以便于施工。硬化后的混凝土则需达到设计强度的有关技术性能。

(1)混凝土拌和物的和易性

混凝土组成材料依一定比例配合、拌匀而未凝结之前,称为混凝土拌和物。

混凝土拌和物的和易性,是指新拌和的混凝土拌和物在保证质地均匀、各组成成分不离析的条件下,适合于拌和、运输、浇灌和捣实的综合性质。和易性好的混凝土拌和物,易于搅拌均匀;运输与浇灌时不会产生离析泌水;捣实时,流动性大,易于充满模板各部空间,所制成的混凝土内部质地均匀致密,其强度和耐久性得以保证。

(2)混凝土强度

在工程运用中,混凝土是主要的承压构件。混凝土强度的测定,是以其拌和物按标准做成 15 cm×15 cm×15 cm 的立方体试件,在标准条件下(温度 20 ℃、相对湿度 90% ~100%)养护 28 d 后,进行抗压强度试验,其极限抗压强度(MPa)称为混凝土的强度(旧名"标号")。按强度不同分为 10 个等级,即 C5、C7.5、C10、C15、C20、C25、C30、C40、C50、C60,其中,C5 ~ C10 多用于基础及设计应力不大的大体积工程;C15 ~ C30 为常用的混凝土,用于普通的混凝土及钢筋混凝土结构中;C30 以上的混凝土用于预应力钢筋混凝土及对强度要求很高的特殊结构中。

影响混凝土强度的主要因素如下:

①水泥标号和水灰比。混凝土强度主要取决于水泥硬化后的强度和黏结力,而这主要与水泥标号有关。水灰比是指混凝土中水与水泥的质量之比。水灰比大,含水量多,水泥浆稀,黏结力弱,游离水多,硬化后多气孔,混凝土不密实,故混凝土强度低。应注意适当提高水泥标号和降低水灰比,否则会增加水泥耗量,降低拌和物的和易性,影响工程质量。

②骨料规格。骨料颗粒大小的搭配称为级配,级配合理,混凝土密实性大,强度高。此外,骨料的表面形状也影响混凝土强度,如骨料为多棱角粒状、表面又粗糙,便能增大其与水泥间的黏结力,而使混凝土强度增大。

③养护温度与湿度。混凝土硬化过程中,强度的增长与温度、湿度有关。在保持一定湿度的条件下,温度越高,强度增长越快,当温度为 0 ℃时,强度停止增长,并能因冻结膨胀造成混凝土破坏。在养护期间,如果湿度不够,不能满足硬化过程中的水化作用,也会影响混凝土强度增长,并因干缩裂缝,降低其强度。

④捣固方式。浇灌混凝土时,必须充分捣实。捣实方法分人工捣实与机械捣实两种。显然机械捣实为好。对于流动性较大的混凝土,采用机械振捣,时间不要过长,否则会产生泌水与质量不均等现象,使强度降低。

⑤养护时间。在正常养护条件下,强度随时间延续而增长,初期强度增长快,后期减慢,有的混凝土几年甚至几十年后还有微弱的增长。

3)混凝土外加剂

为了改善混凝土拌和物的和易性,调节其凝固时间,控制强度增长速度,提高混凝土的密实性和耐久性。在混凝土材料中常掺入一些外加剂,如早强剂、减水剂、速凝剂等。

(1)早强剂

为提高混凝土早期强度而用的外加剂为早强剂。常用的早强剂有氯化钙和氯化钠。它在水泥中硅酸三钙和硅酸二钙水化时起催化作用,促使水泥早强。一般掺量为水泥质量的 1% ~2% ,可使混凝土在前三天的抗压强度增长到 40% ~60% 。由于氯化钠对钢筋有锈腐作用,在钢筋混凝土中不应使用。

(2)减水剂

为了提高混凝土拌和物的和易性又能相应减少拌和水量而用的外加剂,称为减水剂。常用的减水剂有亚硫酸盐纸浆废液和木质素硫酸钙等。它们均为表面活性物质,掺入混凝土中被水泥颗粒吸附在表面,加大水泥颗粒之间的静电斥力,使水泥颗粒分散,破坏凝胶体结构,使其内部的游离水释放出来,进而增加混凝土拌和物的流动性,并可大量减少拌和水量,提高了混凝土的密实性,增加了混凝土的强度和抗掺、抗冻性等,效果十分显著。

(3)速凝剂

为了使混凝土快速凝结并迅速达到较高的强度而使用的外加剂,称为速凝剂。

常用的速凝剂有红星 I 型和 711 型,掺入后可使水泥在 5 min 内初凝,10 min 内终凝。初始强度为未掺速剂时的 3 倍左右,但 3 d 以后的强度则比不掺速凝剂时降低 12% ~30%,而且掺入量越多,后期强度损失越大,其最佳掺量为水泥质量的 2.5% ~4%。速凝剂的吸湿性强,应妥善保管,受潮后对速凝效果有显著影响。

4)混凝土配合比

混凝土配合比是指混凝土中各组成材料的数量比。根据原材料的技术性能和施工条件,通过计算、试配和调整等过程,合理确定各组成材料的用量比例,使配制成的混凝土能满足工程结构对强度的要求,并符合施工对拌和物的和易性要求,必要时还应符合抗冻性、抗渗性、抗侵蚀性和耐久性等要求。

5.1.4 水泥砂浆

水泥砂浆由水泥、细骨料和水配制而成。

水泥砂浆强度等级(标号)分为 M2.5、M5、M7.5、M10、M15、M20、M25、M30,数字代表的强度单位为 MPa。

M10 标号的水泥砂浆配比(水泥、砂、水的质量)为 $1:3:0.5$,密度为 2 000 kg/m^3 左右。水泥用量的占比越大,则砂浆的标号(强度)越高。

煤矿常用的水泥砂浆标号为 M7.5、M10、M15、M20,根据巷道围岩的条件,一般会加入 2% ~4% 的速凝剂。

5.2 巷道支护方式

架棚支护与锚喷支护是煤矿目前常用的两种支护方式。随着煤矿快速支护技术的进一步发展,砌碹支护方式已极少采用,架棚支护方式的应用场景也在不断减少。

5.2.1 架棚支护

架棚支护多用于围岩相对破碎、服务期不长的采准巷道。

棚式支护按巷道断面形状可分为梯形、矩形和拱形支架,按承载结构可分为刚性支架和可缩性支架。在材料构成方面,煤矿过去常用的木支架和 20 世纪 70—80 年代使用的装配式钢筋混凝土支架已经禁用或淘汰,目前基本采用金属支架。

梯形、矩形金属支架一般用矿工钢或钢轨制成,拱形金属支架多用 U 形钢制成。

1)金属梯形支架

金属梯形支架是常用的支护形式,多为刚性支架,梯形可缩性支架应用较少。

梯形刚性支架为一梁两柱结构。一般在柱腿上焊接一块槽板,梁上焊接一块挡板来限制梁、柱接口处的位移,如图 2.43 所示。为了防止柱腿受压陷入巷道底板,也可在柱腿下焊接一块钢板增大底座接触面积。

架设金属梯形支架时应注意以下事项:

①严禁混用不同规格、型号的金属支架。

②严格按中、腰线施工并及时延线,保证巷道设计的坡度和方向。

③平巷中支架的架设应做到柱竖直、梁平齐,棚距统一并与掘进循环进度成合理的比例关系。

④梁、腿尺寸加工精度高,运输过程中注意不产生挤压或弯曲变形。

⑤按作业规程规定背帮背顶,前后棚之间必须上紧拉杆或打上撑木,增强支架的稳定性。

⑥及时移动前探梁,并在前探梁移动到位后加以紧固。

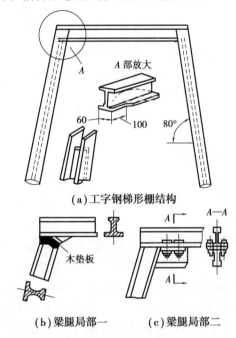

(a)工字钢梯形棚结构

(b)梁腿局部一　　　(c)梁腿局部二

图 2.43　金属棚的构造

2)金属拱形支架

金属拱形支架可分为普通金属拱形支架和 U 形钢拱形可缩支架两类。

普通金属拱形支架多采用工字钢、矿用工字钢或轻型钢轨制造,没有可缩性,一般仅作巷道临时支架或与锚喷支护巷道联合支护使用。普通金属拱形支架分为无腿、有腿和铰接三种。无腿拱形支架适用于两帮岩石较为稳定的巷道,有腿拱形支架适用于围岩较稳定的巷道,铰接拱形支架适用于岩层松软和受采动影响较大的采区巷道。

U 形钢拱形支架采用 U 形钢制造,具有可缩性,如图 2.44 所示,多用于地压大、受采动影响显著的采区巷道。U 形钢拱形支架可分为半圆拱、直腿三心拱和曲腿三心拱 3 种。

架设拱形支架时应遵守下列规定:

①拱梁两端与柱腿搭接吻合后,可先在两侧各上一只卡缆,然后背紧帮、顶,再用中、腰线检查支架支护质量,合格后即可将卡缆上齐。卡缆拧紧扭矩不得小于 150 N·m。

②U 形钢搭接处严禁使用单卡缆。其搭接长度、卡缆中心距均要符合作业规程定,误差不得超过 10%。

金属棚支护具有强度高、体积小、坚固耐久、防火、可回收复用等一系列优点,是良好的坑木代用品。其缺点是不能封闭围岩,不能阻水和防止岩石风化,初期投资较大。

图 2.44　U 形钢可缩性拱形支架

金属棚支护是一种被动支护,常用于回采巷道,在断面较大、地压较大的其他巷道也可采用。在有酸性水腐蚀的区域不宜使用。

5.2.2　锚喷支护

锚喷支护是一种主动支护,它可以充分利用围岩的自承能力,将载荷体变为承载体,保持巷道围岩的长期稳定。在相同的生产地质条件下,锚杆支护的巷道围岩变形量通常比棚式支护减少一半以上,同时可节约大量钢材,大幅降低巷道支护成本,提高掘进速度和生产效率。

锚喷支护有以下主要特点:

①及时性。锚喷支护工艺能做到支护及时迅速,甚至可在挖掘前进行超前支护,加之喷射混凝土的早强性能,进一步保证了支护的及时性和有效性。

②紧贴性。喷射混凝土能同围岩全面紧密地粘贴,黏结力一般可达 7 MPa。

③柔韧性。锚喷支护属于柔性薄型支护。虽然喷射混凝土本身是一种脆性材料,但由于其施工工艺上的特点,喷射混凝土与岩体紧密粘贴,使它有可能喷得很薄,所以呈现一定的柔性,而且这种柔性还可通过分次喷层的方法进一步发挥。锚杆也属柔性支护,因其加固的岩体,可以允许岩体有较大的变形而不破坏,甚至能同被加固的岩体作整体移动,仍能保持相当大的支护抗力。

④深入性。锚杆能深入岩体内部一定深度加固围岩。按一定方式、间距布置的锚杆群(系统锚杆),可以提高围岩锚固区的强度和整体性,改善围岩应力状态,制止围岩松动,同时它同围岩相结合形成承载圈,可以充分调动和增强围岩的自承能力。

⑤灵活性。灵活性是锚喷支护十分重要的工艺特点,主要表现在锚喷支护的类型和参数可根据各段不同的地质条件随时调整,支护组合和设置时间的可分性,广泛的适用性与密封性。

锚喷支护是锚杆、喷浆、喷射混凝土单一支护和锚加喷、锚加网、锚加索、锚加桁架等联合支护的总称。

1)单一锚杆支护

锚杆支护是在巷道掘出后,向围岩打眼,在眼孔内锚入锚杆,以此加固巷道围岩,达到支护巷道的目的。锚杆不同于一般的支架,它不只是消极地承受巷道围岩所产生的压力和阻止破碎岩石的冒落,而是通过锚入围岩内的锚杆来改变围岩本身的力学状态,锚杆与围岩共同产生支护作用,因此锚杆支护是一种积极防御的支护方法。

（1）锚杆支护的作用机理

锚杆支护的作用机理主要有以下几种理论：

①悬吊作用。在层状岩层中，锚杆将下部不稳定的岩层悬吊在上部稳固的岩层上。锚杆所受的拉力来自被悬吊的岩层质量，如图 2.45 所示。

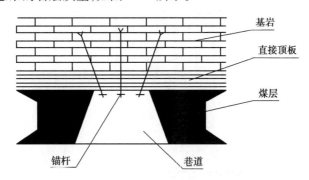

图 2.45　锚杆的悬吊作用机理图

②组合梁作用。在没有稳固岩层的薄层状岩层中，锚杆将薄层岩石锚固成一个岩石板梁，提高顶板的承载能力。决定组合梁稳定性的主要因素是锚杆的锚固力及杆体强度和岩层性质，如图 2.46 所示。

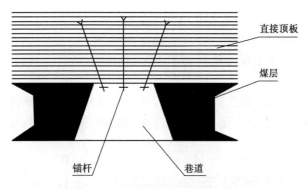

图 2.46　锚杆的组合梁作用机理图

③加固拱作用。在块状围岩中，锚杆可将巷道周围的危石彼此挤紧，对岩石起到挤压加固作用，在围岩周边一定厚度的范围内形成一个不仅能维持自身稳定，还能阻止其上部围岩松动和变形的加固拱，进而保持巷道的稳定性，如图 2.47 所示。

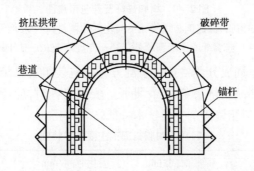

图 2.47　锚杆的加固拱作用机理图

④减小跨度作用。巷道顶板打上锚杆,相当于在该处打上点柱,因此,就缩小了巷道顶板岩石悬露的跨度,进而提高了顶板岩层的抗弯曲能力,如图2.48所示。

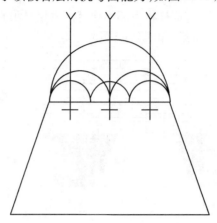

图2.48　锚杆的减小跨度作用机理图

(2)锚杆类型

我国自20世纪50年代开始使用锚杆支护,80年代全面推广,目前已经成为巷道支护的主要方式。

锚杆按锚固方式分为端头锚固、加长锚固和全长锚固三种类型。在稳定岩层中可采用端头锚固,在破碎软岩及煤层中宜采用加长锚固或全长锚固。

①端锚类锚杆。煤矿早期曾经使用金属倒楔式锚杆和木锚杆,目前主要使用树脂锚杆和快凝水泥锚杆。

树脂锚杆由杆体和树脂药包组成(图2.49)。安装时,药包用锚杆杆体送入锚孔后,转动杆体将药包捣破,使化学药剂混合进行化学反应,将锚头与孔壁岩石黏结在一起。

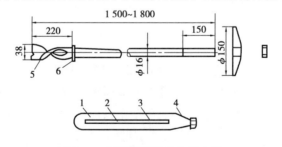

图2.49　树脂锚杆及药包示意图

1—树脂、加速剂与填料;2—固化剂和填料;3—玻璃管;
4—玻璃纸或聚酯薄膜外袋;5—左旋麻花;6—挡圈

树脂锚固剂由两种不同成分严格按科学配方分隔包装组成黏结能力强,固化速度快,耐久性好,安全可靠性高,产品质量稳定,贮存期长。安装锚杆时,应严格按照锚固剂的技术特征进行操作。表2.10为树脂锚固剂主要技术特征。

表2.10　树脂锚固剂主要技术特征

型号	凝胶时间/min	固化时间/min	备注
CK	0.5~1.0	≤5	超快型

续表

型号	凝胶时间/min	固化时间/min	备注
K	1.5~2.5	≤7	快型
Z	3.0~6.0	≤12	中型
M	10~20	≤30	慢型

快凝水泥锚杆的杆体结构与树脂锚杆相同,它是用快凝水泥卷代替树脂药卷。水泥卷使用前需浸水2~3 min,在锚杆孔内经杆头搅拌,12 min后锚固力开始增长,1 h后锚固力高达60 kN左右。由于成本低(约为树脂锚杆的1/4),材料来源广,适用于围岩自稳时间超过12 min的巷道。

快硬膨胀水泥锚杆使用快硬膨胀水泥卷(图2.50)作为锚固剂。安装时,把水泥卷的塑料袋、纱网内的圆纸筒去掉,把水泥卷串入杆体放在阻挡垫圈上,并在水泥卷上套加一垫圈,将水泥卷插入水中浸泡3~5 s后连同杆体送入锚孔中,用冲压管轻轻压实,用力冲几下再套上垫板,紧固螺母,如图2.51所示。

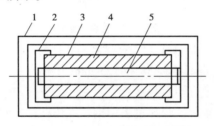

图2.50 快硬膨胀水泥卷结构

1—塑料袋;2—套;3—水纸;4—锚固剂;5—空心纱网

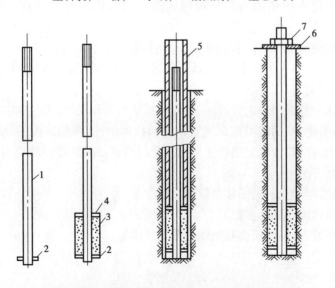

图2.51 快硬膨胀水泥锚杆结构及使用过程

1—金属锚杆杆体;2—阻挡垫圈;3—水泥卷;4—垫圈;5—冲压管;6—垫板;7—螺帽

快硬膨胀水泥锚杆的锚固剂来源丰富、锚速快、锚固力大、成本低。

②全长类锚杆。全长类主要有管缝式锚杆和金属砂浆锚杆。

管缝式锚杆又称开缝式或摩擦式锚杆,由美国詹姆斯·斯特科于1972年发明。它是采用高强度钢板卷压成带纵缝的管状杆体(图2.52),用凿岩机强行压入比杆径小1.5~2.5 mm的锚孔,为安装方便,打入端略呈锥形。由于管壁弹性恢复力挤压孔壁而产生锚固力。

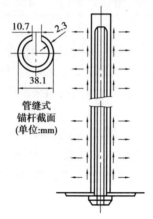

图2.52 管缝式锚杆

我国于20世纪80年代初引进管缝式锚杆,试制用的材料为屈服应力大于350 MPa的16Mn和20MnSi钢,管壁厚2.0~2.5 mm,管径38~41.5 mm,开缝为10~14 mm,锚固力大于60 kN,结构简单,制作容易,安装方便,质量可靠。

金属砂浆锚杆属全长类锚杆。煤矿过去用钢丝绳作杆体材料,目前使用较多的是螺纹钢杆体。砂浆锚杆又分普通砂浆锚杆和中空注浆锚杆。普通砂浆锚杆是先向锚孔注浆然后插入锚杆杆体;中空注浆锚杆是先插入锚杆杆体然后沿杆体中心小孔向内注入水泥砂浆。

③其他锚杆。如兖矿集团有限公司鲍店煤矿研制出一种更新换代型 MLX 系列螺旋锚杆。

螺旋锚杆由螺旋锚头+杆体+托盘组成,利用螺旋锚头的旋进作用产生较高的锚固力和预紧力,减少了安装过程中人为因素和材料因素的影响,镶入越深,锚固段越长,锚固力越大。

(3)锚杆支护设计

锚杆支护设计一般采用理论计算法、数值模拟法和工程类比法。各类锚杆的结构和尺寸已逐步标准化、系列化,使用时可根据地质条件和技术情况,参照有关的经验数据进行选取,必要时可通过锚固力试验和巷道围岩移动观测予以调整。因此在实际应用过程中,工程类比法是简单实用的好方法。

下面介绍几种计算方法,供锚杆参数选用时参考。

①按加固拱原理确定锚杆参数。

按挤压加固拱原理,锚杆长度和间距可按下式确定:

$$b = \frac{Ltg\alpha - a}{tg\alpha} \tag{2.9}$$

式中　b——加固拱厚度,m;

　　　L——锚杆有效长度,m;

　　　α——锚杆在松散体中的控制角;

a——锚杆的间距,m。

锚杆的控制角如果按 45°计(对于破裂体较安全),则

$$b = L - a \qquad (2.10)$$

根据式(2.10),如果按常用锚杆长度 $L = 1\ 600 \sim 1\ 800$ mm,锚杆间距 $a = 600 \sim 700$ mm,则加固拱厚度 $b = 900 \sim 1\ 200$ mm,这相当于 $2 \sim 3$ 层的料石砌拱厚度,并且还具有料石拱所不具有的可塑性。

②按悬吊理论计算参数。

按锚杆的悬吊作用,锚杆参数可参照图 2.45 按下式求得。

$$L = KH + L_1 + L_2 \qquad (2.11)$$

式中 L——锚杆全长,m;

K——安全系数,一般取 2;

H——软弱岩层厚度(或冒落拱高度),m;

L_1——锚杆锚入稳定岩层的深度,一般为 $0.25 \sim 0.3$ m;

L_2——锚杆外露长度,一般为 0.1 m。

锚杆间距:要求每根锚杆悬吊岩石的质量要小于等于锚杆设计锚固力 Q 或杆体拉断力 P。

$$Q = KHa^2\gamma \qquad (2.12)$$

$$P = \frac{\pi d^2}{4} \cdot \sigma = KHa^2\gamma \qquad (2.13)$$

式中 Q——锚杆锚固力(取现场实测数的平均值),kN;

a——锚杆的间排距,m;

γ——软弱岩层(被悬吊岩层)的平均重度,kN/m³;

P——锚杆杆体拉断力,kN;

d——杆体直径,m;

σ——杆体材料的设计抗拉强度,MPa。

由上面的公式,可以得到锚杆间、排距计算公式:

$$a = \sqrt{\frac{Q}{KH\gamma}} \qquad (2.14)$$

或

$$a = 0.887d\sqrt{\frac{\sigma}{KH\gamma}} \qquad (2.15)$$

(4)锚杆的布置方式

根据围岩的性质,锚杆可排成长方形、三花形、五花形等。方形、三花形适用于比较稳定的岩层,五花形适用于稳定性较差的岩层,其布置如图 2.53 所示。锚杆的锚入方向,应与岩层面或主要裂隙面成较大的角度相交,尽可能与其正交;层面与裂隙面不明显时,锚杆应垂直于巷道周边锚入。

(5)锚杆支护的施工与检验

①锚杆孔的钻凿与锚杆安装。为了获得良好的支护效果,一般在破岩后即安设顶部锚杆。当围岩较稳定时,也可以在破岩后先喷混凝土或砂浆,待装岩后再用锚杆打眼安装机(图 2.54)进行支护工作。

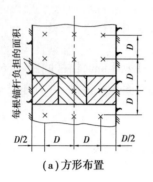
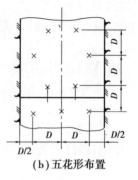

（a）方形布置　　　　　　　　（b）五花形布置

图 2.53　锚杆的布置方式

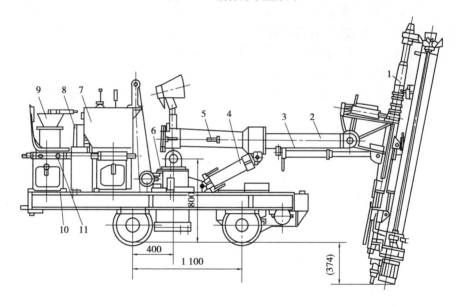

图 2.54　MGJ-1 型锚杆打眼安装机

1—工作机构；2—大臂；3—仰角油缸；4—支撑油缸；5 液压管路系统；6—车体；7—操作台；
8—液压泵站；9—注浆罐；10—电气控制系统；11—座椅

②锚杆的检验。为保证锚杆支护质量，必须对锚杆施工加强技术管理和质量检查，主要检查锚杆孔直径、深度、间距及螺母的拧紧程度，并对锚杆的锚固力进行抽查检验。

过去常采用锚杆拉力计对锚杆的锚固力进行破坏性检测，来获取锚杆的实际锚固力数值。目前推广应力波和超声导波无损检测技术，可提高检测效率，保证工程质量，同时省去补打锚杆的工作量。

（6）锚杆支护施工安全注意事项

①锚杆支护必须严格按作业规程的规定组织施工。

②打眼前，必须敲帮问顶，撬掉活矸，必要时按规定架设临时支护，严禁空顶作业。钻眼时应按事先确定的眼位标志钻进。帮眼钻完后应将眼内的岩粉和积水吹（掏）干净。

③锚杆眼应做到当班打眼当班锚。锚杆的外露长度要符合作业规程的规定，一根锚杆上不允许上两个托板或螺帽。

④必须按照规定角度打眼,原则上应与岩石的层理面垂直,当层理面不明显时,锚杆眼方向应与巷道周边垂直。

⑤使用树脂锚杆时应穿戴防护手套,避免未固化的树脂药包和固化剂与皮肤接触。破损的药包应及时处理,严禁树脂药包接触明火。

⑥安装水泥锚固剂时,锚固剂在入井前和使用前都要进行检查,严禁使用失效的锚固剂,水泥锚固剂在净水中浸泡的时间要符合锚固剂的使用要求。

⑦安装管缝式锚杆时,在推进锚杆过程中,要始终保持锚孔与锚杆呈一条直线。推入眼孔的杆体长度必须符合作业规程的规定。

⑧锚杆安装时的预应力必须符合作业规程的规定。

⑨锚杆安装后,要定期按规定进行锚固力检测,对不合格的锚杆必须重新补打。有滴水或涌水的锚杆眼,不得使用水泥锚杆。

2)喷射混凝土单一支护

喷射混凝土支护是将水泥、砂、石子、速凝剂按一定比例混合搅拌后,送入混凝土喷射机中,用压缩空气将干拌和料送到喷头处,在喷头的水环处加水后,高速喷射到巷道围岩表面起到支护作用的一种支护形式。

(1)喷射混凝土支护作用机理

①支撑作用。喷射混凝土(或喷浆)具有良好的物理力学性能(表 2.11)。其抗压强度可达 20 MPa 以上,掺加速凝剂使混凝土凝结快,早期强度高,起到及时支撑围岩的作用,能有效控制围岩的变形和破坏。

表 2.11　喷射混凝土的主要物理力学指标

项目	指标	备注
重度/($kN \cdot m^{-3}$)	2.15 ~ 23.0	采用 525 号普通硅酸盐水泥,配合比为 1∶2 ~ 2.5∶4 速凝剂掺量为水泥质量的 2.5% ~ 4%
抗压强度/MPa	20 ~ 28	
抗拉强度/MPa	1.4 ~ 2.5	
抗折强度/MPa	4 ~ 5	
抗渗性能/MPa	0.5 ~ 1	
与岩石的黏结力/MPa	1 ~ 2	
与钢筋的黏结力/MPa	2.5 ~ 3.5	
弹性模数/MPa	$(2.2 ~ 3.0) \times 10^4$	
收缩率/%	$(8 ~ 6) \times 10^{-4}$	潮湿养护 28 ~ 45 d 后,再自然养护 150 d

②充填作用。由于喷射速度高,混凝土能及时地充填围岩的裂隙、节理和凹穴,大大提高围岩的整体性。

③隔绝作用。喷射混凝土层可封闭围岩表面,完全隔绝空气、水与围岩的接触,有效防止风化潮解而引起的围岩破坏与剥落;同时,由于围岩裂隙中充填了混凝土,使裂隙深处原有的充填物不致因风化作用而降低强度,也不致因水的作用而使原有的充填物流失,使围岩保持原有的稳定性和强度。

④转化作用。高速喷射到岩面上形成的混凝土层，具有很高的黏结力和较高的强度，与围岩形成一个共同工作的力学统一体，具有把岩石荷载转化为岩石承载结构的作用，增强了整体承载能力。

喷射混凝土支护上述四个方面的作用机理并非彼此割裂、孤立存在，而是互为补充、相互联系、共同作用的。

喷射混凝土支护的巷道围岩受到较大的地应力作用时，喷层与基岩一起变形甚至破坏。由于喷层在外层，其变形和位移量更大，加之喷层一般较薄，会出现开裂而起到预警作用，提示井下作业人员及时维护变形破坏的井巷，避免影响矿井正常生产或发生安全事故。

（2）喷射混凝土厚度的计算

喷层厚度至今尚无确切的计算方法，当围岩被节理、裂隙等弱面切割形成的危岩发生错动或坠落时，往往会引起围岩丧失稳定，此时，混凝土喷层必须具有足够的强度阻止危岩的错动、坠落，才能保证围岩的稳定。一般喷层与岩石的黏结强度大于抗冲切强度，因此可按抗冲切强度计算喷层厚度。如图 2.55 所示，为保证危岩坠落时喷层不被冲切破坏，应满足以下关系：

由
$$\frac{G}{u \cdot d} \leqslant [\tau]_c \qquad (2.16)$$

得
$$d \geqslant \frac{G}{u[\tau]_c} \qquad (2.17)$$

式中　d——喷层厚度，m；

　　　u——危岩与喷层接触面的周长，m；

　　　$[\tau]_c$——喷层的容许抗剪强度，Pa；

　　　G——危岩的重力，N。

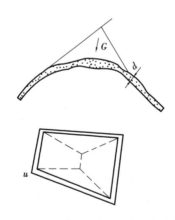

图 2.55　喷层按冲切破坏计算简图

不同矿井地质条件复杂程度不同，计算喷厚的方法，只能供参考或作验算用。目前设计部门和煤矿施工现场多是根据工程类比经验数据选取喷层厚度值。

（3）喷射混凝土材料要求

喷射混凝土要求凝结快、早期强度高、收缩率小和适合于喷射机使用等。

①水泥。一般选用硅酸盐水泥或普通水泥，其标号不应低于 325 号。

②砂。以粒径为 0.35～3.0 mm 的中、粗砂为好。用细砂制成的混凝土容易产生较大的

收缩变形；且过细的粉砂中游离 SiO_2 含量较高，损害操作人员的健康。砂的含水率不应大于7%。

③石子。一般选用坚硬的河卵石或碎石，其中碎石回弹力低，但易于堵管和磨损管道，而河卵石则相反。石子粒径应根据喷射机性能选取。在实际工作中，为了减小回弹，石子粒径不应大于15 mm。石子的合理级配是影响混凝土质量、水泥用量和回弹率的重要因素之一，其合理级配可参考表2.12。

表2.12　喷射混凝土用石子的合理颗粒级配

粒径/mm	5～7	7～15	15～25
百分率/%	25～35	55～45	<20

④水。要求洁净、不含杂质。清水 pH>4 的酸性水和硫酸盐含量按 SO_3 计超过水重1%的水，都不允许使用。

⑤速凝剂。为了使混凝土速凝，提高早期强度，一般掺入水泥质量2.5%～4%的速凝剂，要求初凝时间小于5 min，终凝时间小于10 min。除此之外，加入减水剂也可以提高混凝土的强度。

（4）混凝土配合比

合适的配合比应使喷层有足够的抗压、抗拉和黏结强度，收缩变形值要小，回弹力要低。喷混凝土质量配合比可参照表2.13选用。

表2.13　喷射混凝土的配合比

喷射部位	配合比	
	水泥∶粗中混合砂∶石子	水泥∶细砂∶石子
侧壁	1∶(2.0～2.5)∶(2.5～2.0)	1∶2.0∶(2.0～2.5)
顶拱	1∶2.0∶(1.5～2.0)	1∶(1.5～2.0)∶(1.5～2.0)

（5）施工机具

喷射混凝土的机具，主要包括喷射机、干料搅拌机、上料设备和机械手等。

混凝土喷射机按喷射工艺可分为干式和湿式两大类，目前国内使用的多为湿喷混凝土机，PZ-5型混凝土湿喷射机如图2.56所示。

图2.56　PZ-5型混凝土湿喷射机

这种喷射机具有结构简单,工作可靠,轻便灵活,操作方便,装料高度较小等优点,使用广泛。

混凝土湿喷射机械手(MK-Ⅱ型液压机械手)如图 2.57 所示。

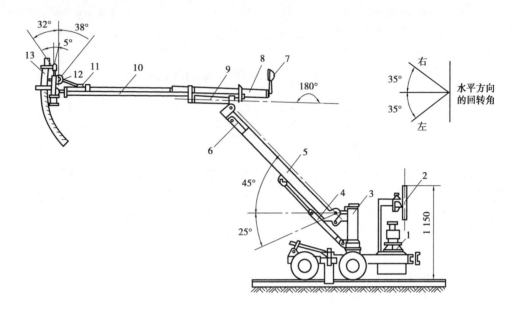

图 2.57　MK-Ⅱ型液压机械手

1—液压系统;2—风水系统;3—转柱;4—支柱油缸;5—大臂;6—拉杆;7—照明灯;8—伸缩油缸;
9—翻转油缸;10—导向支撑杆;11—摆角油缸;12—回转器;13—喷头

（6）喷射混凝土支护工艺

①准备工作。喷射混凝土前,应按设计要求检查巷道规格;用压风、水冲洗岩面并清除险石;埋设控制喷层厚度的标桩;认真检查喷射机具和风、水、电、管线以及准备好照明与防尘设施等。

②控制风、水压力。严格按操作规程正确使用混凝土喷射机,尤其要注意调整好风压、水压,以减少回弹量和粉尘浓度。

③喷头操作。先给水后送料,及时调整水灰比;喷射顺序先墙后拱,自下而上呈螺旋状轨迹移动,旋转直径以 200 mm 左右为宜;喷头与受喷面的距离一般控制在 0.6 ~ 1.0 m;喷头方向除了喷墙体下部可下俯 10° ~ 15°外,应尽量与受喷面正交。

④喷射顺序。为了不使混凝土从受喷面发生重力坠落,一般喷射顺序为分段从墙向上喷射,并且自下而上的一次喷射厚度逐渐减小。如果一次达不到设计厚度,需要进行复喷时,其间隔时间与水泥品种、工作温度、速凝剂掺量等因素有关。一般对于掺有速凝剂的普通水泥,温度在 15 ~ 20 ℃时,其间歇时间为 15 ~ 20 min;不掺速凝剂时为 2 ~ 4 h,并在复喷前先喷水湿润。

为了保证喷射质量、提高工效,应合理划分喷射区段。一般以 6 m 长为一基本段,基本段再分为 2 m 长的三小段。喷墙时,每喷完 1.5 m 高便依次向相邻小段前进。对于凹凸严重的岩面,应先凹后凸、自下而上地正确选择喷射次序。

（7）喷射混凝土支护存在的主要问题

①回弹。喷射混凝土施工中,部分材料回弹落地是难以避免的,但回弹过多,既浪费材料,又在一定程度上改变了混凝土的配合比,使喷层强度降低。因此,在施工中应合理确定工艺参数,控制回弹率(边墙不超过 15%,拱部不超过 25%)。回弹量增大的原因及减少回弹的措施见表 2.14。

回弹物应尽量回收利用,可作为喷射混凝土的骨料,但掺量不应超过骨料总量的 30%,也可用于浇灌水沟、地板或预制水沟盖板等低强度混凝土构件。

表 2.14　喷射混凝土回弹影响因素及控制措施

影响因素	回弹量大的原因	减少回弹量的措施
材料方面	1.没有严格掌握配比,拌和料中水泥量少,粗骨料多,含砂率低,粗骨料颗粒级配不佳,砂粒太粗 2.速凝剂掺量不准,不均匀 3.拌和料搅拌后,停放的时间太长 4.水泥与速凝剂不相适应 5.金属网网孔太小	1.严格按设计配合比配料,粒径大于 15 mm 的骨料应控制在 20% 以下 2.一般速凝剂掺量为水泥质量的 2%～4%,不宜过多或过少 3.拌和料停放时间一般应不超过 30 min 4.应通过试验选用 5.应不小于 150 mm
工艺方面	1.风压不合适。过大则喷射动能大,粗骨料易弹回;过小则喷射动能小,粗骨料冲不到砂浆层而掉落;忽大忽小则造成出料不匀,干喷时无法控制水灰比 2.水压、水量不合适。过大则水灰比大,出现流淌;过小则水灰比小,出现干斑,黏结不好 3.一次喷射厚度过大,会使未凝固的混凝土下坠;过小则粗骨料易溅回 4.分层喷射时,两次喷射之间的间歇时间太短,已喷层遭到破坏 5.喷枪与受喷面的距离过近或过远	1.根据喷射机类型和输料距离合理选择风压 2.根据风压调整水压,水压应比风压高 0.05～0.1 MPa,控制好水量,保持水灰比压为 0.43～0.5 3.一次喷射厚度一般应小于最大骨料粒径的二倍 4.合理的间歇时间应是喷射混凝土达到终凝后再进行下一层的喷射 5.在 0.5～1 m 范围内,随风压变化而调整
工作条件	1.受喷面太光滑 2.受喷面上有灰尘 3.受喷面凹凸严重 4.受喷面水大	1.用喷砂法增加岩石的粗糙度,或先喷一层砂浆,再喷混凝土 2.喷射前先洗岩石灰尘 3.采用光爆,使断面轮廓尽量规整 4.水大时,先采取排水措施,治水后喷射;水小时一面用压风吹去淋水,一面喷射,边吹边喷
操作方法	1.喷射顺序不对 2.喷枪的移动方式不对 3.拿喷枪的姿势不对 4.给料不连续、不均匀,使喷射手掌握不住水灰比 5.使用单罐湿喷射机时,每罐开始喷射部位不对	1.先墙后拱,自下而上进行喷射 2.按螺旋状轨迹一圈压半圈横向运动 3.使喷枪垂直受喷面 4.专人掌握喷射机的入料,保证给料连续均匀 5.每罐初喷时,先喷射已喷部位或罐内保持少量混凝土

②粉尘。喷射混凝土会产生粉尘。降低粉尘浓度的主要措施是采用湿式喷射法、加强通风、喷雾洒水,注意操作人员的个体防护。

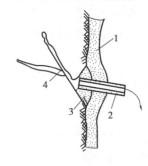

③围岩渗漏水。围岩渗水会降低喷层与岩面的黏结力,使喷层脱落或离层。因此,喷射混凝土前必须对水进行处理。若岩帮仅有少量渗水、滴水,可用压风清扫,边吹边喷即可;遇有小裂隙水,可用快凝水泥砂浆封堵,然后再喷;若有成股涌水或大面积漏水,则单纯封堵是不行的,必须将水导出,如图2.58所示。首先找到水源点,在该处凿一个深约10 cm的喇叭口,冲洗干净后,用快凝水泥将导水管埋入,再向管子周围喷混凝土,待混凝土达到一定强度后,再向导管内注入水泥浆,将孔封闭。

图2.58 埋设导管排水
1—喷层;2—导水管;
3—封堵砂浆;4—渗水通道

④喷层养护。由于喷射混凝土水泥用量较大,含砂量较高,喷层又是大面积薄层结构,加入速凝剂后迅速凝结,这就使混凝土在凝结期的收缩量大为减少,而硬化期的收缩量则明显增大,使喷层产生有规则的收缩裂缝,降低了喷层的强度。

为了减少喷层的收缩裂缝,应尽可能选用优质水泥、控制水泥用量、不用细砂、掌握适宜的喷层厚度,喷射后必须按养护制度规定进行养护。要求在混凝土终凝2 h后进行喷水养护,用普通水泥时,喷水养护时间不小于7 d,矿渣水泥不小于14昼夜。

(8)喷射混凝土施工安全注意事项

①在使用喷射机前,应对其进行全面检查,发现问题及时处理。喷射机要专人操作。处理机械故障时必须切断电源、风源。送风、送电时必须通知有关人员,以防发生事故。

②选用输料管时,应选用抗静电的管路系统。管路的铺设要平直,不得有急弯,接头必须严密,不得漏风。

③初喷前,要先敲帮问顶,清除危岩活石,以保证作业安全。初喷应紧跟工作面,喷体支护的端头距工作面的距离必须符合作业规程的规定。

④喷射中发生堵管时,应停止作业。处理堵塞的喷射管路时,在喷枪口的前方及其附近严禁有其他人员,以防突然喷射和管路跳动伤人。疏通堵管可采用敲击法。

⑤经常检查输料管转弯和出料弯头处等易损地点有无磨薄、击穿现象,发现问题及时处理。

⑥较高巷道喷顶时,要搭设可靠的工作台或用机械手喷射。喷射手应配两人,一人持喷头喷射,一人辅助照明并负责联络、观察顶板及喷射情况,以保证安全。

⑦喷射机的安设要选择支护完好、工作方便的安全地点,喷射机送料人员要站在安全地点作业。

⑧喷射机必须保持密封性能良好,防止漏风和粉尘飞扬,加强工作面通风。

⑨喷射作业中粉尘的来源主要是水泥和砂粒中的矽尘飞扬。长期吸入粉尘,危害工人的身体健康。凡从事喷射作业的人员,必须佩戴劳动保护用品。喷射前应开启降尘设备和设施。

3)锚喷联合支护

(1)锚杆+喷射混凝土支护

在比较破碎的、节理裂隙发育比较明显的岩层,巷道掘进后围岩稳定性较差,容易出现局部或大面积冒落,一般应采用锚杆结合喷射混凝土支护。这种支护方式能充分发挥锚杆和喷射混凝土的作用,有效改善支护效能。

采用该方式支护时,一般在破岩后首先及时初喷混凝土封闭围岩,接着打入锚杆,随后在一定距离内复喷混凝土到设计厚度。

(2)锚杆+金属网+喷射混凝土联合支护

对于特别松软破碎围岩和处于断层带、受采动应力影响较大的巷道,宜选用锚、网、喷联合支护。设置金属网的主要作用是防止收缩而产生裂隙,抵抗震动,使混凝土应力均匀分布,避免局部应力集中,提高喷射混凝土支护能力。金属网用托板固定或绑扎在锚杆端头,为便于施工和避免喷射混凝土时金属网背后出现空洞,金属网格不应小于 200 mm×200 mm。喷射厚度一般不应小于 100 mm,以便将金属网全部覆盖,并使金属网外至少有 20 mm 厚的保护层。

(3)钢架+喷射混凝土联合支护

在软岩巷道中,掘进后先架设钢架,允许围岩收敛变形,基本稳定后再进行喷射混凝土支护,把钢架喷在里面,有时也打一些锚杆,控制围岩变形。这样,钢架自身仍保持相当的支护能力,同时,被喷射混凝土裹住后又起到了"钢筋加固"的作用,而喷射混凝土层有一定的柔性,对围岩基本稳定后的变形量也可以适应。

(4)锚杆+锚索支护

传统的锚索支护一般适用于煤矿井下大断面硐室和巷道的补强和加固。锚索钻孔深度和直径一般都较大,而且采用注浆锚固,使其在巷道中的适用性受到较大的限制。

小孔径树脂锚固预应力锚索加固技术采用树脂药卷锚固,通过专用装置可以像安装普通树脂锚杆一样用锚索搅拌树脂药卷对锚索锚固端进行加长锚固,其安装孔径为 28 mm 左右,用普通单体锚杆机即可完成打孔、安装。

预应力锚索加固围岩的实质是通过锚索对被加固的岩体施加预应力,限制岩体有害变形的发展,进而保持岩体的稳定。在顶板上打注锚索后,由于锚索的锚固点在深部稳定岩层中,起悬吊顶板的作用;同时由于锚索预紧力作用,对已有锚杆支护的下部岩层进行组合、加固,能有效控制顶板下沉,减少支架、锚杆受力,达到良好的效果。

小孔径预应力锚索主要用在破碎、复合顶板回采巷道,放顶煤开采沿煤层底板掘进的巷道,软弱和压力较高的回采巷道,以及大跨度开切眼和巷道交岔点。

小孔径预应力锚索一般不单独作为巷道支护方式,往往与锚杆支护一起形成一种联合支护方式,锚索能够起到补强的作用。

锚索材料包括索体、索具和托板;索具配套机主要有高压防爆电动油泵(或手动泵)、张拉千斤顶、锚索尾部切割器等。

(5)桁架锚杆支护

桁架锚杆支护的关键构件是桁架锚杆。桁架锚杆一般由两根顶板斜锚杆和一根水平拉杆及托盘组成,如图 2.59、图 2.60 所示。在斜锚杆和水平拉锚杆作用下,桁架锚杆支护系统对顶板中部产生压缩和托顶作用,增大了顶板裂隙体中的压应力和摩擦力,减小甚至抵消了顶板中部可能产生的拉应力。两根斜锚杆通过拉杆协调受力,具有一定的柔性,允许顶板适量下沉,在下沉过程中顶板裂隙体摩擦力增大,产生自锁作用,能够有效地维护高应力区的破碎顶板。钢带及金属网的作用在于增加单体锚杆间的联系,防止锚杆间围岩松脱冒顶。

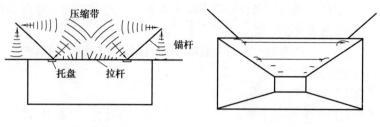

图 2.59　锚杆桁架支护原理　　　　图 2.60　锚杆桁架支护结构

5.2.3　砌碹支护

砌碹支护是以料石、砌块为主要原料,以水泥砂浆胶结,或以混凝土现场浇筑而成的连续体支护。其主要形式是直墙拱顶式,由拱、墙和基础三部分组成,当侧压大时,直墙宜改为曲线形;当底鼓严重时,应砌筑反拱。

砌碹支护对围岩能够起到防止风化的作用,具有坚固、耐久、防火、阻水、通风阻力小、材料来源广、便于就地取材等优点。砌碹支护在砌碹前须按作业规程要求对巷道断面进行刷帮、挑顶,拆除临时支架;在砌碹过程中,需要立碹胎、模板和拆模,施工工序复杂,劳动强度大,成本高,进度慢,目前已极少采用。

【思考与练习】

1. 陈述混凝土和水泥砂浆的组成成分。
2. 陈述巷道支护的主要类型和特点。
3. 分析锚杆支护的作用机理。
4. 分析喷射混凝土支护的作用机理。
5. 简述锚杆支护常用的施工设备、质量检查内容与检测方式。

第 3 章
掘进局部通风与综合防尘

1　掘进局部通风

1.1　局部通风方式

掘进工作面局部通风有三种方式:一是利用矿井总风压进行通风;二是引射器通风;三是局部通风机通风。

煤矿掘进工作面普遍采用局部通风机通风。

1.1.1　局部通风机布置方式

掘进工作面局部通风机按其布置方式分为压入式、抽出式和混合式三种。

1)压入式通风

压入式通风是利用局部通风机将新鲜空气经风筒压入工作面,污风则排出,其布置如图3.1 所示。

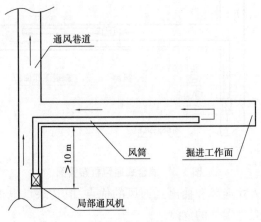

图 3.1　压入式通风机布置图

压入式通风的风流,从风筒末端以自由射流状态射向工作面,其风流的有效射程一般可达7~8 m,易于排出工作面的污风和矿尘,通风效果好,局部通风机安装在新鲜风流中,污风不经过它,安全性较好。

2)抽出式通风

抽出式通风与压入式通风相反,新鲜空气由巷道进入工作面,污风经风筒由局部通风机抽出,其布置如图3.2所示。

抽出式通风,由于污风经风筒排出,巷道中为新鲜空气,故劳动卫生条件较好;但风流的有效吸程较短,一般为3~4 m。如果风筒末端距工作面较远,有效吸程以外的风流将形成涡流停滞区,通风效果不良。

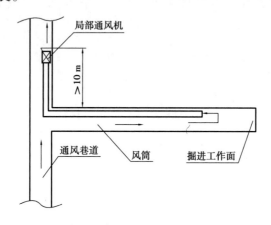

图3.2 抽出式通风机布置图

3)混合式通风

混合式通风就是把上述两种通风方法同时使用。新风利用压入式局部通风机和风筒压入工作面,污风则由抽出式局部通风机和风筒排出,其布置如图3.3所示。

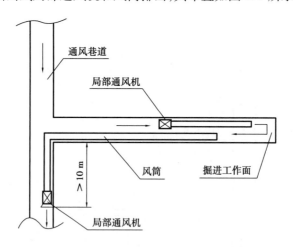

图3.3 混合式通风机布置图

混合式通风兼有压入式通风和抽出式通风的优点,但其缺点也很多,如设备多、能耗大、管理复杂,有引起瓦斯、煤尘爆炸的危险。

压入式通风是我国煤矿应用最广泛的掘进局部通风方式。

《煤矿安全规程》规定:

掘进巷道必须采用矿井全风压通风或者局部通风机通风。煤巷、半煤岩巷和有瓦斯涌出的岩巷掘进采用局部通风机通风时,应当采用压入式,不得采用抽出式(压气、水力引射器不受此限);如果采用混合式,必须制定安全措施。瓦斯喷出区域和突出煤层采用局部通风机通风时,必须采用压入式。

1.1.2 局部通风设备与设施

局部通风由局部通风机、风筒及其附属装置组成。

1)局部通风机

局部通风机种类较多,主要有 JBT 系列、BJK 系列,其主要参数见表3.1、表3.2。

表3.1 JBT 系列风机的主要参数表

型号	JBT-51	JBT-52	JBT-61	JBT-62
外径/mm	500	500	600	600
转速/(r·min^{-1})	2 900	2 900	2 900	2 900
全风压/Pa	177~245	490~2 354	343~1 569	686~3 139
风量/(m^3·min^{-1})	145~225	145~225	250~290	250~290
功率/kW	5.5	11	14	28
级数	1	2	1	2
质量/kg	175	235	315	410

表3.2 BKJ 系列风机主要参数表

型号	风量/(m^3·min^{-1})	全风压/Pa	功率/kW	转速/(r·min^{-1})	动轮直径/m
BKJ66-11^{NO}3.6	80~150	600~1 200	2.5	2 950	0.36
BKJ66-11^{NO}4.0	120~210	800~1 500	5	2 950	0.4
BKJ66-11^{NO}4.5	170~300	1 000~1 900	8	2 950	0.45
BKJ66-11^{NO}5.0	240~420	1 200~2 300	15	2 950	0.5
BKJ66-11^{NO}5.6	330~570	1 500~2 900	22	2 950	0.56

2)风筒

(1)风筒种类

煤矿使用的风筒有刚性风筒和柔性风筒。刚性风筒与抽出式通风方式配套,柔性风筒与压入式通风方式配套。柔性风筒的优点是轻便、可伸缩、拆装搬运方便;刚性风筒质量大,搬运困难,煤矿使用较少。金属整体螺旋弹簧钢圈为骨架的可伸缩风筒也是一种刚性风筒,可与抽出式通风机配套使用。

（2）风筒的接头

柔性风筒的接头方式有插接、单返边接头、双返边接头、活三环多返边接头、螺圈接头等多种形式。插接方式最简单,但漏风大,返边接头漏风小,不易胀开,但局部风阻较大。后两种接头风阻小、漏风小,但拆装比较困难,操作不是很方便。

（3）风筒的阻力

风筒的风阻是由摩擦风阻、局部风阻组成的。其大小取决于风筒的直径、接头方式、长度、负压和风筒的布置等因素。

（4）风筒的漏风

漏风使局部通风机风量 Q_a 与风筒出口风量 Q_h 不相同,因此,应用始末端风量的几何平均值作为风筒的风量,即:

$$Q = (Q_a Q_h)^{\frac{1}{2}} \tag{3.1}$$

Q_a 与 Q_h 的差就是风筒的漏风量,与风筒的种类,接头的数量、方法和质量以及风筒直径、风压等有关,但更主要是与风筒的维护和管理密切相关。需要注意的是,掘进工作面的通风效果与风筒出口风量的大小有关。

（5）风筒的布置要求

风筒末端到工作面的距离和出风口的风量应符合作业规程规定。一般压入式通风的出风口距工作面的距离,在作业规程中规定为 5 m。风筒要求吊挂平直,逢环必挂,环环吃力。

1.2 局部通风安全规定

安装和使用局部通风机和风筒时,必须遵守《煤矿安全规程》的规定:

①局部通风机由指定人员负责管理。

②压入式局部通风机和启动装置安装在进风巷道中,距掘进巷道回风口不得小于 10 m;全风压供给该处的风量必须大于局部通风机的吸入风量,局部通风机安装地点到回风口间的巷道中的最低风速（表3.3）必须符合规定要求。

表3.3　掘进巷道最低风速表

巷道名称	最低风速/(m·s⁻¹)
掘进中的煤巷、半煤岩巷	0.25
掘进中的岩巷	0.15

③高瓦斯、突出矿井的煤巷、半煤岩巷和有瓦斯涌出的岩巷掘进工作面正常工作的局部通风机必须配备安装同等能力的备用局部通风机,并能自动切换。正常工作的局部通风机必须采用三专（专用开关、专用电缆、专用变压器）供电,专用变压器最多可向4个不同掘进工作面的局部通风机供电;备用局部通风机电源必须取自同时带电的另一电源,当正常工作的局部通风机故障时,备用局部通风机能自动启动,保持掘进工作面正常通风。

④其他掘进工作面和通风地点正常工作的局部通风机可不配备备用局部通风机,但正常工作的局部通风机必须采用三专供电;或者正常工作的局部通风机配备安装一台同等能力的备用局部通风机,并能自动切换。正常工作的局部通风机和备用局部通风机的电源必须取自

同时带电的不同母线段的相互独立的电源,保证正常工作的局部通风机故障时,备用局部通风机能投入正常工作。

⑤采用抗静电、阻燃风筒。风筒口到掘进工作面的距离、正常工作的局部通风机和备用局部通风机自动切换的交叉风筒接头的规格和安设标准,应当在作业规程中明确规定。

⑥正常工作和备用局部通风机均失电停止运转后,当电源恢复时,正常工作的局部通风机和备用局部通风机均不得自行启动,必须人工开启局部通风机。

⑦使用局部通风机供风的地点必须实行风电闭锁和甲烷电闭锁,保证当正常工作的局部通风机停止运转或者停风后能切断停风区内全部非本质安全型电气设备的电源。正常工作的局部通风机故障,切换到备用局部通风机工作时,该局部通风机通风范围内应当停止工作,排除故障;待故障被排除,恢复到正常工作的局部通风后方可恢复工作。使用 2 台局部通风机同时供风的,2 台局部通风机都必须同时实现风电闭锁和甲烷电闭锁。

⑧每 15 天至少进行一次风电闭锁和甲烷电闭锁试验,每天应当进行一次正常工作的局部通风机与备用局部通风机自动切换试验,试验期间不得影响局部通风,试验记录要存档备查。

⑨严禁使用 3 台及以上局部通风机同时向 1 个掘进工作面供风。不得使用 1 台局部通风机同时向 2 个及以上作业的掘进工作面供风。

【思考与练习】

1.陈述掘进局部通风的 3 种主要方式和适用条件。

2.绘图说明压入式局部通风的平面设备布置方式。

3.陈述风筒的种类和与之配套的局部通风方式。

4.陈述掘进局部通风"三专""两闭锁"的具体内容。

2 掘进工作面综合防尘

巷道掘进施工时,在破岩、装岩、运输、支护等主要工序环节中,不可避免要产生大量的煤、岩或水泥粉尘。粒径小于 5 μm 的粉尘称为呼吸性粉尘,浮游在空气中的呼吸性粉尘容易被人吸入肺部,采掘一线工人长期在有尘环境工作将增加尘肺病患病概率,对身体健康构成不可逆转的慢性伤害。特别是岩石粉尘因含有游离二氧化硅成分,其导致的矽肺病比煤尘引起的煤肺病危害更大。

过去我们非常重视防范生产安全事故,而相对忽视职业病带来的危害。事实上,煤矿尘肺病患者数量大,造成的影响更为严重。因此,必须从根本上改善煤矿采掘作业环境,控制和减少尘肺病发生率。

作业场所空气中容许的粉尘浓度标准见表 3.4。

表 3.4　作业场所空气中粉尘浓度要求

粉尘种类	游离 SiO₂ 含量/%	时间加权平均容许浓度/(mg·m⁻³)	
		总尘	呼吸尘
煤尘	<10	4	2.5
矽尘	10~50	1	0.7
	50~80	0.7	0.3
	≥80	0.5	0.2
水泥尘	<10	4	1.5

注:时间加权平均容许浓度是以时间加权数规定的 8 h 工作日、40 h 工作周的平均容许接触浓度。

《煤矿安全规程》规定:

①井工煤矿掘进井巷和硐室时,必须采取湿式钻眼、冲洗井壁巷帮、水炮泥、爆破喷雾、装岩(煤)洒水和净化风流等综合防尘措施。

②井工煤矿掘进机作业时,应当采用内、外喷雾及通风除尘等综合措施。掘进机无水或者喷雾装置不能正常使用时,必须停机。

③井工煤矿在煤、岩层中钻孔作业时,应当采取湿式降尘等措施。

④在冻结法凿井和在遇水膨胀的岩层中不能采用湿式钻眼(孔)、突出煤层或者松软煤层中施工瓦斯抽采钻孔难以采取湿式钻孔作业时,可以采取干式钻孔(眼),并采取除尘器除尘等措施。

⑤井下煤仓(溜煤眼)放煤口、输送机转载点和卸载点,以及地面筛分厂、破碎车间、带式输送机走廊、转载点等地点,必须安设喷雾装置或者除尘器,作业时进行喷雾降尘或者用除尘器除尘。

⑥喷射混凝土时,应当采用潮喷或者湿喷工艺,并配备除尘装置对上料口、余气口除尘。距离喷浆作业点下风流 100 m 内,应当设置风流净化水幕。

对于钻爆法施工的掘进工作面,采用湿式钻眼是综合防尘最主要的技术措施之一,钻眼过程中持续注水冲洗炮孔,使岩粉变成浆状从孔口流出,能显著降低巷道中的粉尘浓度。采用水炮泥封孔,爆破后形成的水幕能有效降低粉尘,改善井下劳动环境。放炮前开启爆破喷雾装置,可降低爆破时由于破碎岩石和爆破冲击波作用产生的粉尘。装岩前向岩堆上洒水能黏结细粒粉尘,在装岩时不被扬起,岩堆单位体积的耗水量与粉尘浓度成反比,见表 3.5。

表 3.5　粉尘浓度与岩堆耗水量的关系表

耗水量/(L·m⁻³)	8	16	22	25
粉尘浓度范围/(mg·m⁻³)	1.5~1.8	1.1~1.5	0.9~1	0.5~1.5
平均粉尘浓度/(mg·m⁻³)	1.7	1.4	1	0.9

对于机掘法施工的掘进工作面,必须保证内喷雾装置工作压力不低于 2 MPa,外喷雾装置工作压力不低于 4 MPa,并在内外喷雾装置稳定工作的前提下进行施工作业,同时在转运环节设置喷雾洒水装置。

　　巷道施工过程中,采取冲洗岩帮、加强通风、喷雾洒水等措施对防尘和降尘都有良好的作用。在井下特殊的产尘点,也可以安设专门的捕尘除尘装置,降低粉尘浓度。

　　煤炭生产企业应当以高度的责任感重视职工健康和生命,一方面完善井下作业场所的除尘设施,另一方面为接触粉尘的作业人员提供符合国家标准的个体防护用品,督促指导采掘、运输等岗位作业人员正确佩戴防尘口罩,加强个人防护。煤炭生产企业应当定期组织接触粉尘的作业人员进行肺部检查,发现尘肺病早期症状要及时治疗,必要时调离接触粉尘的工作岗位。

【思考与练习】

　　1. 呼吸性粉尘的粒径是多少?
　　2. 陈述掘进工作面综合防尘措施的主要内容。

第 4 章
巷道施工组织与管理

巷道施工是一项系统工程,首先需要根据巷道用途和服务年限选择合理的岩层层位、断面形状、断面大小,确定先进可行的破岩、装运、支护工艺技术配套方案,然后选择成巷方式与作业方式,结合矿井工作制度确定循环进度、循环数量和工种人员配备,加强施工过程中的安全与质量管理,实现"安全、优质、高效、快速、低耗"的综合性目标。

1 成巷方式与作业方式

1.1 成巷方式

巷道施工成巷方式有一次成巷和分次成巷两种。

一次成巷是将巷道施工中的掘进、永久支护、掘砌水沟三个分部工程(有条件的还应加上永久轨道的铺设和正式管线安装)视为一个整体,有机联系起来予以统筹安排,在一定距离内,按设计质量标准要求,相互配合、前后连贯,最大限度地同时施工,一次完成巷道施工的主要工序和辅助工序,不留收尾工程。

一次成巷能及时对巷道围岩进行永久支护,有利于保证支护质量和作业安全,加快成巷速度,降低材料消耗和单位工程成本。

分次成巷是先以小断面或全断面掘出整条巷道,并架设临时支架,然后拆除临时支架进行永久支护。这种方式材料消耗量大,围岩暴露时间长,永久支护相对困难,施工安全和速度也受到较大影响。

除急需贯通的巷道或地质条件特别复杂、需要多次支护的巷道外,一般应采取一次成巷方式。

1.2 一次成巷的作业方式

由于地质条件、巷道规格尺寸、施工设备以及操作技术等条件的影响和限制,按照掘进与永久支护的相互关系,一次成巷的掘进与永久支护有平行作业、顺序作业和交替作业 3 种方式。

1.2.1 掘进与永久支护平行作业

这种作业方式的具体安排,取决于永久支护的类型。平行作业的具体方式有:

①采用棚式支架,随掘随支。

②采用喷射混凝土支护,掘进后可先喷一层 30 ~ 50 mm 厚的混凝土作为临时支护,随后在距工作面 20 ~ 40 m 处再按设计厚度进行复喷。

③采用锚喷作为永久支护,锚杆可作为掘进工作面临时支护,锚杆紧跟工作面安设,在工作面后 20 ~ 40 m 处再按设计厚度喷射混凝土;当顶板围岩不稳定时,破岩后可即喷一层 30 ~ 50 mm 厚的混凝土进行封顶,此后,再安装锚杆,复喷混凝土。

掘进与永久支护平行作业,由于永久支护不单独占用时间,可提高成巷施工速度 30% ~ 40%;施工机械设备能得到充分利用,可降低施工成本。但是需要的物力人力较多,组织工作比较复杂。

这种作业方式适用于围岩比较稳定、掘进断面大于 8 m²(锚喷支护不受此限)的巷道。

1.2.2 掘进与永久支护顺序作业

若采用架棚支护,先将巷道掘进一段距离(10 ~ 20 m),采用临时支护;然后停止掘进,一边拆除临时支架一边进行永久支护工作。

若采用锚喷支护,也要根据围岩的稳定情况来决定掘进与锚喷的距离。通常有两种方式:两掘一锚喷和三掘一锚喷(即掘进二个或三个班,先打锚杆,然后用一个班进行喷射混凝土支护)。这种作业方式的特点是掘、支轮流进行,由一个工作队来完成。这种作业方式组织工作比较简单,但成巷速度较慢,适用于掘进断面小于 8 m²、巷道围岩不太稳定的情况。

1.2.3 掘进与永久支护交替作业

在两条距离较近而又平行的巷道(如内外水仓、区段运输石门和区段回风石门、区段运输巷和区段回风巷等)同时施工时,可采用掘、支交替作业。此时,可以由一个综合掘进队负责施工,每条巷道掘、支是顺序进行的,而相邻巷道的掘、支则是交替进行,互不干扰。这种方式集中了顺序作业和平行作业的特点,可以避免掘进与永久支护的相互影响,有利于提高施工的熟练程度和掘进设备的利用率。

1.3 一次成巷施工中应注意的问题

采用一次成巷施工时,应注意以下几个问题:

①平行作业的掘、支间距为 20 ~ 40 m。在具体确定该距离时,要在满足掘、支设备合理布置的原则下,取最短距离。这是因为掘、支间距加长,虽然便于掘、支工作的安排,减少掘、支之间的干扰,但临时支架用量大、周转慢,更重要的顶板不易控制,作业安全性差。

②水沟的掘砌应与巷道掘支同步。在巷道宽度较小的情况下,为调车而铺设的临时双轨可能暂时占用了水沟的位置。这样,水沟的掘砌就可后移一定的距离。

③永久轨道最好是紧跟永久支护之后铺设。由于临时轨道一般不铺设道砟,在临时轨道与永久轨道之间会存在标高差。为了避免重车走上坡,永久轨道的铺设也应适当向后移 50 ~ 100 m。临时管道应敷设于巷道底板两角处。风筒应平直地吊挂在巷道两帮。

④永久管路在永久支护完成后最好一次性安装好。

在选择巷道施工作业方式时,必须加强调查研究,详细了解各方面的情况,如巷道穿过岩层的地质及水文地质条件、瓦斯等有害气体涌出量、巷道断面形状和大小、支护材料与结构、技术装备和器材供应、操作人员技能水平等,在进行综合分析和比较的基础上,选择合理的施工作业方式。

2 工作制度与劳动组织

2.1 矿井工作制度

我国煤矿一般采用"三八"、"四八交叉"和"四六"作业制。后两种作业制度对提高劳动生产率、加快巷道施工速度有利。

2.2 劳动组织

实行一次成巷的施工方法,必须有与之相适应的劳动组织,才能保证各项施工任务的顺利完成。巷道施工劳动组织形式有综合掘进队和专业掘进队两种。

综合掘进队是将巷道施工的主要工种(掘进、装岩、支护)和辅助工种(机电维修、运输等)组织在一个掘进队内。既有明确的分工,又要在统一领导下密切配合和协作,共同完成各项施工任务。它具有以下优点:

①各工种互相协助,可以消除工种之间工作量不均衡的现象,充分利用工时,提高工效。

②各工种处于统一指挥和调动之下,工序衔接紧密,可减少或避免相互间影响,有利于缩短循环时间。

③各主要工种和辅助工种人员的目标一致,是一个团结协作的有机整体,有利于加快施工速度和提高工程质量。

④形成人员固定、设备固定、任务固定、工作位置相对固定和时间固定的"五固定"制度,保证掘进循环作业的顺利进行。

目前主要采用综合掘进队形式,其劳动组织把每小班分成掘进组、支护组、装岩运输组。某矿掘进一队长期担负全岩开拓巷道施工任务,其劳动组织见表4.1。

表 4.1 某矿掘进一队劳动组织表

全队在册人员						班长	队干	合计
掘进组		装运组		支护组				
钻眼工	爆破工	装岩司机	推车工	喷浆工	砌水沟工	1×3	4	40
4×3	1×3	1×3	2×3	2×3	1×3			

综合掘进队的规模,可根据各地区特点、工作面运输提升条件等确定。一般有单独运输系统的施工工程,如平硐或井下独头巷道,可以组成包括掘进、支护、掘砌水沟、铺轨、运输、机电检修、通风等工种的大型综合掘进队。当许多工作面合用一套运输、检修系统时,如井底车场、运输大巷及运输石门等,可组成只有掘进、支护、掘砌水沟等工种的小型综合掘进队。

专业掘进队只负责主要工序工种,辅助工种另设工作队,并服务于若干个专业掘进队。任务比较单一,管理比较简单,适用于多头掘进。

3　掘进正规循环作业

掘进作业循环是指掘进主要工序(破岩、装岩、运输、支护)和辅助工序(铺轨、延接风筒和管线等)的周期性重复。每重复一次,就称为一个掘进循环。每个掘进循环巷道向前推进的距离称为循环进尺;完成一个完整的掘进循环所需的时间称为循环时间。

掘进作业循环用循环图表表示。循环作业图表将一个循环中完成各工序的时间、先后顺序和相互衔接关系,以图表形式直观表现,使施工人员心中有数,工作忙而不乱。

正规循环作业是指按照掘进作业规程中的工序安排,在掘进工作面按规定的时间,保质保量地完成所规定的任务并维持这一过程周而复始地循环进行。

实践证明,实现正规循环作业是全面地、有计划地、均衡地完成施工任务的有力保证,是实现高产、高效、安全生产的有效措施。也是改进企业管理、降低成本的重要环节。快速掘进队的月正规循环率一般都在80%以上。为了确保正规循环的实现,必须选择合适的循环方式与循环进度,制定出切实可行的循环图表。

3.1　正规循环作业图表编制的原则与内容

3.1.1　编制原则

充分利用时间和空间,确保安全施工并达到先进的技术经济指标。

3.1.2　编制内容

1)合理选择施工作业方式和循环方式

根据巷道断面形状、大小和地质条件、施工任务、施工设备、技术水平等情况,尽可能采用一次成巷多工序平行作业。

一般条件下应采用单班一个循环或单班多循环的循环方式,每班的循环次数应为整数,即一个循环不能跨班或跨日完成。班循环次数与工作制度有关,应合理确定循环进度,充分利用工时。

2)确定循环进尺

掘进循环进尺与掘进循环次数密切相关、相互制约。依据掘进循环进尺,确定每个循环的工作量和每个循环所需的时间,可求得每小班的循环次数。

3)确定循环时间

以钻爆法施工为例,根据施工设备情况、工作定额(或实测数据)和工作量计算出完成各主要工序所需的时间。在全部作业时间中,扣除能与其他工序平行的时间,便是完成一个循环的时间,即:

$$T = T_1 + T_2 + \varphi(t_1 + t_2) + T_3 + T_4 + T_5 \tag{4.1}$$

式中 T_1——交接班、安全检查(或为下一个循环做准备)的时间,一般取 20~30 min;

T_2——装岩调车时间,min;

t_1——钻工作面上部炮眼时间,min;

t_2——钻工作面下部炮眼时间,min;

φ——钻眼工作单行作业系数。φ 值越小,钻眼与装岩的平行时间就越多,当钻、装平行作业时,φ 值一般为 0.3~0.6;钻装作业完全平行时,$\varphi=0$;当钻装为顺序作业时,$\varphi=1$;

T_3——装药连线时间,min;

T_4——放炮通风时间,一般为 20~30 min;

T_5——支护时间,根据支护形式和掘、支作业方式确定,min。

装岩时间:

$$T_2 = \frac{SL\eta K}{np} \tag{4.2}$$

式中 S——巷道掘进断面积,m²;

L——炮眼深度,m;

η——炮眼利用率,一般为 0.85~0.95;

K——岩石碎胀系数;

n——同时工作的装岩机台数;

p——装岩机实际生产率(指破碎岩石),m³/min。

装药连线时间与炮眼数目与同时参加装药的工作组数有关:

$$T_3 = \frac{Nt}{A} \tag{4.3}$$

式中 N——炮眼数目,个;

t——每个炮眼装药所需时间,min;

A——同时装药的人员组数。

钻眼时间:

$$t_1 + t_2 = \frac{NL}{mv} \tag{4.4}$$

式中 L——炮眼平均深度,m;

m——同时工作的凿岩机台数;

v——凿岩机的实际平均钻速,m/min。

将以上各项时间代入式(4.1)得

$$T = T_1 + \frac{SL\eta K}{np} + \varphi\frac{NL}{mv} + \frac{Nt}{A} + T_4 + T_5 \tag{4.5}$$

不难看出,炮眼深度值直接影响循环进尺和掘进速度。最优的炮眼深度应使掘进每米巷道所需时间最少,设备利用率最高,每米巷道成本最低。

将总时间 T 与一个小班的时间进行对比,大致得出一个小班可完成的正规循环次数。过去在大断面巷道施工时,可能出现两个小班甚至一个圆班(指一整天)才能完成一个正规循环的情况,目前因掘进、装运、支护工序的机械化发展,多个小班完成一个循环的情况已不复存在。在实际工作中,各工序时间不能太紧张,通常会留有一定的富余量。单循环时间应当被一个小班的时间整除。循环次数确定以后,以各工序计算出来的时间为参考,将富余的时间摊到相应的工序,对各工序时间重新加以调整。

通过以上的计算和调整,便可着手编制循环作业图表。需要指出的是,编制出来的正规循环作业图表,还要接受实践的检验,必要时应根据现场实际情况予以修改调整。

3.2 正规循环作业图表编制示例

某矿第二水平南运输大巷布置在 f 系数为 8~10 的石灰岩岩层中。巷道设计断面为半圆拱形,掘进断面 8.56 m²,喷浆支护。采用钻爆法施工,YT-29 型风动凿岩机打眼,P-30B 型耙斗机装岩。掘进工作面共布置炮眼 45 个,其中上部眼 17 个,下部眼 28 个(空眼 1 个)。矿井为"三八"工作制。

试根据月(30 d)成巷 140 m 的任务要求,确定作业方式,并编制正规循环作业图表。

1)作业方式
因巷道围岩稳定,采用光面爆破、全断面一次成巷作业方式。

2)确定循环进尺
为完成月成巷 140 m 的任务,月正规循环率按 80% 考虑,月计划进尺需按 180 m 安排。为此日进度为 6 m,班进度 2 m,每小班完成一个循环,单循环时间 8 h,循环进度为 2.0 m。

3)验算循环时间
通过调查及查表得到以下数据:

炮眼利用率 η 取 0.9,由此炮眼平均深度 $L = 2.0/0.9 = 2.2$ m。P-30B 型装岩机生产率(破碎后的岩石)P 取 35 m³/h,岩石碎胀系数 K 取 1.6。YT-29 型风动凿岩机平均钻速 v 取 0.4 m/min,共 3 台(2 台使用,1 台备用)。

根据工作面技术装备及工人技术情况,采用的作业顺序是:站在矸石堆上打上部炮眼→装岩→打下部炮眼→装药连线→放炮通风→喷浆支护。

取 $T_1 = 30$ min、$T_4 = 30$ min。

(1)打上部炮眼时间

$$t_1 = \frac{N_1 L}{mv} = \frac{17 \times 2.2}{2 \times 0.4} = 47(\text{min})$$

(2)装岩时间

$$T_2 = \frac{SL\eta K}{P} = \frac{8.56 \times 2.2 \times 0.9 \times 1.6}{35/60} = 47(\text{min})$$

(3)打下部炮眼时间

$$t_2 = \frac{N_2 L}{mv} = \frac{28 \times 2.2}{2 \times 0.4} = 77(\text{min})$$

（4）装药连线时间

$$T_3 = \frac{Nt}{A} = \frac{44 \times 1.5}{3} = 22(\min)$$

（5）喷浆支护时间

打眼、装岩与支护工序顺序作业，喷浆支护准备与施工时间 T_5 取 50 min。

根据以上数据，得出完成一个循环需要的时间

$$\begin{aligned}
T &= T_1 + T_2 + \varphi(T_1 + T_2) + T_3 + T_4 + T_5 \\
&= 30 + 47 + 1 \times (47 + 77) + 22 + 30 + 50 \\
&= 303(\min) < 480(\min)
\end{aligned}$$

富余时间：$480 - 303 = 177$ min。

结合现场实际情况，将富余时间摊入相应工序：

打上部眼时间 t_1 由 47 min 调增为 70 min，装岩调车时间 T_2 由 47 min 调增为 100 min，打下部眼时间由 77 min 调增为 110 min，装药连线时间由 22 min 调增为 40 min，另增加临时轨道铺设、管线和风筒延接等辅助工序时间 50 min，凑成 480 min。

4）编制正规循环作业图表

根据以上作业顺序和各工序所需时间，绘制南运输大巷施工的正规循环作业图表（表 4.2）。

表 4.2　正规循环作业图表

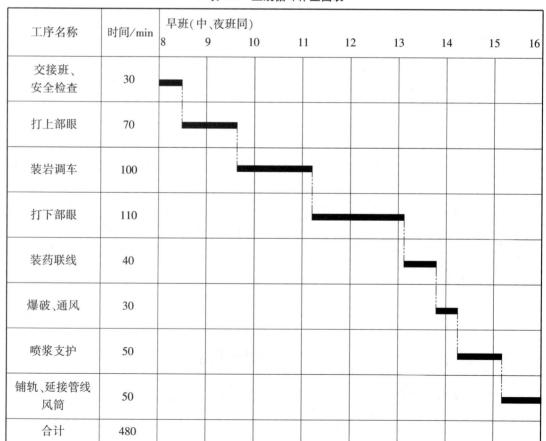

工序名称	时间/min	早班（中、夜班同）
交接班、安全检查	30	
打上部眼	70	
装岩调车	100	
打下部眼	110	
装药联线	40	
爆破、通风	30	
喷浆支护	50	
铺轨、延接管线风筒	50	
合计	480	

4　掘进技术管理与安全生产标准化

巷道施工作业环境相对复杂,掘进前方可能存在未知风险,因此,瓦斯、透水等重特大安全事故多发生在掘进工作面。为贯彻党和国家关于"人民至上""生命至上"的理念,必须通过强化技术措施管理、严格隐患排查治理、持续提升工程质量等手段,控制掘进工作面安全风险,降低掘进工作面事故发生率,减少人员伤亡和财产损失。

4.1　掘进工作面作业规程

煤矿三大规程分别是《煤矿安全规程》《作业规程》《操作规程》。《煤矿安全规程》由国务院相关管理部门制定并颁布实施,对煤炭行业的生产、安全和技术工作做出明确而详细的规定;《作业规程》《操作规程》由矿井分别针对采掘工作面和各工种岗位制定,《作业规程》是采掘工作面技术管理的根本依据。

采矿专业工程技术人员必须熟悉《煤矿安全规程》的主要内容,并能熟练编制采掘工作面《作业规程》。

采掘工作面作业规程的格式,煤炭行业没有统一的要求,但各矿业公司大多有统一的格式要求。

掘进工作面作业规程的主要内容见表4.3。

表4.3　掘进工作面作业规程主要内容

目录	主要内容
工程概况	巷道位置、用途、工程量、断面形状与尺寸、工程结构特点、施工条件,与其他巷道的关系等
地质、水文地质条件	巷道所处的层位或穿过的煤(岩)层,地质构造,巷道顶底板岩层名称、性质、硬度,围岩节理、裂隙发育程度,涌水量,瓦斯等有害气体及煤层自然发火、煤尘爆炸指数情况
生产安全系统	运输、提升系统,通风系统,瓦斯防治系统,防灭火系统,压风及压风自救系统,供水及防尘、消防系统,供电系统,排水系统,通信信号系统,安全监控系统等
施工方法	根据巷道设计及地质条件,选用先进合理、切实可行的工艺技术方案,破、装、运、支各主要工序尽可能平行作业,做到一次成巷
劳动组织、正规循环作业和技术经济指标	工作制度,各工种及现场管理人员配备方案,循环进度、循环时间、循环次数、单进、工效、材料消耗、正规循环率等主要技术经济指标
安全技术措施	瓦斯防治措施、局部通风管理措施、防灭火措施、防治水措施、爆破安全措施、顶板管理措施、机电管理措施、提升运输安全措施、职业危害防治措施、工程质量标准及质量保证措施等
附表	施工进度计划表、爆破说明书、支护说明书、劳动组织表、设备配备表、主要技术经济指标表

续表

目录	主要内容
附图	巷道平面布置图、地层综合柱状图、井上下对照图、巷道断面设计图、炮眼布置图或煤岩切割轨迹图、支护断面图、通风系统图、供电系统图、工作面设备布置图、通信信号系统图、监测监控系统图、运输与排水系统图、正规循环作业图表、避灾路线图

4.2 掘进安全生产标准化

煤矿质量标准化建设工作始于 20 世纪 80 年代初期,对促进矿井安全生产、规范企业管理行为起到了积极作用。最近几年,由质量标准化演进而成的安全生产标准化成为矿井的一项重要基础工作,按要求矿井必须设立专门机构具体承担日常检查、资料整理、评分评级等职责。2020 年,国家煤矿安全监察局颁布了《煤矿安全生产标准化管理体系考核定级办法》和《煤矿安全生产标准化管理体系基本要求及评分方法》两个试行文件,明确煤矿安全生产标准化管理体系包括 8 个要素,即理念目标、组织机构、安全生产责任制及安全管理制度、从业人员素质、安全风险分级管控、事故隐患排查治理、质量控制、持续改进。在质量控制环节对井工煤矿考核通风、地质灾害防治与测量、采煤、掘进、机电、运输、调度和应急管理、职业病危害防治和地面设施 8 项专业内容。

各项分值设定和权重系数见表 4.4。

表 4.4 井工煤矿安全生产标准化管理体系评分权重表

序号	管理要素		标准分值	权重(a_i)
1	理念目标		100	0.03
2	组织机构		100	0.03
3	安全生产责任制及安全管理制度		100	0.03
4	从业人员素质		100	0.06
5	安全风险分级管控		100	0.15
6	事故隐患排查治理		100	0.15
7	质量控制	通风	100	0.10
		地质灾害防治与测量	100	0.08
		采煤	100	0.07
		掘进	100	0.07
		机电	100	0.06
		运输	100	0.05
		调度和应急管理	100	0.04
		职业病危害防治和地面设施	100	0.03
8	持续改进		100	0.05

掘进专业安全生产标准化具体要求和评分办法内容如下：

1）工作要求

（1）生产组织

①煤巷、半煤岩巷宜采用综合机械化掘进，综合机械化程度不低于50%，并持续提高机械化程度。

②掘进作业应组织正规循环作业，按循环作业图表进行施工。

③采用机械化装运煤（矸），人工运输材料距离不超过300 m。

④掘进队伍工种配备满足作业要求。

（2）设备管理

①掘进机械设备完好，装载设备照明、保护及其他防护装置且齐全可靠，使用正常。

②运输系统设备配置合理，无制约因素。

③运输设备完好整洁，附件齐全、运转正常，电气保护齐全可靠；减速器与电动机实现软启动或软连接。

④运输机头、机尾固定牢固，行人处设过桥。

⑤轨道运输各种安全设施齐全可靠。

（3）技术保障

①有矿压观测、分析、预报制度。

②按地质及水文地质预报采取针对性措施。

③坚持"有疑必探，先探后掘"的原则。

④掘进工作面设计、作业规程编制审批符合要求，贯彻记录齐全；地质条件等发生变化时，对作业规程及时进行修改或补充安全技术措施。

⑤作业场所有规范的施工图牌板。

（4）工程质量与安全

①建立工程质量考核验收制度，验收记录齐全。

②规格质量、内在质量、附属工程质量、工程观感质量符合《煤矿井巷工程质量验收规范》（GB 50213—2010）要求。

③巷道支护材料规格、品种、强度等符合设计要求。

④掘进工作面控顶距符合作业规程要求，杜绝空顶作业；临时支护符合规定，安全设施齐全可靠。

⑤无失修的巷道。

（5）职工素质及岗位规范

①严格执行本岗位安全生产责任制。

②管理人员、技术人员掌握相关的岗位职责、管理制度、技术措施，作业人员掌握本岗位相应的操作规程和安全措施。

③现场作业人员操作规范，无"三违"行为，作业前进行岗位安全风险辨识及安全确认。

（6）文明生产

①作业场所卫生整洁。工具、材料等分类、集中放置整齐，有标志牌。

②设备设施保持完好状态。

③巷道中有醒目的里程标志。

④转载点、休息地点、车场、图牌板及硐室等场所有照明。

（7）发展提升

加强掘进工作面锚杆锚固质量检测,采用无损检测技术;鼓励装备智能化综合掘进系统。

2）评分方法

（1）重大事故隐患评分

存在重大事故隐患的,本部分不得分。

（2）掘进工作面评分

按表4.5评分,总分为100分。按照所检查存在的问题进行扣分,各小项分数扣完为止。项目内容中有缺项时按下式进行折算:

$$A_i = \frac{100}{100 - B_i} \times C_i \tag{4.6}$$

式中　A_i——掘进工作面实得分数;

　　　B_i——掘进工作面缺项标准分数;

　　　C_i——掘进工作面检查得分数。

（3）掘进部分评分

按照所检查各掘进工作面的平均考核得分作为掘进部分标准化得分,按下式进行计算:

$$A = \frac{1}{n} \sum_{i=1}^{n} A_i \tag{4.7}$$

式中　A——煤矿掘进部分安全生产标准化得分;

　　　n——检查的掘进工作面个数;

　　　A_i——检查的掘进工作面得分。

（4）附加项评分

符合要求的得分,不符合要求的不得分也不扣分。附加项得分计入本部分总得分。

表4.5　煤矿掘进标准化评分表

项目	项目内容	基本要求	标准分值	评分方法	得分
一、生产组织（5分）	机械化程度	1.煤巷、半煤岩巷综合机械化程度不低于50% 2.条件适宜的岩巷宜采用综合机械化掘进 3.采用机械装、运煤（矸） 4.材料、设备采用机械运输,人工运料距离不超过300 m	2	查现场和资料。煤巷、半煤岩巷综合机械化程度不符合要求、没有采用机械化装运煤（矸）不得分,条件适宜的岩巷没有采用综掘的扣0.1分,人工运料距离超过规定每增加20 m扣0.1分	
	劳动组织	1.掘进作业应按循环作业图表施工 2.完成考核周期内进尺计划 3.掘进队伍工种配备满足作业要求	3	查现场和资料。不符合要求1项扣1分	

项目	项目内容	基本要求	标准分值	评分方法	得分
二、设备管理（15分）	掘进机械	1. 掘进施工机（工）具完好，激光指向仪、工程质量验收使用的器具（仪表）完好精准 2. 掘进机械设备完好，截割部运行时人员不在截割臂下停留和穿越，机身与煤（岩）壁之间不站人；综掘机铲板前方和截割臂附近无人时方可启动，停止工作和交接班时按要求停放综掘机，将切割头落地，并切断电源；移动电缆有吊挂、拖曳、收放、防拔脱装置，并且完好；掘进机、掘锚一体机、连续采煤机、梭车、锚杆钻车装设甲烷断电仪或者便携式甲烷检测报警仪 3. 使用掘进机、掘锚一体机、连续采煤机掘进时，开机、退机、调机时发出报警信号，设备非操作侧设有急停按钮（连续采煤机除外），有前照明和尾灯；内外喷雾使用正常 4. 安装机载照明的掘进机后配套设备（如锚杆钻车等）启动前开启照明 5. 耙斗装岩机装设有封闭式金属挡绳栏和防耙斗出槽的护栏，固定钢丝绳滑轮的锚桩及其孔深和牢固程度符合作业规程规定，机身和尾轮应固定牢靠；上山施工倾角大于20°时，在司机前方设有护身柱或挡板，并在耙斗装岩机前增设固定装置；在斜巷中使用耙斗装岩机时有防止机身下滑的措施；耙斗装岩机距工作面的距离符合作业规程规定；耙斗装岩机作业时有照明 6. 掘进机械设备有管理台账和检修维修记录	8	查现场和资料。掘进机械设备不完好或综掘机运行时有人员在截割臂下停留和穿越、机身与煤（岩）壁之间站人不得分；其他不符合要求1处扣1分	
	运输系统	1. 后运配套系统设备设施能力匹配 2. 运输设备完好，电气保护齐全可靠，行人跨越处应设过桥 3. 刮板输送机、带式输送机减速器与电动机实现软启动或软连接，液力偶合器不使用可燃性传动介质（调速型液力偶合器不受此限），使用合格的易熔塞和防爆片；开关上架，电气设备不被淋水；机头、机尾固定牢固	7	查现场和资料。不符合要求1处扣1分	

续表

项目	项目内容	基本要求	标准分值	评分方法	得分
二、设备管理（15分）	运输系统	4.带式输送机胶带阻燃和抗静电性能符合规定，有防打滑、防跑偏、防堆煤、防撕裂等保护装置，装设温度、烟雾监测装置和自动洒水装置；机头、机尾应有安全防护设施；机头处有消防设施；连续运输系统安设有连锁、闭锁控制装置，机头、机尾及全线安设通信和信号装置，安设间距不超过200 m；采用集中综合智能控制方式；上运时装设防逆转装置和制动装置，下运时装设软制动装置且装设有防超速保护装置；大于16°的斜巷中使用带式输送机设置防护网，并采取防止物料下滑、滚落等安全措施；机头尾处设置有扫煤器；支架编号管理；托辊齐全、运转正常 5.轨道运输设备安设符合要求，制动可靠，声光信号齐全；轨道铺设符合要求；钢丝绳及其使用符合《煤矿安全规程》要求；其他辅助运输设备符合规定			
三、技术保障（10分）	监测控制	1.煤巷、半煤岩巷锚杆、锚索支护巷道进行顶板离层观测，并填写记录牌板；进行围岩观测并分析、预报，根据预报调整支护设计并实施 2.根据地质及水文地质预报制定安全技术措施，落实到位 3.做到有疑必探，先探后掘	2	查现场和资料。1项不符合要求不得分	
	现场图牌板	作业场所安设巷道平面布置图、施工断面图、炮眼布置图、爆破说明书（或断面截割轨迹图）、正规循环作业图表、避灾路线图、临时支护图，图牌板内容齐全、图文清晰、正确、保护完好，安设位置便于观看	3	查现场。不符合要求1处扣1分	
	规程措施	1.作业规程编制、审批符合要求，矿总工程师至少每两个月组织对作业规程及贯彻实施情况进行复审，且有复审意见；当设计、工艺、支护参数、地质及水文地质条件等发生较大变化时，及时修改完善作业规程或补充安全措施并组织实施 2.作业规程中明确巷道施工工艺、掘进循环进尺、临时支护与永久支护的形式和支护参数、距掘进工作面的距离等，并制订防止冒顶、片帮的安全措施 3.巷道有经审批符合要求的设计，巷道开掘、贯通前组织现场会审并制订专项安全措施 4.过采空区、老巷、断层、破碎带和岩性突变地带应有针对性措施，加强支护	5	查现场和资料。无设计或作业规程、审批手续不合格或无措施施工的扣5分，其他不符合要求1处扣1分	

续表

项目	项目内容	基本要求	标准分值	评分方法	得分
四、工程质量与安全（50分）	保障机制	1.建立工程质量考核验收制度,各种检查有现场记录 2.有班组检查验收记录	5	查现场和资料。班组无工程质量检查验收记录不得分,其他不符合要求1处扣0.5分	
	安全管控	1.永久支护距掘进工作面距离符合作业规程规定 2.执行敲帮问顶制度,无空顶作业,空帮距离符合作业规程规定 3.临时支护形式、数量、安装质量符合作业规程要求 4.架棚支护棚间装设有牢固的撑杆或拉杆,可缩性金属支架应用金属拉杆,距掘进工作面10 m内架棚支护爆破前进行加固 5.无失修巷道,各种安全设施齐全可靠 6.压风、供水系统压力等符合施工要求 7.掘进机装备机载支护装置	10	查现场。出现空顶作业不得分,不按规程、措施施工1处扣3分,其他不符合要求1处扣1分	
	规格质量	巷道净宽偏差符合以下要求:锚网(索)、锚喷、钢架喷射混凝土巷道有中线的0~100 mm,无中线的−50~200 mm;刚性支架、预制混凝土块、钢筋混凝土弧板、钢筋混凝土巷道有中线的0~50 mm,无中线的−30~80 mm;可缩性支架巷道有中线的0~100 mm,无中线的−50~100 mm	12	查现场。取不少于3个检查点现场检查,测点不符合要求但不影响安全使用的1处扣0.5分,影响安全使用的扣3分	
		巷道净高偏差符合以下要求:锚网背(索)、锚喷巷道有腰线的0~100 mm,无腰线的−50~200 mm;刚性支架巷道有腰线的−30~50 mm,无腰线的−30~50 mm;钢架喷射混凝土、可缩性支架巷道−30~100 mm;裸体巷道有腰线的0~150 mm,无腰线的−30~200 mm;预制混凝土、钢筋混凝土弧板、钢筋混凝土有腰线的0~50 mm,无腰线的−30~80 mm		查现场。取不少于3个检查点检查,测点不符合要求但不影响安全使用的1处扣0.5分,影响安全使用的1处扣3分	
		有坡度要求的巷道,坡度偏差不得超过±1‰		查现场。取不少于3个检查点检查,不符合要求1处扣1分	
		巷道水沟偏差应符合以下要求:中线至内沿距离−50~50 mm,腰线至上沿距离−20~20 mm,深度、宽度−30~30 mm,壁厚−10 mm		查现场。取不少于3个检查点现场检查,不符合要求1处扣0.5分	

续表

项目	项目内容	基本要求	标准分值	评分方法	得分
四、工程质量与安全	内在质量	锚喷巷道喷层厚度不低于设计值90%（现场每25m打一组观测孔,一组观测孔至少3个且均匀布置）,喷射混凝土的强度符合设计要求,基础深度不小于设计值的90%	13	查现场和资料。未检查喷射混凝土强度扣6分,无观测孔扣2分,喷层厚度不符合要求1处扣1分,其他不符合要求1处0.5分	
		光面爆破眼痕率符合以下要求:硬岩不小于80%、中硬岩不小于50%、软岩周边成型符合设计轮廓;煤巷、半煤岩巷道超(欠)挖不超过3处(直径大于500 mm,深度:顶大于250 mm、帮大于200 mm)		查现场和资料。没有进行眼痕检查扣3分,其他不符合要求1处扣0.5分	
		锚网索巷道锚杆(索)安装、扭矩、拉拔力、网的铺设连接符合设计要求,锚杆(索)的间排距偏差−100～100 mm,锚杆露出螺母长度10～50 mm(全螺纹锚杆10～100 mm),锚索露出锁具长度150～250 mm,锚杆与井巷轮廓线切线或与层理面、节理面、裂隙面垂直,最小不小于75°,预应力、拉拔力不小于设计值的90%		查现场。锚杆扭矩连续3个不符合要求扣5分,拉拔力不符合要求1处扣1分,其他不符合要求1处扣0.5分	
		刚性支架、钢架喷射混凝土、可缩性支架巷道偏差符合以下要求:支架间距不大于50 mm、梁水平度不大于40 mm/m、支架梁扭矩不大于50 mm、立柱斜度不大于1°,水平巷道支架前倾后仰不大于1°,柱窝深度不小于设计值;撑(或拉)杆、垫板、背板的位置、数量、安设形式符合要求;倾斜巷道每增加5°～8°,支架迎山角增加1°		查现场。按表8.4-2取不少于3个检查点现场检查,不符合要求1处扣0.5分	
	材料质量	1.各种支架及其构件、配件的材质、规格,以及背板和充填材质、规格符合设计要求 2.锚杆(索)的杆体及配件、网、锚固剂、喷浆材料等材质、品种、规格、强度等符合设计要求	10	查现场和资料。现场使用不合格材料不得分,其他不符合要求1处扣1分	

项目	项目内容	基本要求	标准分值	评分方法	得分
五、职工素质及岗位规范（10分）	管理技术人员	区(队)管理和技术人员掌握相关的岗位职责、管理制度、技术措施	2	查现场和资料。对照岗位职责、管理制度和技术措施，随机抽考1名管理或技术人员2个问题，1个问题回答错误扣1分	
	作业人员	班组长及现场作业人员严格执行本岗位安全生产责任制；掌握本岗位相应的操作规程、安全措施；规范操作，无"三违"行为；作业前进行岗位安全风险辨识及安全确认；零星工程有针对性措施，有管理人员跟班	8	查现场。发现"三违"不得分，对照岗位安全生产责任制、操作规程和安全措施随机抽考2名岗位人员各1个问题，1人回答错误扣2分；随机抽查2名特种作业人员或岗位人员现场实操，不执行岗位责任制、不规范操作或不进行岗位安全风险辨识及安全确认1人扣2分；其他不符合要求1处扣1分	
六、文明生产（10分）	灯光照明	转载点、休息地点、车场、图牌板及硐室等场所照明符合要求	3	查现场。不符合要求1处扣0.5分	
	作业环境	1.现场整洁，无积尘、浮渣、淤泥、积水、杂物等，设备清洁，物料分类、集中码放整齐，管线吊挂规范 2.材料、设备标志牌齐全、清晰、准确，设备摆放、物料码放与胶带、轨道等留有足够的安全间隙 3.巷道至少每100 m设置醒目的里程标志	7	查现场。不符合要求1处扣0.5分	
附加项（2分）	无损检测	掘进工作面采用锚杆锚固质量无损检测技术	1	查现场和资料。符合要求得1分	
	智能化	采用智能化综合掘进系统	1	查现场。符合要求得1分	
得分合计：					

【思考与练习】

1. 何谓一次成巷? 一次成巷具有哪些优点?

2. 按照掘进与永久支护的相互关系,一次成巷有哪几种作业方式? 分别适用于什么条件?

3. 综合掘进队有何优势?

4. 什么是正规循环作业? 正规循环作业图表的编制应考虑哪些因素?

5. 根据给定的条件选择作业方式、计算循环时间并绘制正规循环作业图表。

6. 简述掘进作业规程的主要内容。

第 5 章
岩石平巷施工

1 岩石平巷施工工艺

1.1 岩石平巷施工特点

岩石平巷指近水平的全岩巷道,通常是担负全矿井或采(盘)区通风、运输、排水等任务的开拓巷道或准备巷道,相对煤与半煤岩巷道一般具有以下特点:

①设计断面较大,且多为拱形。

②破碎对象的硬度更大(软岩除外)。

③破岩相对困难而支护相对容易(易膨胀软岩除外)。

1.2 岩石平巷施工工艺选择

1.2.1 钻爆法施工工艺适用条件

钻爆法对地质条件适应性强、破岩成本低,适用于坚硬岩石巷道和大断面硐室的掘进施工。钻爆法施工需要合理进行炮眼布置,优化爆破参数设计,同时组织好钻眼、装岩、运输、支护四个主要工序的机械化作业配套与平行作业问题,加快巷道施工速度,提高掘进单进和工效。

1.2.2 机掘法施工工艺适用条件

全岩巷道施工从钻爆法到机掘法的发展,是近年来煤矿掘进工艺技术的重大进步。在硬度系数 $f<10$ 或长度较短的岩石平巷可采用大功率局部断面掘进机施工,在硬度系数 $f>10$ 且长度较大的岩石巷道,可采用全断面岩巷掘进机施工。

机掘法施工可加快矿井开拓巷道的掘进速度,为矿井治理瓦斯、地压等灾害提供超前的时间与空间,为后续准备巷道施工和采煤工作面布置创造有利条件。

2 钻爆法施工岩石平巷

2.1 炮眼布置方式

2.1.1 炮眼的分类及作用

井巷钻眼爆破掘进时,通常将炮眼分为三类,即掏槽眼、辅助眼和周边眼。

掏槽眼用于爆破形成新的自由面,为整个巷道爆破提供有利条件;辅助眼用来进一步扩大掏槽眼形成的自由面,同时也是破碎岩石的主要炮眼;周边眼又称轮廓眼,按其所在位置又分为顶眼、帮眼和底眼,主要用途是使爆破后的巷道断面、形状和方向符合设计要求。

2.1.2 炮眼布置方式

1)掏槽眼布置

掏槽眼的作用是在工作面原有一个自由面的基础上崩出第二个自由面,为其他炮眼的爆破创造有利条件。掏槽效果的好坏对循环进度起着决定性的作用。

掏槽眼一般布置在巷道断面中央靠近底板处,利于打眼时掌握方向,并有利于其他多数炮眼能借着岩石的自重崩落。在掘进断面中如果存在显著易爆的软弱岩层时,应将掏槽眼布置在这些软岩岩层中。由于掏槽眼受围岩夹制作用,一般爆破效果在80%左右,因而掏槽眼的深度要比其他炮眼深200~300 mm。

按照掏槽眼的方向可分为斜眼掏槽、直眼掏槽和混合掏槽。

(1)斜眼掏槽

斜眼掏槽时各炮眼与巷道中线和工作面水平方向成一角度。其优点是:掏槽体积较大,能将掏槽内的岩石全部抛出,形成有效的自由面,掏槽效果容易保证,眼位容易掌握。其缺点是:斜眼掏槽深度受巷道宽度限制,不适用于深孔爆破,多台钻机作业时,互相干扰。若角度和装药量掌握不好,往往影响爆破效果,容易崩倒支架和崩坏设备;抛掷距离较大,爆破分散,不利于清道和装车等。在现在技术装备和掘进断面大于 4 m^2 的各类巷道,2 m 以内浅眼爆破应用比较普遍,在装备凿岩台车的大断面巷道中,斜眼掏槽已逐渐被直眼掏槽和混合掏槽所取代。

目前常用的斜眼掏槽方式有单斜掏槽、扇形掏槽、锥形掏槽和楔形掏槽。其中楔形掏槽使用范围比较广泛,适用于各类岩石及中等以上断面。

①单斜掏槽。炮眼布置如图 5.1 所示。眼数一般为 1~3 个,眼距为 0.3~0.6 m,与工作面的平面夹角为 50°~75°,眼深为 0.8~1.5 m,装药满度系数(装药长度与炮眼长度比值)为 0.5 左右,适用于中硬及较软的岩层。

②扇形掏槽。如图 5.2 所示,掏槽眼一般为 3~5 个,眼距为 0.3~0.6 m,眼深为 1.3~2.0 m,装药满度系数为 0.5 左右,各槽眼利用多段延期电雷管依次起爆。适用于软岩层中有弱面可利用的巷道。

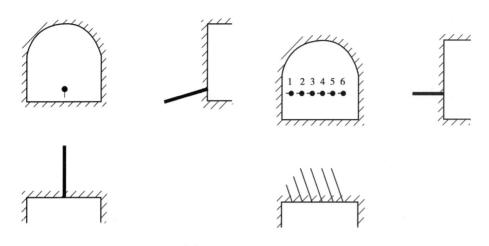

图 5.1　单斜眼掏槽炮眼布置图　　　　图 5.2　扇形掏槽炮眼布置图

③锥形掏槽。如图 5.3 所示,锥形掏槽可分为三眼或四眼掏槽,眼数一般为 3 ~ 6 个,多为 4 个。眼口左右间距一般为 0.8 ~ 1.2 m,上下间距为 0.6 ~ 1.0 m,与工作面夹角为 55° ~ 70°,眼底间距为 0.1 ~ 0.2 m,眼深应小于巷道高或宽的 1/2,各掏槽眼同时起爆。

锥形掏槽由于槽眼方向不易掌握,钻眼工作不方便,眼深受到限制,在目前巷道掘进中应用较少。

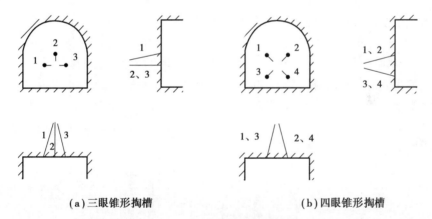

（a）三眼锥形掏槽　　　　　　　（b）四眼锥形掏槽

图 5.3　锥形掏槽炮眼布置图

④楔形掏槽。楔形掏槽和锥形掏槽一样,根据眼底集中装药,爆破成抛掷漏斗的原理,集中装药在眼底面一条直线。槽眼为对称布置,分水平楔形掏槽和垂直楔形掏槽,如图 5.4 所示。

垂直楔形掏槽眼口间距为 1.0 ~ 1.4 m,眼底间距为 0.2 ~ 0.3 m,排距一般为 0.3 ~ 0.5 m,眼数一般为 4 ~ 6 个,槽眼角度一般为 60° ~ 70°,槽眼深度一般为巷道宽度的 1/3,装药满度系数一般为 0.7。垂直楔形掏槽因受巷道宽度限制,深度较浅,如欲加深,可采用复式楔形掏槽,由内楔和外楔组成,由内向外分段起爆。

楔形掏槽由于钻眼技术比锥形简单,易于掌握,故适用于任何岩石。因此,在岩巷掘进中使用较广泛。

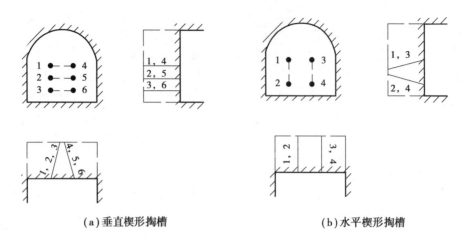

(a)垂直楔形掏槽　　　　　　　　　　(b)水平楔形掏槽

图5.4　楔形掏槽炮眼布置图

（2）直眼掏槽

直眼掏槽是指所有掏槽眼的方向均垂直于巷道工作面,布置方式简单,槽眼的深度不受巷道断面限制,便于进行深孔爆破。其优点是:掏槽眼相互平行,便于实现多台钻机平行作业和采用凿岩台车作业;岩石块度均匀,抛掷距离较近,爆堆集中,便于清道装岩;不易崩坏支架和设备。其缺点是:所需掏槽眼数目和炸药消耗量偏多,掏槽体积小,掏槽效果不如斜眼掏槽。

通常情况下要留有不装药的空眼,作为掏槽眼爆破时的自由面和破碎岩石的膨胀空间。直眼掏槽面积（包括辅助掏槽眼）占巷道总断面的 5% ~10%,楔形掏槽面积占巷道总断面10% ~20%,掏槽眼比其他眼加深 10% ~25%,装药系数也应比其他炮眼大。

直眼掏槽方式有:直线掏槽、菱形掏槽、角柱掏槽、五星掏槽和螺旋掏槽等。

①直线掏槽。如图5.5所示,炮眼间距0.1~0.2 m,处于一条直线上,掏槽面积小,适用于整体性好的韧性岩石和较小的巷道断面,尤其适用于工作面有较软夹层或接触带相交的情况。

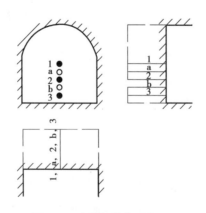

图5.5　直线掏槽炮眼布置

1、2、3—装药眼,a、b—空眼

②菱形掏槽。菱形掏槽利用毫秒电雷管分两段起爆,距离小的一对先起爆,距离大的一对后起爆,装药满度系数为 0.7~0.8,这种掏槽方式简单,易于掌握,适用于各种岩层条件,效

果较好。

如图5.6(a)所示,图中的中心眼为不装药的空眼,各眼间距随岩石性质不同而不同。一般在普氏硬度f为4~6的页岩或砂岩中取a为150 mm,b为200 mm。在f为6~8的中硬岩石中取a为100~130 mm,取b为170~200 mm。在坚硬岩石中,为了保证掏槽效果,可将中心一个空眼改为相距100 mm左右的两个空眼,如图5.6(b)所示。

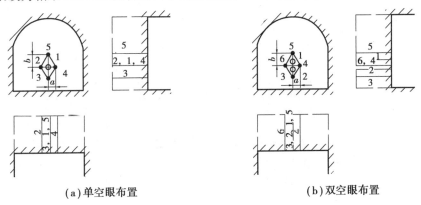

(a)单空眼布置　　　　　　　　(b)双空眼布置

图5.6　菱形掏槽法炮眼布置

③三角柱掏槽法。如图5.7所示,三角柱掏槽法用于中硬以上岩层中小断面巷道。掏槽眼一般用两段毫秒电雷管起爆,眼距一般为100~300 mm。

(a)单空眼布置　　　(b)三空眼布置　　　(c)四空眼布置

图5.7　三角柱掏槽炮眼布置

1、2、3—装药炮眼;4、5、6、7—空眼

④五星掏槽。如图5.8所示,五星掏槽法掏槽效果比较可靠,中心眼装药,在其四周对称地布置四个空心眼,用毫秒电雷管起爆时,起爆顺序为:1号眼为1段,2—5号眼为2段,装药满度系数为0.7~0.8。各眼之间的距离,在软岩层中$a \leqslant 200$ mm,b取250~300mm。在中硬岩层中a取150~160 mm,b取220~280 mm。这种掏槽方法在深眼和坚硬岩石中都较可靠,适用于井下各种条件。

⑤螺旋掏槽。如图5.9所示,螺旋掏槽以中空眼为中心,周边布置四个掏槽眼,逐个加大距离,形成螺旋。在1、2、3号眼连线中间各加一个空眼,作为自由面为以防炸药压死。适用于中硬以上岩石,是较好的直眼掏槽方式之一,为了提高掏槽效果,可以适当加大中空眼的直径。

直眼掏槽施工应注意的问题:

①空眼和装药眼的间距不能过大,最好不超过破碎圈的范围。当用等直径空眼时,此距离一般是炮眼直径的2~4倍,用大直径空眼时,眼距不宜超过空眼直径的两倍。

②空眼数目对掏槽成败也起很大作用。增加空眼数目能获得良好的效果,一般随眼深和槽腔体积的增大,空眼数目也要相应增加。

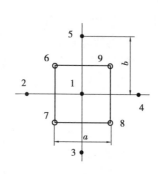

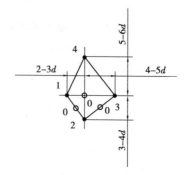

图 5.8　五星掏槽布置　　　图 5.9　螺旋式掏槽法布置图
1、2、3、4、5—装药眼;6、7、8、9—空心眼　　　d—炮眼直径

③直眼掏槽一般都是过量装药,装药长度占全眼长的 70% ~80%,若装药长度不够,则易发生留岩埂现象。眼深在 3 m 以上时,炸药在眼内传爆过程中有爆速衰减现象,最后可能产生爆炸不完全和拒爆,严重影响掏槽效果。解决办法有:采用高威力炸药以增大传爆长度,或改善装药结构,如利用装药器来装散药或将起爆药卷置于所有药卷的中部来起爆等。

(3)混合式掏槽

在断面较大、岩石较硬的巷道中,为了弥补直眼掏槽在抛渣和掏槽槽腔较小等方面的不足,采用直眼与斜眼混合掏槽方式可起到较好的效果。斜眼作垂直楔状布置,布置在直眼外侧,斜眼与工作面的夹角为 75° ~85°,眼底与直眼相距约 0.2 m,斜眼要尽量朝向槽腔方向布置,斜眼装药系数为 0.4 ~0.5,直眼装药系数为 0.7 左右,如图 5.10 所示。

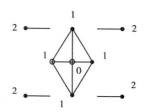

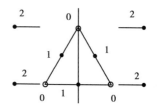

图 5.10　混合式掏槽

2)辅助眼布置

辅助眼(又称崩落眼)是布置在掏槽眼和周边眼之间的炮眼。它是大量崩落岩石和刷大断面的主要炮眼。其布置原则应当充分利用掏槽所创造的自由面,最大限度地爆破岩石。辅助眼间距一般为 500 ~700 mm,方向基本垂直工作面,要布置得比较均匀,使崩下的岩块大小和堆积距离都便于装岩。采用光面爆破时必须为靠近周边眼的崩落眼创造条件,使其爆破后,周边眼有最好的预留光面层,使留下的岩层厚度恰好等于周边眼的抵抗线,以确保周边眼的光爆效果。

3)周边眼布置

周边眼的布置是控制巷道成型好坏的关键。按照光面爆破的要求,其眼口中心都应布置在巷道设计掘进断面的轮廓线上,为便于打眼,通常向外(或向上)偏斜一定角度。偏斜角又称外甩角,一般为 3° ~5°,眼底落在设计轮廓线外不超过 100 mm。

周边眼还包括底眼。底眼的作用主要是控制巷道底板标高以及抛掷已破碎的岩石。一般底眼眼口应高出底板水平 150 mm 左右以防灌水,眼底要向下倾斜,可扎到底板标高以下 200 mm 左右,以防漂底。

2.1.3　炮眼布置要求与原则

1)炮眼布置要求

合理的炮眼布置应能满足下列要求:

①爆破后巷道断面符合设计要求,光面爆破要求局部超挖不得大于 300 mm,不得欠挖。

②爆破块度均匀,大小符合装岩要求,爆破后岩石块度不大于 300 mm,以利于提高装岩生产率。

③爆破后围岩震裂要小,飞石距离小,不会损坏支架或其他设备,利于支护。

④爆破单位岩石所需炸药和雷管消耗量要低。

⑤便于打眼,钻眼工作量要小,并尽可能减少钻眼机械和设备的移动。

⑥炮眼利用率大于 85%。

2)炮眼布置原则

①工作面上各类炮眼布置是"抓两头,带中间"。即先选择掏槽方式和掏槽眼位置,其次布置好周边眼,最后根据断面大小布置辅助眼。

②掏槽眼通常布置在断面的中央偏下,并考虑使辅助眼的布置较为均匀和减少崩坏支护及其他设施的可能。

③周边眼一般布置在巷道断面轮廓线上,顶眼和帮眼按光面爆破的要求,各炮眼相互平行,眼底落在同一平面上。

④辅助眼均匀布置在掏槽眼和周边眼之间,以掏槽眼形成的槽腔作为新自由面层层布置。

⑤为降低爆堆高度,给打眼和装岩平行作业创造条件,可减少底眼间距和最小抵抗线,增大单眼装药量,并使底眼最后起爆,将爆破的岩石抛离工作面。

2.2　爆破参数确定与爆破图表绘制

2.2.1　爆破参数确定

在钻爆法施工中,主要的爆破参数有单位炸药消耗量、炮眼直径、炮眼深度、炮眼间距、炮眼数目等。合理确定这些参数才能取得良好的爆破效果。对于这些参数的确定,国内外有多种计算方法,但由于影响爆破效果的因素很多,计算数据不一定符合实际情况,通常可采用工程类比法或通过实地试验来确定具体情况下的爆破参数。

1)确定单位炸药消耗量

单位炸药消耗量是指爆破 1 m³ 原岩所需的炸药质量,也就是工作面一次爆破所需的总炸药量与工作面一次爆下的实体岩石总体积之比。通常用 q 来表示,单位为 kg/m³。其数值决定得正确与否,会直接影响到岩石块度的大小、钻眼工作量与装岩工作量、巷道周边轮廓的整齐和稳定的程度、炮眼利用率以及巷道造价等。

影响炸药消耗量的因素有岩石性质、巷道断面尺寸、自由面的位置与数目、炮眼的装药结构、炮眼的直径和深度以及炸药的性能等。一般说来,岩石越坚固、巷道断面积越小、炮眼直径越小、炮眼越深、炸药的爆破性能越差,炸药消耗量越高;反之,炸药消耗量就相应降低。

到目前为止,还没有事前精确计算单位炸药消耗量的方法。但在实际工作中,可根据合理布置的炮眼的总数,按照各类炮眼不同的爆破作用、所需的装药量和装药系数,合理地分配每个炮眼的装药量。

一般地,掏槽眼的装药系数为0.7~0.8,辅助眼为0.5~0.7,周边眼为0.4~0.6,光面爆破眼一般为0.2~0.4。在实际工作中,装药系数还应视岩石条件、炸药性质和炮眼直径等因素而定。

(1)计算单位炸药消耗量

依据各个炮眼的实际装药量统计出工作面的总装药量,再根据每循环的实际进度,即可计算出单位实体岩石的单位炸药消耗量。然后根据实际爆破效果,还要不断修改,更为切合实际。单位炸药消耗量计算式:

$$q = \frac{Q}{SL\eta} \qquad (5.1)$$

式中 q——单位体积岩石的炸药消耗量,kg/m³;

   S——井巷掘进断面积,m²;

   L——平均炮眼深度,m;

   η——炮眼利用率,一般为80%~95%;

   Q——循环炸药消耗量,kg。

(2)查表法选择单位炸药消耗量

根据施工现场提供的资料进行统计,岩石巷道爆破的炸药消耗量可参考表5.1。

表5.1　单位体积岩石的炸药消耗量　　　　　　　　　　　　　单位:kg/m³

巷道断面/m²	架棚或砌碹巷		光爆锚喷巷			
	软岩 $f=2~3$	中硬岩 $f=4~6$	软岩	中硬岩	硬岩 $f=8~10$	坚硬岩 $f=10~20$
<6	1.32~2.70	1.92~3.54	1.58~3.64	2.32~4.35	3.26~4.61	4.08~6.18
6~8	1.15~2.33	1.65~2.97	1.56~3.15	1.80~3.26	2.64~3.59	3.30~4.81
8~10	1.02~2.10	1.42~2.71	1.27~2.53	1.79~3.10	2.55~3.15	3.19~4.22
10~12	0.95~1.96	1.26~2.37	1.26~2.42	1.72~2.94	2.31~2.94	2.89~3.94
12~15	0.85~1.76	1.25~2.36	1.15~2.41	1.55~2.66	2.11~2.97	2.64~3.98
>15	0.77~1.60	1.20~2.30	1.13~2.39	1.43~2.56	1.99~2.93	2.49~3.93

2)确定炮眼直径

①炮眼直径是根据炸药药卷直径来确定的。目前国内巷道掘进均采用直径32 mm、35 mm两种药卷,炮眼直径比药卷直径一般大4~6 mm,所以目前的炮眼直径多采用36~41 mm。

②在生产实践中,大断面岩巷掘进时,若使用凿岩台车和高效率凿岩机,可采用35~45 mm

的大直径药卷来进行爆破,以提高爆破利用率和降低爆破材料消耗,炮眼直径为 39～51 mm。另外,在断面较小、岩石坚硬的巷道或使用高威力炸药时,25～32 mm 的小直径药卷也可取得较好的爆破效果,炮眼直径为 29～38 mm。

3)确定炮眼深度

炮眼深度和炮眼长度不同,它是指炮眼眼底到工作面的垂直距离。影响炮眼深度的主要因素有巷道断面尺寸和掏槽方法、岩石的物理力学性质、钻眼设备、劳动组织与循环作业方式。

(1)衡量炮眼深度是否合理的主要依据

①炮眼利用率高。

②钻眼和掘进速度快。

③巷道掘进成本低。

(2)如何合理确定炮眼深度

①合理的炮眼深度应与具体施工条件相适应。目前常用的气腿式轻型凿岩机,钻眼深度一般不超过 3 m。当钻眼深度超过 3 m 时,由于钎子质量的增加,其克服钎子弹性变形的冲击功增大,同时,眼子深度的增加,其排粉也较为困难,使眼孔壁阻力增大,能量消耗增加,有用功相应减少,结果导致钻眼速度显著下降。尤其在坚硬岩石中,炮眼深度更不宜超过 3 m。若采用凿岩台车配备重型凿岩机,则炮眼深度在 3 m 以上较为有利。当组织钻眼和装岩平行作业时,炮眼深度就要适中,眼深过大时,矸石堆满工作面空间,钻眼工作无法与装岩平行或者很少平行,眼深太小,则矸石量小,钻装作业平行时间很短,其实际意义不大。一般装岩生产率是随眼深的增加而提高的,这在大断面巷道中尤为显著。另外,掘进的辅助工序作业时间(如准备工作、放炮、检查等)一般与眼深的增大而变化不大。故在一定的辅助时间内加大眼深对掘进速度是很有利的。故此,必须综合考虑这些因素来确定合理的炮眼深度。

②合理的炮眼深度必须保证较高的爆破效率。要想提高炮眼的利用率,除岩石条件和合理的炮眼布置外,还与炮眼的质量和爆破材料、装药结构等有密切关系。如果炮眼深度太大,在现有钻眼设备条件下,操作人员不熟练可能造成钻眼质量尤其是掏槽眼的质量难以保证,会直接影响爆破效果,降低炮眼利用率。

③合理的深度应尽可能使每班能够完成整数循环。如果每班能够完成整数循环,这样每班的工作任务明确,便于施工组织管理,有利于实现正规循环作业。眼深与循环时间的确定必须和现有技术装备水平和施工条件密切结合,在合理的炮眼深度范围内,力争达到每班多循环,以加快掘进速度。

从爆破理论分析,采用中深孔(孔深大于 2.0 m)爆破最为合理。但我国浅孔(孔深为 1～2 m)多循环在一定时期取得了较好的成绩。从近年发展趋势来看,炮眼平均深度逐渐由浅孔向中深孔发展。

4)确定炮眼数目

(1)合理确定炮眼数目的总体要求

炮眼布置数目是否合理需要通过实践检验,其评价标准大体如下:

①有较高的炮眼利用率。

②爆破后岩石的块度适中。

③爆破后巷道成形较好。

（2）炮眼数目在实践中的确定

①按选择的掏槽眼布置方式确定掏槽眼数目。

②按周边眼眼距要求确定周边眼的数目。

（3）计算炮眼总数

炮眼总数按下式计算：

$$N=\frac{qsmp}{ar} \tag{5.2}$$

式中　　q——单位炸药消耗量，kg/m^3，按矿井实际或类似矿井平均数来确定；

　　　　s——巷道掘进断面积，m^2；

　　　　p——炮眼平均利用率，%；

　　　　m——每个药卷的长度，m；

　　　　a——炮眼平均装药系数，按矿井或类似矿井实测数据来确定；

　　　　r——每个药卷的质量，$kg/$个；

　　　　N——循环炮眼总数，个。

（4）计算辅助眼数量

根据以上计算的炮眼总数，扣除掏槽眼和周边眼的数量后即为辅助眼的数量。

施工过程中应依据实际的爆破效果，对炮眼间距、数量进行调整。

2.2.2　爆破图表编制

爆破图表是在选择确定各种爆破参数的基础上编制的钻眼爆破技术文件。其作用一是指导生产实践，二是规范员工的操作行为。实践中，爆破图表的各项参数随井下生产实际的变化不断调整、不断优化。爆破参数的合理性和经济性没有"最优"，只有"更优"。

爆破图表包括巷道掘进炮眼布置图和爆破说明书两部分内容。下面以某矿茅口灰岩运输大巷钻爆法施工为例介绍爆破图表的编制方法。

1）爆破图表编制的基本程序

①调查原始条件。

②选用钻眼工具和爆破材料。

③确定掏槽方式。

④确定爆破参数。

⑤编制初步爆破图表。

⑥按爆破图表的相关参数组织施工。

⑦收集施工过程中的相关数据，进行分析和调整。

⑧优化爆破参数，编制爆破图表。

2）绘制原始条件表

根据矿井现有的条件收集掘进工作面的各项原始数据并按表5.2格式列表。

表 5.2　爆破原始条件表

序号	名称	规格型号	单位	数量
1	巷道掘进断面		m²	8.56
2	巷道净断面		m²	
3	岩石硬度系数	f		8~10
4	钻眼工具	YT-29 风动凿岩机	台	2
5	装岩设备	耙斗装岩机	台	1
6	运岩设备	机车+1 吨固定矿车	辆	1+7
7	工作面瓦斯情况			无
8	炸药	2 号乳化炸药 $\phi 32 \times 190$		
9	雷管	毫秒延期数码电雷管		
10	掏槽方式			直眼
11	炮眼深度		m	2.2
12	炮眼直径		mm	38
13	光面爆破形式	预留光爆层		
14	炮眼数目		个	45
15	雷管数目		个	44
16	总装药量		kg	34.05

3）预期爆破效果

预期爆破效果各项指标见表 5.3。

表 5.3　预期爆破效果表

序号	名称	单位	数量	备 注
1	炮眼利用率	%	90	
2	循环进尺	m	2.0	
3	每循环爆破实体岩石量	m³	17.12	
4	炸药消耗量	kg/m³	1.99	
5	每米巷道炸药消耗量	kg/m	17.03	
6	每循环炮眼总长度	m	100	
7	雷管消耗量	个/m³	2.57	
8	每米巷道雷管消耗量	个/m	22.0	

4）编制爆破说明书

编制爆破说明书时应先根据前文的介绍计算爆破参数,与绘制炮眼布置图配套进行。具体见表 5.4。

表5.4　爆破说明书

炮眼名称	眼号	眼数/个	炮眼深度/m	装药量/kg 单孔 卷数	装药量/kg 单孔 质量	装药量/kg 小计 卷数	装药量/kg 小计 质量	起爆顺序	连线方式	装药结构
空眼	1	1	2.4	0			0			
掏槽眼	2~5	4	2.4	8	1.20	32	4.80	Ⅰ		
一圈辅助眼	6~11	6	2.2	6	0.90	36	5.40	Ⅱ		
二圈辅助眼	12~22	11	2.2	6	0.90	66	9.90	Ⅲ	串联	连续反向装药
帮眼	31~32 44~45	4	2.2	3	0.45	12	1.80	Ⅳ		
顶部眼	33~43	11	2.2	3	0.45	33	4.95	Ⅳ		
底眼	23~29	7	2.2	6	0.90	42	6.30	Ⅴ		
水沟眼	30	1	2.2	6	0.90	6	0.90	Ⅴ		
合计		45				227	34.05			

5)绘制炮眼布置图

图5.11为该运输大巷炮眼布置的三视图。其绘制的具体步骤如下:

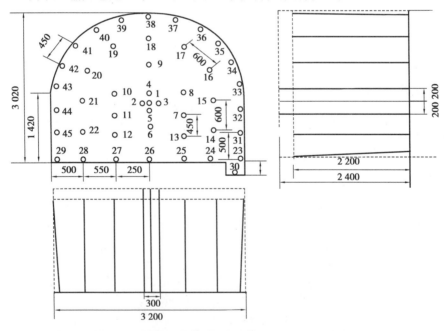

图5.11　掘进工作面炮眼布置图

①根据设计断面绘制出巷道轮廓线。

②绘制出巷道中心线和拱基线。

③根据爆破参数计算的结果绘制掏槽眼在平面图、俯视图和侧视图上的布置。

④按同样的方法绘制出周边眼和水沟眼的布置。

⑤按同样的方法绘制出辅助眼的布置。

⑥检查绘出的炮眼布置图是否合理、均匀,如有不合理处再作适当的调整。

⑦按计算的爆破参数标注出相关的眼距、眼深、巷宽、巷高等参数。

2.3 岩巷钻装运机械化作业线选择

岩巷钻爆法掘进的钻眼和装岩两个工序在正规循环中所占的时间达到 60% ~ 70% ,减少这两个工序的时间对于加快掘进施工速度会产生显著的效果。钻爆法施工是间隙作业方式,与之配套的也多为周期动作的运输设备。

下面介绍三种常用的岩石平巷钻爆法施工机械化配套作业线。

2.3.1 钻装锚机组+胶带转载机+矿车

该作业线适用于大中型断面的岩石巷道钻爆法施工。

钻装机是在扒臂装岩机上加装钻臂,在钻臂上安装液压凿岩机或导轨式风动凿岩机钻眼。钻装机上还可以加装锚杆打眼机,实现钻、装、锚一体化作业,如图 5.12 所示。

图 5.12 岩巷掘进钻装锚机组外形图

钻眼爆破后,钻装机的扒臂将爆破的岩石扒进刮板输送机,刮板机后方配套一台胶带转载机,多个矿车在胶带车载机下方连续装岩后由机车牵引运出。

2.3.2 液压凿岩台车+铲斗装岩机+矿车

该作业线配套履带行走的双臂或三臂液压凿岩台车(图 5.13)、侧卸式铲斗装岩机,适用于倾角小于 15°的中、大断面岩石巷道钻爆法施工。

图 5.13 双臂式液压凿岩台车外形图

液压凿岩台车的每只钻臂上安装一台液压凿岩机,按炮眼布置图设计的眼位钻眼。有的台车上还安装了锚杆打眼机,可在钻炮眼的同时钻凿巷道顶、帮锚杆眼。钻眼工作完成后台车退出工作面,实施装药连线爆破,然后侧卸式铲斗装岩机进入工作面,将爆破的岩石装入矿车,由机车牵引运出工作面。

2.3.3 风动凿岩机+耙斗装岩机+胶带转载机+矿车

该作业线适用于中小断面的岩石巷道钻爆法施工。

使用2-3台风动凿岩机同时钻眼,钻眼工作完成实施爆破作业,然后开动耙斗装岩机装岩,在耙斗装岩机后方设置一台胶带转载机,可实现多个矿车连续装车。

2.4 岩巷支护方式选择

全岩巷道一般服务时间较长,在选择巷道层位时应尽可能避免布置在松软、破碎的不稳定岩层中,同时应尽可能减小采动应力影响,以降低支护工作难度,保证后期正常使用。

全岩巷道断面形状多为拱形,无论是炮掘还是机掘工艺,支护方式大多为锚喷,支护形式可参照表5.5进行选择。

表5.5　全岩巷道围岩类别与锚喷支护形式对照表

巷道类别	稳定情况	基本支护形式	备注
Ⅰ	非常稳定	喷射水泥砂浆	
Ⅱ	稳定	顶板完整:喷射薄层混凝土	
		顶板较完整:单体锚杆+喷射薄层混凝土	端锚
Ⅲ	中等稳定	压力较大,顶板较完整:锚杆+喷射混凝土	加长锚固或全长锚固
		压力较大,顶板较破碎:锚杆+金属网+喷射混凝土	
		压力很大,顶板破碎:锚杆+金属网+锚索+喷射混凝土	

3　机掘法施工岩石平巷

3.1 局部断面岩巷掘进机配套作业线

我国在吸收、借鉴国外掘进机先进设计理念和制造技术基础上,研制开发了EBZ-300、EBH-300、EBH-315、EBZ-318、EBH-350等大功率岩巷掘进机(图5.14),为煤矿岩石巷道的快速掘进提供了较为成熟的装备,主要技术性能达到国际同类产品的先进水平。

下面介绍两种常见的岩巷机掘作业线。

图 5.14　EBH 悬臂横轴式大功率掘进机

3.1.1　大功率掘进机+可伸缩双向胶带输送机作业线

大功率掘进机截割下来的岩石经装运机构、桥式转载机、可伸缩双向胶带输送机再卸至其他运输设备上,胶带输送机的上胶带向外运送矸石的同时,下胶带能向工作面运送各种材料,形成一个连续运输系统。为减少延接胶带的辅助时间,胶带可储存 100 m 的长度。掘进工作面延长胶带输送机的方法如图 5.15(a)所示;掘进机在工作面向前掘进到桥式转载机的最大搭接长度以后,掘进机后退使其尾部与可伸缩胶带输送机尾部连接,同时将可伸缩胶带输送机的外段胶带输送机尾部与中间架部分的连接装置脱开,如图 5.15(b)所示;通过掘进机前移,将外段胶带输送机机尾部拖前 12 ~ 15 m,如图 5.15(c)所示,然后在预留的间隔空间中进行中间架的组装工作。

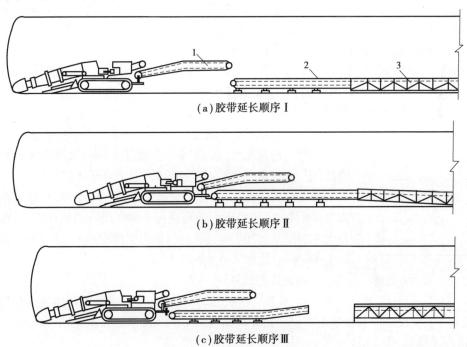

(a)胶带延长顺序Ⅰ

(b)胶带延长顺序Ⅱ

(c)胶带延长顺序Ⅲ

图 5.15　伸缩式胶带输送机延长方法

1—桥式转载机;2—外段胶带输送机尾部;3—可伸缩胶带输送机的中间架

这种机械化作业线可充分发挥掘进机的生产效率,截割、装载、运输能力大,掘进速度快,胶带延长速度快(每延长12 m胶带仅需30 min),并可利用伸缩胶带延接时间进行工作面永久支护,有效利用掘进循环时间。该机械化作业线主要适用于长度大于500 m的连续掘进的岩石巷道。

3.1.2 悬臂式掘进机+梭式矿车机械化作业线

该作业线由悬臂式掘进机、梭式矿车、电机车等组成。掘进机切割下来的岩石经装载机构、胶带转载机卸入梭式矿车,然后通过梭式矿车车厢底板上刮板输送机逐渐运向后部,直至均匀装满梭车,然后由电机车牵引至卸载地点。该机械化作业线不能连续作业,掘进机效率不能充分发挥,因此,它适用于装卸地点相距较近的岩石巷道。

3.1.3 岩巷掘进机工程应用实例

1)掘进工作面概况

某矿北区带式输送机大巷为直墙半圆拱形断面,巷道掘进宽度为5 700 mm,掘进高度为5 070 mm,掘进净断面积26.4 m²。采用EBH-315型悬臂式掘进机掘进,掘进巷道为全岩断面,岩石为砂岩,硬度系数 f 为8～10,瓦斯含量低。采用临时支护和永久支护:①临时支护初喷厚度30～50 mm的C20混凝土,掘进机截割岩石完毕后,初喷紧跟迎头,在可靠临时支护的掩护下出矸、挂网、打设锚杆;当顶板破碎时使用前探梁加初喷方式,前探梁端面距离工作面不大于0.3 m。②巷道永久支护方式为锚网索喷支护。锚杆采用 ϕ22 mm×2 500 mm钢制高强度锚杆,锚杆间排距为800 mm×800 mm,锚杆托盘为高强度碟形托盘,规格200 mm×200 mm×10 mm,每根锚杆端头采用2支MSZ2850树脂锚固剂锚固,锚杆尾部绑扎长200 mm的8#铁丝标出锚杆位置;金属网为 ϕ6圆钢条焊制,网格150 mm×100 mm,规格1 200 mm×2 000 mm,网间搭接100 mm,每隔200 mm用长200 mm的8#铁丝双股绑扎;锚索采用高强度预应力锚索,规格 ϕ17.8 mm×6 300 mm,锚索间排距按2 000 mm×2 000mm布置,托盘规格为300 mm×300 mm×16 mm的碟形托盘,每根锚索端头采用3支MSZ2350树脂锚固剂。

2)劳动组织与循环方式

矿井工作制度为"三八"制,三班掘进、支护,机电大班和早班维护,中、夜班由小班机电工维护,采取正规循环作业。

掘进机大循环施工:截割前最大空顶距离≤300 mm,截割后最大空顶距离≤2 300 mm,循环进尺2 000 mm;小循环施工:截割前最大空顶距离≤300 mm,截割后最大空顶距离≤1 300 mm,循环进尺1 000 mm,截割轨迹见图5.16。

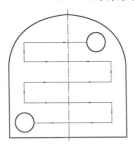

图5.16 截割轨迹图

3)掘进工艺流程

中班、夜班:交接班安全检查→校对中线后画出巷道轮廓线→截割迎头→安全检查→初喷临时支护→出矸→锚网索支护→检修综掘机、验收质量→复喷→检查、清理工作面。

早班:交接班安全检查→机电检修→校对中线后画出巷道轮廓线→截割迎头→安全检查→初喷临时支护→出矸→锚网索支护→检修综掘机、验收质量→复喷→检查、清理工作面。

4）运输方式

工作面迎头岩石经 EBH-315 型悬臂式掘进机截割→装载机构铲装矸石→刮板输送机→胶带转载机→带式输送机→1#矸仓→主井→地面。

工作面布置见图 5.17。

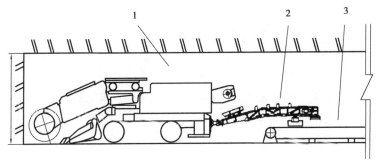

图 5.17　工作面布置图

1—EBH315 掘进机;2—胶带转载机;3—带式输送机

5）应用效果

月单进达到炮掘的两倍,巷道成型明显改善,劳动强度大大降低。

3.2　岩巷全断面掘进机作业线

全断面岩巷掘进机是集破岩、装运、支护等工序于一体的自动化程度较高的施工工艺和装备系统。与传统的钻爆法相比,具有快速、高效、安全可靠、施工质量好、对围岩的扰动小等优点。煤矿全断面硬岩掘进机(TBM)的应用,是煤矿掘进工艺技术的重大进步。

3.2.1　全断面岩巷掘进机作业方式

全断面岩巷掘进机破碎的岩石,经主带式输送机、斜带式输送机、胶带转载机装入胶带输送机或矿车。

当采用锚喷支护时,主机上配备锚杆钻机,在掘进的同时可以打眼和安装锚杆,在距离工作面 20 m 的地方进行喷射混凝土作业。当采用金属拱形支架时,该机上配备的环形支架安装机也可以在掘进破岩的同时安装支架。不论采用哪种支护方式,都可以与掘进破岩平行作业,支护所需要的时间均小于掘进破岩时间,可大大缩短循环时间,提高成巷效率,实现快速掘进。

3.2.2　工程应用实例

1）工程概况

重庆能投渝新能源有限公司打通一煤矿+140 m 水平南二区 301 瓦斯巷总工程量为 890 m,施工区域为灰—深灰色厚层块状致密坚硬茅口灰岩,具方解石石脉,节理、裂隙、岩溶发育,局部含瓦斯。

2）施工设备

采用 EQH2800 全断面硬岩掘进机组掘进。

3）运输系统

（1）运输机械

采用 EQH2800 全断面硬岩掘进机配套的 SJD-65 胶带输送机、除渣机以及螺旋上料机排矸，至运输大巷后采用 5 t 蓄电池机车牵引 2 m³ 侧卸式矿车运输。

（2）排矸工序

矸石→刀盘→一运螺旋→二运胶带输送机→固定胶带输送机→螺旋上料机→除渣机（筛选矸石，浆水排入沉淀池）→转载胶带输送机→南二区矸仓。

（3）排浆工序

沉淀池泥浆→泥浆泵（泥浆泵配合 ϕ100 铁管运输）→压滤机（压滤后滤饼采用矿车运输，清水经 ϕ200 的回水管排进清水池）。

4）工艺流程

（1）施工工序

安全检查及隐患处理→探眼施工→切割岩石、装运矸石→处理安全隐患→永久支护→钉道、延接胶带输送机、浆粉压滤、检修→文明生产、质量验收。

（2）操作顺序

①启动顺序：启动转载胶带输送机→启动除砂机→启动螺旋上料机→启动胶带输送机→启动二运胶带输送机→启动油泵→启动喷雾泵→启动一运马达→启动刀盘制动闸→启动刀盘正向→启动刀盘→刀盘进给。

②停机顺序：关闭刀盘进给→关闭刀盘启动→关闭刀盘正向→关闭刀盘制动闸→关闭一运马达→关闭二运、转载胶带输送机→关闭螺旋上料机→关闭除砂机→关闭喷雾泵→关闭油泵电机。

5）工作制度和循环方式

（1）工作制度

采用"三八"工作制。

（2）循环方式

全断面机掘法施工，循环进度 1 m。每天早班检修，施工超前探孔；中班和夜班作业，每班完成 8 个循环，每天 16 个循环。正规循环作业图表见表 5.6。

表 5.6　正规循环作业图表

工序	时间 (分钟)	早班								中班								夜班							
		6	7	8	9	10	11	12	13	14	15	16	17	18	19	20	21	22	23	24	1	2	3	4	5
进班检查	30																								
检修、延胶带输送机	440																								
打孔	440																								
推进	440																								
出矸	440																								
交接班	10																								

6）劳动组织

根据掘进方式和工作制度、循环方式，按每班组各工种的实际需要进行人员组织，劳动组织见表5.7。

表5.7 劳动组织表

工种名称	早班	中班	夜班	合计	工作职责
班长	1	1	1	3	负责当班安全及生产任务的完成
安全员	1	1	1	3	负责监督当班的隐患整改及安全工作
检修工	6	2	2	10	负责掘进机和各类设备检修、确保掘进机及配套设备使用正常
掘进机司机	0	2	2	4	负责当班硬岩掘进机的操作
水泵司机	0	1	1	2	负责当班各类泵机操作
运输工	2	3	3	8	负责当班运输工作
钻工	3	0	0	3	负责当班超前探孔施工
钉道工	3	0	0	3	负责当班钉道、接管子
绞车司机	2	0	0	2	负责当班各类绞车的操作使用
质检员	1	1	1	3	负责当班进尺、工程质量的验收工作
合计	19	11	11	41	

7）应用情况

①巷道成形好，围岩震动小。

②人员劳动强度低。

③施工速度快，小时最大进尺1.8 m，小班最大进尺13.2 m，日最大进尺24.7 m，月单进达到420 m。

【思考与练习】

1.简述钻爆法施工的炮眼分类与作用。

2.简述掏槽眼的主要类型与适用条件。

3.分析影响爆破效果的主要因素。

4.根据给定的岩石巷道条件确定炮眼布置方式，计算炸药与雷管单位消耗量，编制预期爆破效果表、爆破说明书，绘制炮眼布置图。

5.简述岩石巷道钻装运机械化作业线的主要配套方案及适用条件。

6.简述不同围岩条件下的岩石巷道可选择的支护形式。

7.简述岩石巷道大功率局部断面掘进机作业线的主要配套设备和适用条件。

8.简述全断面硬岩掘进机的特点和适用条件。

第6章
煤与半煤岩巷道施工

1 煤与半煤岩巷道施工工艺

1.1 煤与半煤岩巷道施工特点

煤与半煤岩巷道施工与全岩巷道施工比较有以下特点：

①破岩相对容易,支护相对困难。

②工作面受瓦斯威胁较大。

③可能有煤尘爆炸和煤层自然发火危险。

④可能受老窑或采空区积水威胁。

⑤通风和运输相对比较复杂。

⑥受煤层褶曲起伏和断层影响,施工时须根据安全原则和后期生产过程的使用要求确定巷道方向,以免造成过多的无效进尺。

1.2 煤与半煤岩巷道施工工艺选择

南方地区部分矿井井型小、煤层薄,半煤岩巷道仍习惯采用钻爆法施工;除倾角较大的斜巷外,国内大多数煤矿的煤与半煤岩巷道均采用机掘法施工。

对于倾角18°以下的煤与半煤岩巷道,重点推广使用局部断面掘进机;对于有条件的全煤巷道,可以使用全断面煤巷掘进机或连续采煤机。

2 钻爆法施工煤与半煤岩巷道

煤与半煤岩巷道钻爆施工方法与岩石巷道施工方法基本相同,主要差异在半煤岩巷道破岩位置选择、掏槽眼位置选择和煤岩装运方式、支护方式等方面。

2.1　炮眼布置方式

2.1.1　全煤巷道的炮眼布置

1)掏槽眼布置

全煤巷道掏槽眼一般布置在工作面的中下部,多采用斜眼掏槽中的楔形和锥形掏槽。若煤层中有软分层,掏槽眼应布置在软分层中,可用扇形或半楔形掏槽;若炮眼深度>2.5 m,可采用复式掏槽。掏槽方法如图6.1 所示。

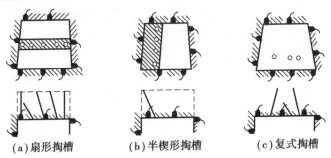

(a)扇形掏槽　　　　(b)半楔形掏槽　　　　(c)复式掏槽

图 6.1　煤巷掘进的掏槽方法

2)辅助眼布置

在掏槽眼和周边眼之间均匀布置。

3)周边眼布置

周边眼要与顶帮轮廓线保持适当的距离,一般硬煤为 150 ~ 200 mm;中硬煤为 200 ~ 250 mm;软煤为 250 ~ 400 mm;周边眼的间距与最小抵抗线的比值一般采用 1.1 ~ 1.3。

炮眼深度一般为 1.5 ~ 2.5 m;炮眼装药量比岩石巷道平均低 20% ~ 50%。

2.1.2　半煤岩巷道的炮眼布置

1)巷道破岩位置的选择

在薄煤层中掘进时,为了保持巷道的高度和坡度,必定有部分巷道断面位于岩层中,我们把这种情况称为挑顶或卧底煤岩巷,通常有挑顶、卧底、挑顶兼卧底 3 种方式,如图6.2 所示。

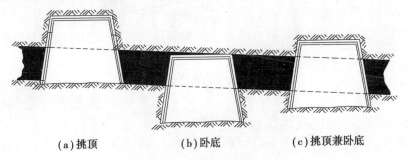

(a)挑顶　　　　　(b)卧底　　　　(c)挑顶兼卧底

图 6.2　半煤岩巷破岩位置示意图

（1）挑顶

以煤层底板为巷道底板，保持煤层底板的完整性，为满足巷道高度要求而爆破煤层部分顶板岩石的施工方式称为挑顶。

（2）卧底

以煤层顶板作为巷道顶板，保持煤层顶板的完整性，为满足巷道高度而爆破煤层部分底板岩石的施工方式称为卧底。

（3）挑顶兼卧底

既爆破煤层顶板岩石又爆破煤层底板岩石的施工方式称为挑顶兼卧底。

在半煤岩巷道施工中，应尽可能采用卧底的方式，以保持巷道顶板的完整性和稳定性；在厚煤层分层开采时，如上分层高度不足而其下需铺设假顶，则应采用挑顶的方式。

对于急倾斜煤层梯形断面的半煤岩巷道，为维护顶板的完整性，通常以煤层顶板作为巷道一侧的腰，另一侧下部采用爆破法（硬岩）或直接用风镐（软岩）破岩形成需要的断面。

实际上，为了保证巷道顺直和有一定坡度，上述挑顶、卧底或挑顶兼卧底的三种情况往往在一条巷道中都可能出现，甚至暂时脱离煤层进行全岩掘进的情况也是有的。但在煤层稳定的情况下，根据煤层倾角不同一般以图6.3所示的采石位置为宜。

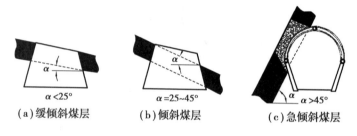

（a）缓倾斜煤层   （b）倾斜煤层   （c）急倾斜煤层

图6.3　煤层倾角不同时的采石位置

2）炮眼布置方式

由于煤比岩石的硬度小，掏槽眼一般都布置在煤层部分，采用斜眼掏槽，如图6.4所示。

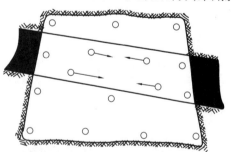

图6.4　半煤岩巷道炮眼布置

2.2　煤与半煤岩巷道钻装运作业

2.2.1　钻眼

煤巷和半煤岩巷的煤体部分一般采用煤电钻或风煤钻打眼。

半煤岩巷道在施工过程中,掘进所用的钻眼设备应尽量做到动力单一。半煤岩巷的岩体部分若比较松软,可以用煤电钻打眼;若岩体比较坚硬,可用岩石电钻打眼。

在有煤与瓦斯突出威胁的半煤岩巷道掘进时,煤体中应当使用风煤钻打眼而禁止使用风镐,避免因强烈震动诱发煤与瓦斯突出。

2.2.2　爆破与装运

1)煤巷爆破与装运

煤巷采用全断面一次爆破方式,爆破后的煤炭可采用蟹爪式装煤机或刮板转载机配套矿车进行装运。

2)半煤岩巷爆破与装运

(1)全断面一次掘进,煤、岩混合装运

当采用全断面一次掘进时,通常以煤层中的炮眼作掏槽眼,岩石中的炮眼装药量比煤体中炮眼的装药量多一些。这种方式工作组织简单,装运时间短,巷道掘进速度快,所出的混合煤矸若进入煤仓会增加商品煤灰分,卸入矸石山又损失了部分煤炭(如果煤层有自然发火倾向还会产生大气污染),因此这种方式主要适用于煤层薄、煤质差或煤层较厚但易分选的半煤岩巷。

(2)煤、岩分掘分运

采用煤、岩分掘分运方式时,一般采用煤层工作面超前岩石工作面的台阶施工法。当煤层厚度大于 1.2 m 时,岩石工作面可以钻垂直炮眼,这样钻眼和爆破效果较好,如图 6.5(a)、(b)所示。若煤层较薄,岩石工作面的炮眼应平行巷道轴线方向,如图 6.5(c)、(d)所示。具体选择哪一种施工方式,应根据矿井的采掘关系状况、煤质及经济效益情况等综合考虑决定。在贫煤或缺煤地区,为提高资源回收率,在半煤岩巷道通常采用分掘分运的施工方式。

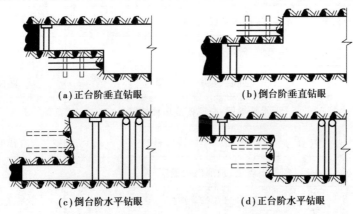

(a)正台阶垂直钻眼　　　　(b)倒台阶垂直钻眼

(c)倒台阶水平钻眼　　　　(d)正台阶水平钻眼

图 6.5　半煤岩巷掘进岩层台阶工作面施工法

半煤岩巷掘进煤岩分掘分运时,可使用小型耙斗装岩机先装运煤炭、后装运矸石。

注意在有瓦斯涌出的煤与半煤岩巷,不得使用钢丝绳牵引的耙斗装岩机。

为满足小断面煤巷装车的需要,可自制如图 6.6 所示的小型装煤转载机械。电溜子转载机上部是一个小型链板机改装成的溜子,下部是普通平板车,溜子的坡度可以调节,下边设有转盘可以水平转动溜槽,以适应不同方向装车的需要。

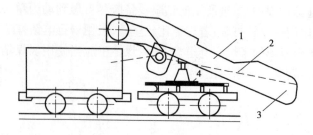

图 6.6　电溜子转载装机
1—短溜子;2—移动机体时短溜子翘起的部位;3—受煤部;4—转盘

2.3　煤与半煤岩巷支护方式选择

煤巷、半煤岩巷多为回采和准备巷道,过去传统的支护方式是架棚。20 世纪 70 年代以来,锚杆支护在煤及半煤岩巷道中逐步得到推广应用,并在此基础上逐步发展到锚网、钢带、锚索、桁架等联合支护方式。目前南方部分矿井仍然习惯采用架棚支护,相对而言北方矿井采用锚喷支护的比例较大。

对于近水平煤层的煤巷、半煤岩巷,可设计为矩形或梯形巷道断面,便于支护施工;对于倾斜、急倾斜煤层的煤与半煤岩巷,在满足使用条件的情况下可设计为异形多边形巷道,有利于维持巷道的稳定性。支护方式选择参见表 6.1。

表 6.1　采准巷道围岩状况与支护形式对照表

巷道顶底板稳定情况	基本支护形式	备注
稳定	近水平煤层:不支护	
	倾斜煤层:单腿棚	顶板侧不支护
	急倾斜煤层:无腿棚	两侧不支护
中等稳定	近水平煤层:金属棚或单体锚杆	端锚或加长锚固
	倾斜煤层:单体锚杆+网	
	急倾斜煤层:顶部桁架锚杆+帮锚杆	
不稳定	锚杆+网+锚索	加长锚固
极不稳定	顶板较完整:锚杆+网+金属可缩支架	加长锚固或全长锚固
	顶板较破碎:锚杆+网+喷射混凝土	
	底板膨胀:锚杆+金属网+环形可缩性支架	

3　机掘法施工煤与半煤岩巷道

3.1　煤与半煤岩巷局部断面机掘法

对煤巷、半煤岩巷道而言,局部断面机掘法可分为两类:一类是采用悬臂式掘进机组成的综掘作业线;另一类是采用连续采煤机组成的采掘作业线。

由于成煤时代和地质构造条件不同,不同矿井的煤层赋存条件存在差异,巷道围岩条件更是千差万别,如何提供及时支护、将切割煤岩与支护作业有机结合在一起,成为保证掘进施工安全、提高掘进施工质量和施工速度的关键,因此掘锚一体化快速掘进成巷技术及其设备应用在我国得到了快速发展。

3.1.1　局部断面掘进机配套作业线

局部断面掘进机配套作业线主要是指悬臂式掘进机与不同支护设备、运输设备配套组成的掘进作业线,下面介绍四种主要的配套作业线。

1)悬臂式掘进机+单体锚杆钻机+桥式转载机+带式输送机（或刮板输送机）作业线

该作业线在国内应用已有相当长的时间,工艺技术成熟,适应一般地质条件的巷道掘进与支护。掘锚不能平行作业,只能交替顺序作业,相对掘进效率低,劳动强度大。常用单体锚杆钻机如图 6.7 所示。

2)悬臂式掘进机+液压锚杆钻车+桥式转载机+带式输送机（或刮板输送机）作业线

图 6.7　单体锚杆钻机

该作业线适应于围岩较破碎的中、大断面巷道,掘进与支护工序交替作业,可实现顶、帮及时支护,国内应用广泛。液压锚杆钻车如图 6.8 所示。

图 6.8　液压锚杆钻车

3)悬臂式掘进机(机载双锚钻机)+桥式转载机+带式输送机(或刮板输送机)作业线

该作业线在掘进机上加装可水平移动的锚杆钻机,适应各种不同形状的大断面巷道,可实现工作面顶、帮及时支护,提高掘进支护效率,降低劳动强度,目前国内应用普遍。

机载式锚杆钻机可与掘进机平行作业,如图6.9所示。

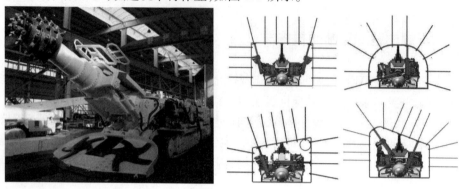

图6.9 机载锚杆钻机与局部断面掘进机施工示意图

4)悬臂式掘进机+单轨吊液压锚杆钻机+桥式转载机+带式输送机作业线

该作业线适应顶板较破碎、采用单轨吊进行辅助运输的长距离巷道施工,在单轨吊上运行的液压锚杆钻机既可打单轨吊的承载锚孔,也可打巷道顶、帮的锚孔,有效利用巷道空间,自动化程度高。单轨吊液压锚杆钻机如图6.10所示。

图6.10 单轨吊液压锚杆钻机

3.1.2 局部断面掘进机作业线应用实例

1)工程概况

某矿 15110 工作面回风巷位于 15 号煤层一采区北翼,煤层平均厚度 3.90 m,巷道设计长度为 2 803 m,矩形断面,掘进宽度 5.9 m,平均高度 3.9 m(巷道高度 3.8 m 至 4.6 m,低于 3.8 m 时需进行起底等工作,确保巷道高度不低于 3.8 m),掘进断面 23.01 m²,巷道净宽 5.7 m,巷道平均净高 3.8 m,净断面 21.66 m²。巷道平均坡度为 2.5°(坡度范围:2°~7°)。15110 回风巷顶板依次为细粒砂岩、泥岩,底板岩性依次为泥岩、细粒砂岩。设计采用锚网(索)+钢筋梯子梁联合支护,临时支护方式采用 CMM2-30 液压锚杆钻车自带的临时支护,操作临时支护升降手柄,对巷道顶板进行临时支护(初撑力≥20 kN),支护参数见表6.2。

表6.2 15110 回风巷掘进支护设计

名称	参数	名称	参数
锚杆长度	2 400 mm	锚杆直径(Φ)	22 mm
锚杆排距	1 100 mm	锚杆间距	900 mm
锚索直径(Φ)	21.80 mm	锚索排距	1 100 mm
锚索长度	8 300 mm	锚索间距	1 500/2 500 mm
帮锚杆长度	2 400 mm	帮锚杆直径(Φ)	22 mm
帮锚杆排距	1 100 mm	帮锚杆间距	1 100 mm
巷道布置	沿煤层顶底板布置		
断面形式	矩形断面		
支护方案	锚杆+金属网+钢筋托梁+锚索		

2)施工作业线设备配套方案

15110 工作面回风巷采用局部断面掘进机沿煤层顶底板掘进,锚网(索)联合支护。施工作业线配备 EBZ160 型悬臂式掘进机 1 台,CMM2-30 型液压锚杆钻车 1 台,ZQS-50/2.0 型帮锚钻机 2 台,DSJ80/40/2×40 型胶带转载机 1 台。

3)掘进工艺流程

安全检查→掘进机割煤→装煤、运煤→截割头落地→退机→闭锁开关(加护罩)→支护前安全确认→液压锚杆钻车开进(液压锚杆钻车停放在皮带人行侧距迎头 30～40 m 的区域)→临时支护(顶网铺设→钢筋托梁固定→临时接顶)→钻顶板中部锚杆孔→清孔→利用液压锚杆钻车钻机安装树脂药卷和顶锚杆→液压锚杆钻车钻机搅拌树脂药卷至规定时间→停止搅拌并等待 1 min 左右→拧紧螺母→从中间向煤帮依次安装顶板锚杆→两帮支护→进行下一循环。

4)掘进机切割顺序

掘进机从巷道底部进刀,从底部向顶部进行切割,掏好槽后开始破煤(岩)。割煤时,截割头按照截割运行轨迹示意图(图6.11)方向作业,顶板、左右帮上下摆动进行刷帮,使巷道成型达到设计要求,直至割完一个循环。若遇顶板较破碎时,掘进机截割头从巷道顶部向下截割。

5)装载及运输

综掘机割煤、装煤、出煤→综掘机二运→15110 回风巷胶带输送机。

6)临时支护

综掘机完成一个循环的切割,后退综掘机,敲帮问顶确认无安全隐患后,施工人员站在永久支护下,液压锚杆钻车临时支护梁端沿巷道中线垂直方向水平放置一块架板(长度 4.0 m,宽度 0.16 m,厚度 0.05 m)。先将金属网绑在机载临时支护上,并调整好位置(钢筋托梁提前按要求捆绑于金属网上)。随后液压锚杆钻车开进,距掘进工作面迎头 200～300 mm 的位置,并处在巷道跨度的中间;操作支腿阀手柄,放下两支腿,将钻车平稳固定后锚杆钻车司机通过操作机载临时支护装置控制手柄,升起临时支护,将金属网托起至距顶板 100~200 mm 位置后,通过手柄调整需要的角度和位置,调整完毕后松开操作手柄,使金属网和钢筋托梁处于设计位置。

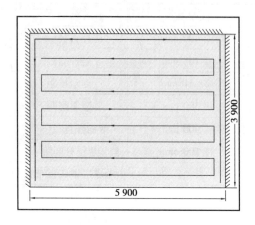

图 6.11　掘进机切割轨迹图

7)永久支护

永久支护操作顺序如下:

①打设顶锚杆时,两人一组。锚杆钻车司机将矿用液压钻车施工平台升起,并插入固定销,防止自动回落,人员掉落。锚杆钻车司机操作液压手臂,站在手臂两侧将钻杆插入臂内,升起液压手臂,将钻杆上升至固定位置,按照标定位置及设计角度采用 ϕ28 mm 钻头钻顶锚锚孔。孔深为 2 350±30 mm,并保证钻孔角度。钻头钻到预定孔深后下缩液压钻车钻臂,同时清孔、清除煤粉和泥浆。

②打眼完成后,利用锚杆杆体将树脂药卷(MSK2335,MSZ2360)轻推送到顶眼孔底。锚杆杆体套上托板及带上螺母,杆尾通过搅拌器与液压钻车钻臂连接,升起钻臂,用钻臂搅拌树脂药卷,搅拌过程连续进行。搅拌时间控制在 20~30 s,中途不得间断,使化学药剂充分与孔壁和杆体胶结凝固成一体,搅拌停止后,应等到锚固剂凝胶才能松开搅拌连接装置,利用钻机拧紧螺母,使锚杆具有一定扭矩力,使用气动扳手预紧合格之后再使用力矩扳手检测一遍,预紧力矩不小于 300 N·m。

③打设锚索时,两人一组站在钻臂两侧操作液压钻车,钻臂上配 B19 中空六方钻杆、ϕ28 mm 双翼钻头,按设计位置钻眼,孔深控制在(8 050±30)mm,并保证钻孔角度。钻头钻到预定孔深后下缩液压钻车钻臂,同时清孔、清除煤粉和泥浆。利用锚索将树脂药卷推送至眼底,先上 1 支 MSK2335,再上 2 支 MSZ2360 型药卷。将锚索下端搅拌器与操作液压钻车钻臂相连,开机搅拌;先慢后快,待锚索全部插入后,采用全速搅拌 10~15 s,然后停止搅拌,下缩操作液压钻车钻臂,卸下搅拌器。等待 15 min 后装上托板、锁具。随后使用张拉千斤对锚索进行张拉,张拉至设计预紧力 250 kN 之后卸下千斤顶。

④打设帮锚锚孔前必须敲帮问顶,撬掉活矸,确认无安全隐患后,两人一组操作气动手持式帮锚钻机按设计角度及位置打设帮眼,采用 ϕ28 mm 钻头,孔深为 2 350±30 mm。上部帮锚杆站在锚杆钻车操作平台上进行打眼,上部帮锚锚孔打设完成后,退出锚杆钻车,退至距工作

面迎头超过 10 m 后,进行停电闭锁,随后再次进行隐患排查确认无安全隐患后,继续施工剩余帮锚锚孔。

⑤安装帮锚杆时,先上 1 支 MSZ2360 型药卷和一支 MSK2335 型药卷锚固,搅拌时间控制在 20 ~ 30 s,中途不得间断,使化学药剂充分与孔壁和杆体胶结凝固成一体,搅拌停止后,应等到锚固剂凝胶后才能松开搅拌连接装置。利用钻机拧紧螺母,使锚杆具有一定扭矩力,之后使用力矩扳手再检测一遍,预紧力矩不小于 300 N·m。锚杆根据现场煤(岩)裂隙发育情况可滞后掘进头 1 排安装。

8)劳动组织与正规循环作业

(1)劳动组织表

15110 回风巷采用综合掘进方式作业,"三八"工作制。劳动组织见表 6.3。

表 6.3 劳动组织表

序号	工种	出勤人员			合计
		检修班	掘进一班	掘进二班	
1	跟班队干	1	1	1	3
2	班组长	1	1	1	3
3	掘进司机	2	2	2	6
4	皮带司机	1	1	1	3
5	电钳工、维护工	8	1	1	10
6	支护工	0	6	6	12
	合 计	13	12	12	37

(2)正规循环作业

15110 回风巷采用综掘机施工,一次成巷,每循环进尺 1 100 mm。割煤前,紧靠工作面的永久支护距工作面煤壁的距离不大于 200 mm;截割完成后,不大于 1 300 mm,确定工作面最大空顶距为 1 300 mm,最小空顶距为 200 mm。依此 8 h 内生产班每班完成 3 个循环,"三八"工作制,一个检修班,两个生产班,日循环为 6 个,日进尺 6.6 m。当顶板遇裂隙、构造、断层等特殊情况时,应及时改变锚杆与锚索间、排距,缩小循环进尺,并制订专项安全技术措施。

3.1.3 掘锚一体机配套作业线

掘锚一体机将掘、装功能与支护功能有机结合,实现切割、装运、锚杆支护三位一体。同连续采煤机和锚杆钻车交叉换位施工相比,掘锚一体化技术适用范围更广;同悬臂式掘进机作业线相比,掘锚联合机组的掘进工效是前者的 3 倍。该作业线可每掘进 25 m 前移一次皮带,效率高,掘进与支护平行作业,安全高效。

掘锚一体机及后配套设备见图 6.12。

掘锚一体化机组可节省移动和锚杆钻孔及安装时间,掘进速度可提高 50% ~ 100%。掘锚机组之所以能被有效使用,一个重要原因在于它能及时支护顶板、保障施工安全。通过对掘锚机组掘进系统进行选型和配套形成的高效掘锚施工作业线,每循环作业的时间减少 25 ~

45 min,生产效率大大提高,可实现日进尺40 m、月进尺1 000 m、年进尺10 000 m的目标,满足高效集约化矿井综采工作面对巷道快速掘进的要求。

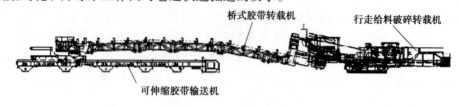

桥式胶带转载机　　　行走给料破碎转载机

可伸缩胶带输送机

图6.12　掘锚一体机后配套设备

3.2　全煤巷道连续采煤机掘进配套作业线

根据连续采煤机后配套设备类型,可分为连采机与运煤车、梭车配套和连采机与连续运输系统配套。根据所掘巷道的布置方式不同,又可分为单巷、双巷及多巷掘进。

连续采煤机掘进工艺根据与连采机后配套设备和巷道布置方式的不同,可分为以下四种。

3.2.1　连续采煤机+梭式矿车单巷掘进

适用于施工任务紧,巷道地质条件差,煤层起伏大、顶板较破碎的掘进工作面,使用的主要设备有连续采煤机、梭车、锚杆机、铲车、破碎机、胶带输送机。

3.2.2　连续采煤机+梭车或运煤车+连续运输系统双巷及多巷掘进

这是应用最为广泛的掘进工艺,连续采煤机在第一条巷道作业的同时,锚杆机在第二条巷道打眼和安装锚杆。当向前掘进一段距离后,连续采煤机转移到第二条巷道掘进,而锚杆机转移到第一条巷道打眼和安装锚杆,掘进与支护平行作业,具有掘进速度快、成型好、用人少等优点。适用顶板较稳定的近水平煤层巷道掘进。

3.2.3　连续采煤机直巷截割

1)切槽工序

①铲装板处于停放或飘浮的位置,截割臂处于半举升状态,向前移动煤机至工作面与端头煤壁接触;举升起截割臂至需要的高度,距顶板(设计高度)200～300 mm。

②降下稳定靴,增加机器的稳定性,踏下并保持脚踏板,转动行走履带控制开关手柄,使煤机向前行走,使截割滚筒向前进入煤体掏槽400～600 mm(具体深度根据煤质硬度而定),操纵多路换向阀控制手柄使截割滚筒向下截割至底板;同时将输送机机尾放置于梭车的料斗上面,开动煤机的装运机构电动机,当梭车装载满后,关掉装载机构电动机。

③提起稳定靴,使截割滚筒沿底板截割,机器后退约500 mm,用以修整凸起部分,平整底板。

④再次升起截割臂至顶部,距顶板(设计高度)200～300 mm,向前行走煤机,截割下一掏槽。这样单刀进度达到7 m后(这一深度是根据煤机距驾驶室的距离为7 m而定),升起铲板,退出煤机。

2）采垛工序

将煤机的截割滚筒从掏槽的位置向后退出,并将煤机调整至巷道的右帮,开始扫帮(扫帮的宽度为巷道的设计宽度减去煤机截割滚筒的宽度),放下铲板,升起截割臂至顶部,距顶板(设计高度)约 200～300 mm;向前行走煤机顶到煤壁上,然后降下稳定靴,以增加机器的稳定性,开始截割,当截割深度达到 500 mm 左右时,操纵多路换向阀控制手柄使截割滚筒向下截割至底板。同时将输送机机尾放置于梭车的料斗上面,开动煤机的装运机构电动机,当梭车装满后,关掉装载机构电动机。重复操作直至与左侧煤帮割齐。

3）修整工序

退出煤机,将煤机截割头降至底板,向前移动煤机,用以修整右帮的凸起、不平的底板。然后退出煤机,升起截割臂至适当高度(设计高度),用以修整右帮凹凸不平的顶板。再调煤机以同样的方式来修整左帮的顶底板,修整左帮的顶底时,必须与右帮的顶底割平,不允许留有台阶。待修整完备后准备进行下一个作业循环。停止煤机割煤并退机,当循环掘进进度达到规程规定深度的要求时,退出煤机调至另一条巷道掘进。

3.2.4　连续采煤机弯巷截割

当开联巷时,开口处就是一个弯巷截割的工艺过程,开口工艺是连采工作面不可缺少的施工工艺,检查煤机、开启、截割、停机工序都相同,所不同的是实施截割工序时煤机需频繁调整煤机位置,以达到拐弯的目的。根据实际,开口通常分为左侧开口和右侧开口两种,具体做法:

根据工作面顶底板及两帮地质条件和巷道施工设计,确定并标出开口位置。

①根据开口深度及巷道参数,确定开口所需电缆及水管长度(一般需 15 m 左右),并将电缆和水管沿右帮或左帮拉到位。

②将煤机调至要开口的位置,使截割头的左端或右端与开口位置起始端接触,煤机的机尾调至巷道的右帮或左帮,做好开口准备工作。

③将截割滚筒升起距顶板 300 mm 左右,放下铲板,启动截割电机,同时将输送机机尾放置于梭车的受料斗上面,开启煤机运输机的电动机。

④以与掘进巷道相同的割煤方式掘进,当煤机截割滚筒的右侧或左侧与开口的另一帮掘齐时,退出煤机。

⑤调煤机以同样的方式,向巷道轮廓线外侧偏离 3°左右,从左帮或右帮进刀,当与右帮或左帮掘齐时,退出煤机。

⑥重复以上步骤,直到煤机与巷道垂直,此时,开口的垂直深度必须确保达到 8 m。

⑦调煤机扫左帮或右帮,确保巷道宽度符合设计要求。

⑧完成扫左帮或右帮工序后,调煤机开始扫右帮或左帮,此时要注意,煤机扫右帮或左帮的台阶要小且均匀,并确保开口巷道与主巷道垂直。

开口过程中,煤机司机应利用梭车卸煤的时间间隙,调机完成扫顶、拉底、修帮(小范围)等工序。

3.3　全断面煤巷快速掘进系统

全断面煤巷快速掘进系统把过去传统的掘进、运输、支护、除尘等多道分步实施的工序,通过新技术装备有机整合在一起,有效解决了掘进、支护、运输等多项工序的同步进行和连续作业问题,实现了掘锚平行作业、多臂同时支护、连续破碎运输、长抽短压湿式通风和智能远程操控等高效一体化运行,在煤矿井下掘进作业面实现了真正意义上的综合掘进机械化。

全断面高效快速掘进系统适用于长距离、大断面的采煤工作面运输巷、回风巷施工。

以 QMJ4260 全断面煤巷掘进机为主体的高效快速掘进系统总长约 210 m,总重 630 t,总装机功率超过 2 400 kW。由截割系统、装运系统、行走系统和临时支护系统四部分组成,包括全断面掘进机、十臂锚杆钻车、可弯曲胶带转载机、迈步式自移机尾和自移动力站五种设备。在大断面煤巷掘进可做到掘支同步、一次成形,并能实现无线遥控。

2014 年 5 月在神东煤炭集团大柳塔煤矿使用全断面煤巷掘进系统,最高日进尺达到 150 m,最高月进尺达 4 000 m 以上,成巷速度较局部断面掘进机作业线提高 4 倍多。全断面煤巷掘进系统全方位强化了施工人员的安全与健康保障,显著减少了井下掘进作业人员,同时减轻了作业人员的劳动强度。

3.4 煤与半煤岩巷掘进技术发展趋势

掘支运一体化快速掘进智能成套装备在掘锚一体机截割系统三重过载保护技术、支护系统锚杆转载与自动钻装技术、运输系统柔性连续运输技术、除尘系统固液气三幕控尘技术和远程集控系统高精度激光导向与全站仪组合导航技术五个方面实现创新性发展,有效解决了煤与半煤岩巷全宽截割、整机底板适应和围岩片帮控制等施工难题,运输环节不易产生煤流循环,掘进过程中能做到高精度定位定向,综合除尘率达到 97% 及以上。

掘支运一体化套智能快速掘进系统以井下中央集控中心为枢纽,以集群设备多信息融合网络为通道,以工况监测与故障诊断系统为感知,可适应复杂围岩地质条件,作为新一代煤矿快速掘进高端成套装备,可实现掘、锚、探全过程一体化作业,保障巷道掘进安全、高效、连续施工。

掘支运一体化快速掘进智能成套装备目前已在中煤能源集团公司、陕西煤业化工集团公司、山东能源集团公司等大型煤炭企业多种地质条件下使用,成功打造了稳定围岩月进 3 000 m、中等稳定围岩月进 2 000 m、复杂围岩月进 800 m 三种智能快速掘进模式,掘进速度提高 2 ~ 3 倍,有效缓解了矿井采掘关系失衡的被动局面,实现了掘进工艺与装备技术的重大突破。

掘支运一体化快速掘进智能成套装备的推广应用能大量减少掘进作业人员,提升掘进工作面智能化和安全保障水平,突破我国煤炭企业巷道掘进速度长期滞后制约采煤工作面高效连续生产的技术瓶颈,有效化解地质隐患、机械伤害等安全风险,是我国大中型煤矿在煤与半煤岩巷道推广应用智能化掘进装备技术的主要方向。

【思考与练习】

1. 简述半煤岩巷道钻爆法施工的炮眼布置方式。
2. 简述薄煤层半煤岩巷道施工的 3 种破岩方式。
3. 简述采准巷道可选择的支护方式与支护形式。

4.根据给定的煤与半煤岩巷道施工条件设计局部断面掘进机作业线的配套方案和工艺流程。

5.简述掘锚一体化机组配套作业线的优点。

6.简述连续采煤机在煤巷掘进施工的适用条件。

7.简述全断面煤巷掘进系统的主要特点和适用条件。

第7章
上山施工

1 上山施工工艺

1.1 上山施工特点

上山是在水平运输大巷标高以上,沿煤层或岩层向上掘进的为一个采区服务的倾斜巷道。

上山按用途和装备不同可分为运输上山、材料上山、通风上山和人行上山等。上山掘进一般都是由运输水平自下向上掘进,但在有瓦斯的煤层中,若无专门措施,只能由上一水平向下掘进。

与水平巷道对比,上山施工有以下主要特点:

①放炮时易崩倒棚式支架,巷道底板容易"上漂"。

②由于瓦斯比空气轻,掘进工作面附近容易积聚瓦斯。

③施工设备因重力作用易倒滑。

④装矸、排矸、排水比较容易,向工作面运送材料比较困难。

1.2 上山施工工艺选择

上山巷道大多布置在煤层底板岩层中,也可以将专用回风上山布置在瓦斯含量低的薄煤层中,制订专项安全技术措施快速施工形成采区全负压通风系统,为后续的运输上山、材料上山施工创造有利条件。

倾角18°以下、岩石硬度系数小于8的上山巷道尽可能采用机掘法施工;倾角大于18°的上山巷道采用钻爆法施工。

2 上山施工的安全技术措施

2.1 破岩工序的技术措施

2.1.1 钻爆法施工的技术措施

钻爆法施工上山巷道要严格按照上山设计的倾角施工,防止巷道底板"上漂",同时要避免爆破时抛掷出来的岩石崩倒棚式支架。

上山掘进工作面炮眼布置应注意的问题:

①一般采用底部掏槽,掏槽眼距底板 1 m 左右,掏槽眼的数目视岩石性质而定。

②若沿煤层或软岩岩层掘进,可采用三角掏槽,控制好掏槽眼的角度及深度,如图 7.1 所示。

③当岩石较硬时,底眼要适当下插,一般插入底板下方 200 mm 左右,并多装药,以免"抬底"而使巷道"上漂"。底眼上方的掏槽眼应沿巷道轴线方向稍向下倾斜一些。

④设置躲避硐。如果是上山单巷掘进,必须每隔 75 ~ 100 m 掘一躲避硐。

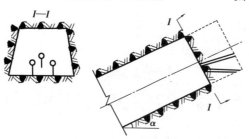

图 7.1 上山掘进掏槽方法

2.1.2 机掘法施工的技术措施

对于较松软破碎的围岩,掘进机应从上向下截割,避免掘进头上方大面积片帮垮落。而且实际截割成型的掘进工作面迎头是一个接近竖直的平面而非垂直于巷道轴线的仰斜平面。

2.2 装岩与运输安全措施

在进行上山掘进施工的过程中,爆破下来的煤矸可以依靠自重下滑,所以装岩和排矸比较容易。

机掘法施工上山巷道时,可采用胶带输送机或刮板运输机配套实现连续运输。

炮掘法施工时,当上山倾角小于10°时,可以使用 ZMZ-17 型装煤机,配合刮板输送机运输;当上山倾角为 10° ~ 25°时,可使用耙斗装岩机装岩,矿车运输;当上山倾角为 26° ~ 28°时,可使用搪瓷溜槽自溜,人工装岩;当上山倾角大于 28°时,可使用铁溜槽自溜,人工装岩。

煤矸自溜时会产生粉尘,但洒水量过大又会增加阻力影响自溜。为了防止自溜时煤、矸飞溅伤人,必须将溜矸(煤)道与人行道分开,并在溜槽一侧设置挡板。人行道应当设扶手、梯子和信号装置。斜巷与上部巷道贯通时,必须制定专门的安全技术措施。

2.3 材料提升安全措施

在上山掘进中,向工作面运送材料相对比较困难。

机掘法施工上山时,工作面需要的材料可由胶带输送机的下胶带向上运送,或由刮板输送机在掘进间隙反向开动向工作面运送。

炮掘法施工时,如果是单巷掘进,既要铺设刮板输送机或溜槽,又要铺设轨道,如图7.2所示;如果是双巷掘进,则甲巷道铺设刮板输送机,乙巷道铺设轨道,用矿车向工作面运送材料。这时,甲巷道所需材料可经联络巷搬运,乙巷道的煤(矸)可由矿车直接运出,也可用在联络巷铺设的刮板输送机转运到甲巷道的刮板输送机上,集中外运。

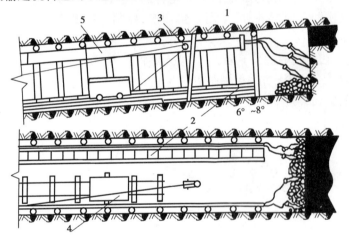

图7.2 单巷掘进上山的提升运输方式

1—压气管;2—刮板输送机;3—滑轮;4—矿车;5—风筒

提升或下放时,可用设在上山与平巷相接处一侧的专用提升绞车,如图7.3所示。牵引钢丝绳绕过工作面的定滑轮(也称回头轮)后用挂钩挂在矿车上。

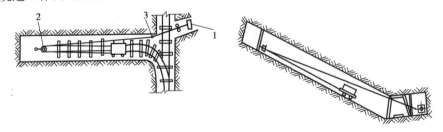

图7.3 上山掘进时提升绞车及导绳轮的布置

1—绞车;2—定滑轮;3—导滑轮

上山掘进过程中用矿车提升材料或运出煤矸时,必须注意定滑轮安设要做到简便和牢固。如果上山斜长超过提升绞车缠绳量时,则需要随着上山掘进工作面向前推移,不断在上山巷道中开凿的躲避硐内增设提升绞车,分段提升。

2.4 支护技术措施

2.4.1 架棚支护技术措施

在上山施工过程中,由于顶板岩石受重力作用,有沿倾斜向下滑动的趋势,因此在架设支架时,支架腿要向上方倾斜与顶板、底板垂线之间呈一夹角,这个夹角称为迎山角,其角度大小取决于上山倾角的大小及围岩的稳定性。

①当上山倾角小于45°时,一般每倾斜6°~8°,应有1°的迎山角。为了防止爆破时崩倒支架,对支架还应加固,通常是在支架之间设置撑木及拉杆。

②当上山倾角大于45°时,为了防止底板岩石推移下滑,还需设底梁,这时支架就变成一个封闭的框式结构了。

2.4.2 锚喷支护措施

采用锚喷支护的上山巷道,其施工工艺与平巷基本相同,锚杆应尽量垂直上山顶板与侧帮,喷射混凝土永久支护可滞后掘进工作面一段距离(20~40 m),与掘进工作平行进行。

2.5 通风安全技术措施

上山施工过程中掘进工作面易积聚瓦斯和有害气体,应采取以下安全技术措施:

①加强工作面通风和瓦斯监控监测,确保施工安全。

②有条件时应双上山同时掘进。在地质条件不复杂的情况下,轨道上山和运输上山或行人上山一般可同时掘进,每隔20~30 m距离用联络巷贯通,以利于通风,同时也可以利用联络巷作为躲避硐。

③如果是上山单巷掘进,当瓦斯量不大时,可采用双通风机,双风筒压入式通风。

④严禁随意停风。无论工作期间还是交接班时,即使是在因故临时停工时,局部通风机都不准停风。如果因检修停电等原因停风时,全体人员必须撤出工作面,待恢复通风并排放瓦斯后,才允许进入工作面。

⑤可利用钻孔解决掘进通风问题。在高瓦斯、突出矿井中,如果上部回风石门或车场已掘好,可利用钻机沿施工上山方向先打穿通风孔再掘进施工,否则宜采用由上向下的施工方式。

2.6 设备防倒防滑措施

《煤矿安全规程》规定:施工15°以上的斜井(巷)时,应当制定防止设备、轨道、管路等下滑的专项措施。

上山施工的主要设备有掘进机、装岩机、调度绞车及其他施工器具,应设置防倒防滑装置。重点是炮掘工作面的耙斗装岩机和调度绞车防滑倒措施。

①上山施工耙斗装岩机防滑。除在装岩机下部装设卡轨器外,可在装岩机后立柱上装设两个可以转动的斜撑,如图7.4所示。为增强防滑效果,还可在斜撑的下部放2~3根枕木阻挡。并在巷道的两帮或底板上,用无腿棚圈或与最后形成锐角拉力方向的锚杆与钢丝绳从主机后方兜紧,防止耙斗装岩机在运行中出现卡轨装置松动导致装岩机移动。

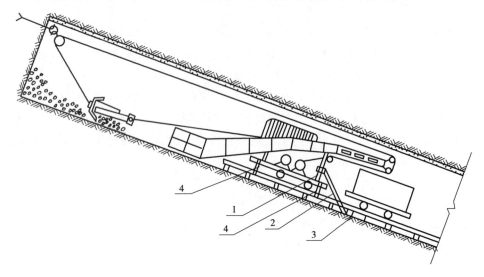

图7.4　上山掘进时耙斗装岩机防滑装置

1—耙斗装岩机的后立柱;2—钢轨斜撑;3—枕木;4—卡轨器

②调度绞车防倒防滑。调度绞车必须打混凝土基础安装固定,且混凝土基础必须打在巷道硬底板上,严禁打在浮煤浮矸上。如JD-25 kW型调度绞车,地脚螺栓选用 M24×(730~750) mm,地脚螺栓埋入混凝土基础的长度不小于 550 mm,露出混凝土基础的长度不小于180 mm,地脚螺栓必须配齐并紧固平垫、弹簧垫、螺母、锁紧螺母,锁紧螺母外露出螺扣。

2.7　上山施工实例

2.7.1　工程概况

某矿南三采区人行上山布置在茅口灰岩中,设计断面为圆弧拱,喷浆支护。设计掘进断面 8.3 m^2,坡度 21°,斜长 200 m。

2.7.2　施工方法

采用钻眼爆破法施工。

1)施工工艺流程

检查安全→验收上一班质量→施工探眼→施工炮眼→装药连线→爆破→排放炮烟及检查安全→装运矸→铺轨钉道、移耙斗装岩机、延接风水管。

2）施工设备

序号	名称	规格及型号	单位	数量	备注
1	局部通风机	ZBKJ-NO56/2×15	台	2	
2	调度绞车	JD-25	台	1	
3	风动凿岩机	YT29	台	4	2 台备用
4	耙斗装岩机	ZYP17	台	1	
5	喷浆机	转 V 型	台	1	

3）施工定向

采用激光指向仪定向。

4）钻眼爆破

①使用 YT-29 型风动凿岩机湿式打眼。炮眼平均深度 1.6 m，预期炮眼利用率 0.9，循环进尺 1.44 m，日进尺 4.32 m。

②使用 2#岩石炸药，1～5 段毫秒电雷管爆破，大串联全断面一次爆破成巷。

5）装矸、运输

使用 ZYP-17 型耙斗装岩机装矸，人工清理浮矸。JD-25 调度绞车牵引 1 t U 形矿车运输。

6）巷道支护

喷射砂浆强度等级为 M10，选用 325#普通硅酸盐水泥，砂浆配合比为水泥∶石粉（细）=1∶4.8（质量比），加速凝剂为水泥质量的 2.5%，水灰比为 0.45。喷浆支护紧跟耙斗装岩机，每次前移耙斗装岩机后立即进行喷浆支护。

【思考与训练】

1．简述上山施工的特点。

2．简述上山施工的安全技术措施。

第8章
下山（斜井）施工

1 下山（斜井）施工工艺

1.1 下山（斜井）施工特点

下山是在矿井水平运输大巷标高以下，自上向下沿煤层或岩层掘进的为一个采区服务的倾斜巷道。斜井是为一个水平或多个水平服务的倾斜巷道，斜井分为明斜井和暗斜井，明斜井上部井口与地面相通，暗斜井上部井口与地面不直接相通。

下山和斜井施工与上山比较具有以下主要特点：

①通风容易而装载运输困难。由上向下掘进时的装载工作比较困难，倾角小于35°时可用耙斗装岩机装岩，如倾角小于10°也可用铲斗装岩机装岩。

②工作面易积水。下山有向下的坡度，巷道内各处的涌水很自然地积存到工作面，因此掘进下山时，一定要根据不同的情况，做好防排水工作。

③防止发生跑车事故是安全管理重点。在使用矿车运输时，有可能因为牵引装置的滑落或断绳引起跑车事故，所以除提升绞车摘挂钩处、车场变坡点等设置断绳保险和挡车栏外，在掘进工作面附近一定要有可靠的挡车栏，防止跑车冲击掘进工作面，保证施工人员安全。

1.2 下山（斜井）施工工艺选择

在中国南方地区，斜井井筒大多布置在围岩相对稳定的基岩中。如斜井开口处有风化表土，应先揭开表土或采用明槽开挖方式，通过松软破碎带进入稳定基岩，然后对开挖的明槽两侧进行护坡加固，或以直墙加平顶方式进行混凝土浇筑形成矩形断面，也可以采用砌碹支护方式形成拱形断面。进入基岩层位后根据围岩性质再选择合理的断面形状和支护方式。南方地区矿井因井型偏小，斜井井筒断面小、坡度大且布置在较坚固的基岩中，目前机掘法的应用受到一定限制，仍然较普遍地采用钻爆法施工。

随着掘进机械化装备技术的发展，局部断面掘进机可以成熟应用于施工倾角 18°以下的斜井井筒或下山巷道，全断面硬岩掘进机也可以在倾角小于 18°的斜井井筒施工中使用，为加快斜巷施工速度创造了条件。

北方部分矿区地表由冲积层覆盖，通常设计为竖井开拓方式，若冲积层厚度较小也可以采用斜井开拓方式。当斜井井筒穿过松散的冲积层时，须采用特殊的施工方法，如竖孔冻结法。

2　下山（斜井）施工安全技术措施

2.1　破岩工序的技术措施

2.1.1　钻爆法施工的技术措施

斜井采用钻爆破法施工时应推广中深孔全断面一次光面爆破和抛碴爆破技术。凿岩机钻凿中上部炮眼比较容易，但在钻底眼时拔钎比较困难。

为了取得较好的抛碴效果，底眼上部的辅助眼（或专门打一排抛碴银）的角度比斜井倾角小 5°~10°；底眼加深 200~300 mm，使眼底低于巷道底板 200 mm，加大底眼装药量，底眼最后起爆（抛碴爆破后，碴堆距工作面以 4~5 m 为宜）。

斜井掘进工作面往往会有积水，所以应选用防水炸药、毫秒延期电雷管或数码电雷管全断面一次爆破。

施工中应特别注意斜井的坡底，使其符合设计要求。

2.1.2　机掘法施工的技术措施

掘进机在截割下山巷道底板岩石时会比较困难，在有积水的情况下应注意对底板的平整清理。坡度较大时，掘进机前方应设置限位装置，防止机身下滑增大截割阻力，降低截割速度。

2.2　装岩与提升技术安全措施

装岩与提升工作是斜巷掘进过程中的主要生产环节，是决定掘进速度的关键因素，钻爆法施工应尽量采用机械装岩。

2.2.1　装岩设备与要求

如斜巷倾角小于 10°时，可使用侧卸式铲斗装岩机或蟹爪装岩机装岩；在大于 10°的斜巷施工中，常用耙斗装岩机装岩，使用过程中应特别注意防止耙斗装岩机下滑。

为提高耙斗装岩机装岩效率,装岩机与工作面的距离应控制在 10～25 m,如图 8.1 所示。耙角比平巷装载时的耙角大,且随斜巷倾角增大而相应增加。

①当斜巷倾角<20°时,耙角选为 60°～65°。

②当斜巷倾角 20～25°时,耙角选为 65°～70°。

大断面斜巷净宽超过 5 m 时,可考虑采用两台耙斗装岩机同时装岩。另外,在向下施工的斜巷中使用耙斗装岩机能起到阻挡跑车的作用,掘进工作面相对比较安全,但耙斗装岩机应采取措施固定牢靠。

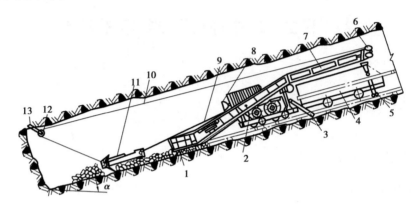

图 8.1　耙斗装岩机在斜巷工作面的布置

1—挡板;2—操纵杆;3—大卡轨器;4—箕斗;5—支撑;6—导绳轮;7—卸料槽;8—照明灯;
9—主绳;10—尾绳;11—耙斗;12—尾绳轮;13—绳头与铁楔

2.2.2　提升设备与要求

钻爆法施工斜巷过程中主要使用矿车和箕斗提升。无论使用哪一种设备,出矸都是不连续的,所以应选择用提升能力和速度较快的提升绞车。

当斜巷倾角小于 15°时,可使用刮板输送机或矿车;当斜巷倾角为 15°～30°时,可使用矿车或箕斗;当斜巷倾角大于 30°时,只能使用箕斗。

根据斜井和下山掘进的经验,使用箕斗提升装载简便,提升连接装置安全可靠,特别是使用大容积箕斗,能有效地增大提升量,加快掘进速度。

我国采用的箕斗有后卸式、前卸式和无卸载轮前卸式 3 种型式,其中无卸载轮前卸式箕斗(图 8.2)使用效果较好。其优点是:由于去掉了箕斗箱体两侧突出的卸载轮,可以避免箕斗运行中发生挂碰管缆、设备等事故;加大了箕斗有效装载宽度,提高了巷道断面利用率;卸载快;结构简单,便于检修。其缺点是:过卷距小,仅 0.5 m 左右,要求提升绞车有可靠的行程指示器;若卸载时操作不当,卸载冲击力大,易引起绞车过负荷,并可能使卸载架变形;卸载时利用安设在矸石仓中的活动轨翻卸。

采用箕斗提升时,斜巷上部须设矸石仓。这种提升方式多用于长度比较大的斜巷。

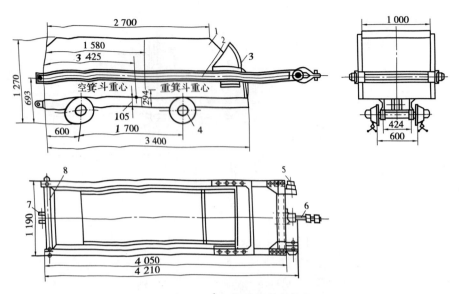

图 8.2 2.5 m³ 无卸载轮前卸式箕斗

1—斗箱;2—牵引框;3—后盖板;4—箕斗行走轮;5—导向轮;6—连接装置;7—护绳环;8—转轴

2.3 防治水措施

斜井与下山掘进时,妥善处理涌水和工作面积水是加快掘进速度、保证工程质量的重要工作。对水的处理,应视其来源和大小不同,采取不同措施。

2.3.1 截水

如果是上部平巷水沟漏水,应采用混凝土或陶管将上部水沟封起来;如果是由于斜井上部的含水层、断层或裂隙涌水,可以在斜井底板每隔 10 ~ 15 m 挖一道横向水沟,将水引入纵向水沟中,然后再导入腰泵房水仓,由卧水泵转排至上部水平水仓,尽量减少流入工作面的水量。

2.3.2 排水

根据斜井掘进工作面的涌水大小,可采用不同的排水方法。当工作面涌水量小于 6 m³/h 时,可用气动或电动潜水泵将工作面积水直接排入提升容器内与矸石一起运出。当涌水量在 30 m³/h 以内时,为避免卧泵经常移动和增加开掘腰泵房的费用,可利用喷射泵将水排至腰泵房水仓,再由卧泵将水排出。这样还可防止卧泵吸入大量泥砂而磨损水轮叶片。

喷射泵是利用高压水由喷嘴高速喷射造成负压以吸取工作面积水的设备,它具有占地面积小、移动方便、爆破时容易保护、不易损坏,以及不怕吸入泥砂、木屑和空气等优点,虽然效率比较低,但仍得到了广泛使用。喷射泵排水工作面布置如图8.3所示。

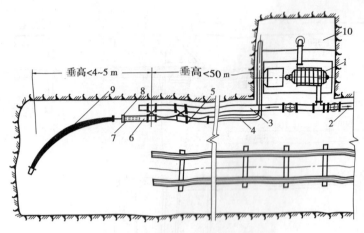

图 8.3　喷射泵—卧泵排水示意图

1—离心式水泵;2—排水管;3—压力水管;4—喷射泵排水管;5—双喷嘴喷射泵
6—ϕ50 mm 伸缩管;7—填料;8—伸缩管法兰盘;9—吸水软管;10—水仓

2.3.3　注浆封水

当工作面涌水量很大时,采取消极强排的方法不能解决问题,就应该采用在含水层中进行注浆的方法进行封堵。

2.4　防跑车装置

防跑车装置是在倾斜井巷内安设的能够将运行中断绳或脱钩的车辆阻止住的装置或设施,包括挡车栏和阻车器。挡车栏(器)是安装在上、下山,防止矿车跑车事故的安全装置;阻车器是装在轨道侧旁或罐笼、翻车机内限制矿车位置的装置。

在斜井(下山)施工中,最突出的安全问题是由于提升设备失修、操作不当或提升时遇障碍发生过负荷等,导致提升容器失控跑车而造成人身伤亡和设备损伤事故,为此必须提高警惕,严格按《煤矿安全规程》操作;要经常对钢丝绳及连接装置进行检查,防患未然;巷道规格、铺轨质量都应符合设计要求,同时须设置预防跑车的安全装置和挡车栏。

2.4.1　在上部车场设置逆止阻车器

如图 8.4 所示,逆止阻车器是将两根等长的弯轨焊在一根横轴上,再用轴承将横轴固定在轨道下部专设的道心槽内。由于弯轨尾部带有配重,平时保持水平,而头部则抬起高出轨面,正好阻挡矿车的轮轴而防止跑车。需下放矿车时,用脚踩住踏板,使弯轨头部低于轨面,矿车通过后,松开踏板,弯轨借配重自动复位。向上提升时,矿车轮轴碰撞弯轨头部,使之倾伏而顺利通过,然后弯轨借配重又自动复位。

2.4.2　在工作面上方设置移动挡车栏

为防止跑车冲至工作面,在工作面上方 20 ~ 40 m 处常设各种可移动式挡车栏。挡车栏类型很多,常用的为钢丝绳挡车栏,如图 8.5、图 8.6 所示。

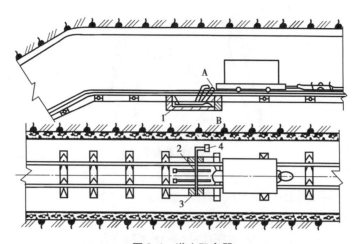

图 8.4 逆止阻车器

1—弯轨;2—横轴;3—轴承;4—踏板;

A—阻车位置;B—通车位置

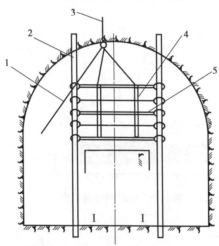

图 8.5 钢丝绳挡车栏 1

1—悬吊绳;2—立柱;3—吊环;4—钢丝绳网;5—圆钢

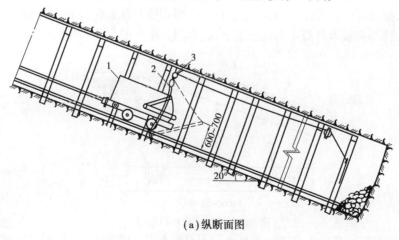

(a)纵断面图

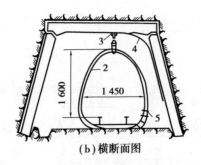

（b）横断面图

图 8.6　钢丝绳挡车栏

1—箕斗;2—钢丝绳挡车器;3—滑轮;4—牵引钢绳;5—绳卡子

此外,在斜井施工过程中,还常在提升钩头前连接一钢丝绳圈,提升时用此圈套住矿车。这样当插销脱出或连接装置失灵时,矿车即被钢丝绳圈兜住,不致发生跑车事故,如图8.7所示。

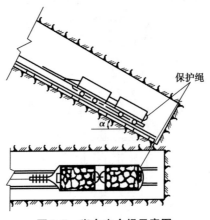

图 8.7　兜车安全绳示意图

2.4.3　在斜巷中部设置固定挡车栏

如图 8.8 所示是在斜巷中部设悬吊式固定自动挡车栏。当提升容器正常运行时,碰撞摆动杆后,摆杆摆动幅度不大,触碰不到框架上的横杆;当发生跑车事故时,脱钩的提升容器速度异常加快,摆动杆受强力碰撞后,可将通过牵引绳和挡车钢轨相连的横杆击打脱落,连接钢丝失去拉力,挡车钢轨因自身重力迅速落下,起到阻止跑车的作用。

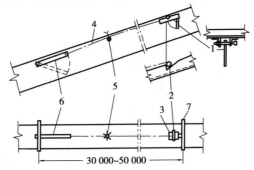

图 8.8　悬吊式自动挡车栏

1—摆动杆;2—横杆;3—固定小框架;4—8号钢丝;5—导向滑轮;6—挡车钢轨;7—横梁

2.5 暗斜井施工实例

2.5.1 工程概况

某矿+150 m 人行暗斜井布置在灰色、深灰色厚层状茅口灰岩中,岩石硬度系数 f 为 12,暗斜井平、剖面示意图如图 8.9、图 8.10 所示。设计断面为圆弧拱形,长度 556 m,坡度 22°,支护方式为喷浆支护,掘进面积为 12.3 m^2 或 13.2 m^2,断面形状如图 8.11 所示。

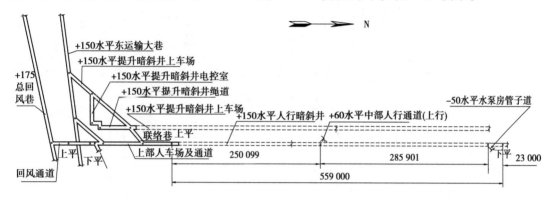

图 8.9 暗斜井平面示意图

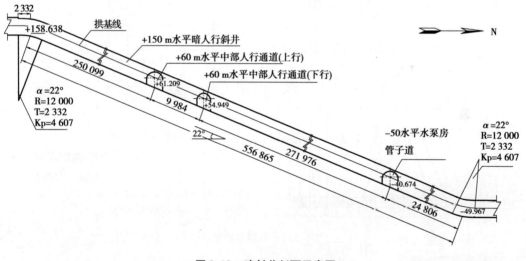

图 8.10 暗斜井剖面示意图

2.5.2 施工方法

采用钻眼爆破法施工,炮眼布置如图 8.12 所示。

1)施工工艺

检查安全→验收上一班质量→施工探眼→施工炮眼→装药连线→爆破→排放炮烟及检查安全→装运矸→钉道、移耙斗装岩机、延接风水管。

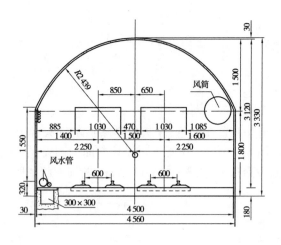

图 8.11 施工断面图

$$S_掘 = 13.2 \text{ m}^2, S_净 = 12.2 \text{ m}^2$$

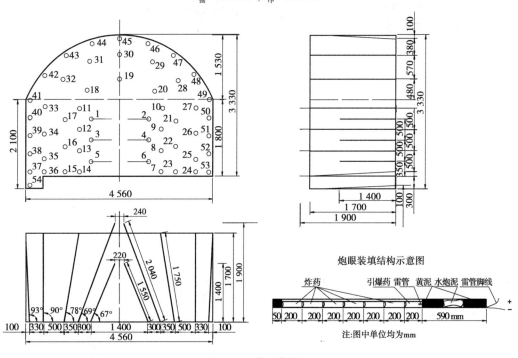

图 8.12 炮眼布置图

2)掘进施工设备

序号	名称	规格及型号	单位	数量	备注
1	局部通风机	ZBKJ-NO56/2×15	台	2	
2	调度绞车	JD-55	台	1	
3	凿岩机	YT29	台	5	2 台备用
4	耙斗装岩机	P60B	台	1	
5	喷浆机	转 V 型	台	1	

3)钻眼爆破

①使用 YT-29 型风动凿岩机湿式打眼。

②放炮使用 2#岩石炸药;1—5 段毫秒电雷管爆破,大串联全断面一次爆破成巷。

4)装矸与运输

选用 P-60B 型耙斗装岩机装矸,并在耙斗装岩机卸料槽与主机之间增装一节过渡槽,这样一次可以装两个矿车,加快了耙装矸石的速度。耙斗机后方斜巷使用 JD-55 kW 型调度绞车牵引 1 t U 形矿车运输。

5)通风与探排水

通风系统如图 8.13 所示,探水钻孔布置如图 8.14 所示。

排水方式:在掘进工作面挖坑积水,用风泵排至矿车内运出。

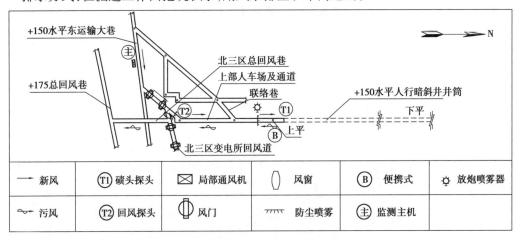

→	新风	T1	碛头探头	⊠	局部通风机		风窗	B	便携式	☼	放炮喷雾器
∿	污风	T2	回风探头		风门		防尘喷雾	主	监测主机		

图 8.13 暗斜井通风系统示意图

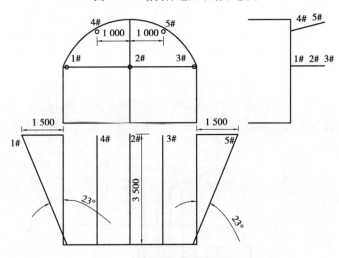

图 8.14 暗斜井探眼布置示意图

6)巷道支护

采用喷浆支护,砂浆标号为 M10。水泥选用 325#普通硅酸盐水泥,砂浆配合比为水泥:石粉(细)= 1∶4.8(质量比),水灰比为 0.45。

3 竖孔冻结法施工斜井

冻结法是用人工制冷的方法,将待开挖地下表土中的水冻结为冰并与土体胶结在一起,形成一个符合设计轮廓的冻土墙或密闭的冻土体,予以抵抗土压力,隔绝地下水,并在冻土墙的保护下,进行地下工程施工的一种特殊施工方法。煤矿常用于地表冲积层中的斜井或竖井开凿。

竖孔冻结法施工斜井是沿设计的斜井井筒轴线两侧一定范围从地表由浅及深施工垂直钻孔,然后向每个钻孔中沉放冻结管,将-30～-20 ℃的冷媒剂氯化钙溶液(俗称"盐水")送入冻结管,经低温盐水长时间连续吸取管外的热量,使周围地层冻结。达到冻结效果后按设计断面开挖并逐段进行永久支护,形成斜井井筒。

3.1 冻结终端位置

冻结终端位置应保证斜井井筒顶板进入相对稳定的隔水地层垂距 5 m 以上,如图 8.15 所示。

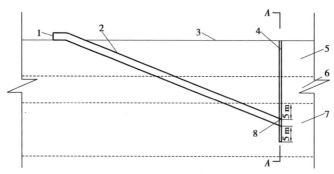

图 8.15 竖孔冻结终端位置示意图
1—井口;2—斜井井筒;3—地面;4—冻结终端竖孔;5—冲积层;
6—风化带;7—隔水层;8—井筒荒断面顶部

为保证斜井井筒底板冻土厚度及强度,每一个冻结竖孔深度应穿过斜井井筒底板 5 m 以上,如图 8.16 所示。

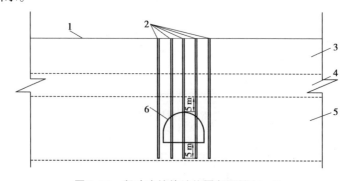

图 8.16 竖孔冻结终端位置断面图(A-A)
1—地面;2—冻结竖孔;3—冲积层;4—风化带;5—隔水层;6—井筒荒断面

3.2　施工工艺

在采用竖孔冻结法开凿斜井井筒时,通常采用分段打钻、分段冻结施工工艺。沿斜井井筒方向,当掘进工作面距离每段冻结终端 5 m 前,必须停止掘进,待下一分段完成冻结后且具备掘进条件时,方可继续掘进,如图 8.17 所示。对于进入基岩后的含水层段井巷,也可以采用冻结法施工,如图 8.18 所示。

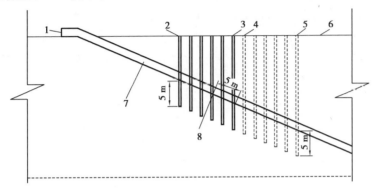

图 8.17　分段竖孔冻结示意图

1—井口;2—上分段起始端冻结竖孔;3—上分段终端冻结竖孔;4—下分段起始端冻结竖孔;
5—下分段终端冻结竖孔;6—地面;7—斜井井筒;8—停掘工作面位置

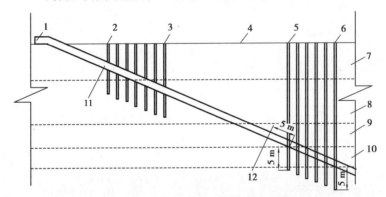

图 8.18　基岩含水层竖孔冻结示意图

1—井口;2—冲积层及风化带起始端冻结竖孔;3—冲积层及风化带终端冻结竖孔;4—地面;
5—基岩含水层起始端冻结竖孔;6—基岩含水层终端冻结竖孔;7—冲积层及风化带;8—隔水层;
9—基岩;10—基岩含水层;11—斜井井筒;12—停掘工作面位置

3.3　支护要求

在每一分段冻结范围内,应当根据冻结壁情况,明确初次支护、永久支护距掘进工作面的最大距离,以及掘进到永久支护完成的间隔时间,确保施工安全。

在掘进过程中,将会揭露部分冻结管,且需在初次支护前完成冻结管的切割拆除工作,因此应当提前制定处理冻结管和解冻后防治水的专项措施。

当每一分段永久支护全部完成后,方可停止该段井筒冻结,防止提前停止冻结造成事故。

【思考与训练】

1. 简述下山(斜井)施工的主要特点。
2. 简述下山(斜井)施工时"一坡三挡"安全装置的设置位置与功能。
3. 简述下山(斜井)施工的防治水措施。
4. 简述竖孔冻结法施工关于冻结孔深度的相关规定。

第 9 章
立井施工

1 立井施工特点

1.1 立井井筒结构

立井井筒结构从上而下可分为井颈、井身和井底三部分,如图9.1所示。

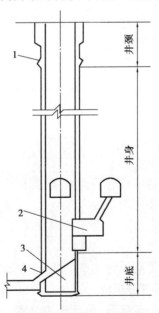

图9.1 箕斗井纵断面图
1—壁座;2—箕斗装载硐室;3—井底;4—井筒接受仓

井颈是靠近地表的一段井筒。一般处于表土层或风化岩层内,岩性松软,受力较大,所以井颈部分常需要加强支护。井颈的长度与地表表土有关。

157

井身是井颈以下至箕斗装载水平或罐笼进出车水平的井筒段,是井筒的主要组成部分。

井底是井底车场水平以下部分的井筒。井底的深度是由提升过卷高度、井底装备要求的高度和井底水窝的深度决定的,一般箕斗井井底深度为 35~75 m,罐笼井井底深度为 10 m 左右,风井井底深度一般为 4~5 m。

1.2 立井井筒断面形状

立井井筒断面形状有矩形、圆形。圆形断面的井筒具有承受地压性能好、通风阻力小、服务年限长、维护费用低、施工容易等优点,目前被广泛采用。圆形井筒断面利用率相对较低。

1.3 立井表土施工特点

北方部分矿区的地表为覆盖于基岩之上的第四纪冲积层或风化带,称表土层。

立井井筒表土施工与基岩对比有以下特点:
①表土层松软、强度低,必须采用可靠的支护措施。
②表土层中含水量高,应根据水文地质资料设计配置排水设备和设施。

1.4 立井基岩施工特点

立井井筒基岩施工有以下特点:
①炮眼可环状多圈层布置,垂直向下打眼相对容易。
②矸石装运提升效率低,占用时间长。
③支护相对容易,多采用锚喷支护方式。
④通风相对容易。
⑤井底常有积水。

1.5 立井施工主要设施设备

立井施工采用的凿井设施设备主要有凿井井架、卸矸台、封口盘、吊盘、凿井绞车和提升机、吊桶、吊泵、抓岩机等,如图9.2所示。

1.5.1 凿井井架

凿井井架是专为立井井筒施工而设计制造的装配式金属柜式井架,它由天轮房、天轮平台、主体架、卸矸台、扶梯和基础等部分组成。

天轮平台是凿井井架的重要组成部分,由四根边梁和一根中梁组成,天轮平台需要承受全部悬吊设备荷载和提升荷载。天轮平台上设有天轮梁和天轮,为避免钢丝绳与天轮平台边梁相接。

若永久井架(塔)施工完毕,可利用永久井架(塔)代替凿井井架进行井筒施工,有利于缩短井筒施工准备时间,具有良好的技术经济效益。

1.5.2 卸矸台

卸矸台是用来翻卸矸石的工作平台,通常布置在凿井井架主体架的下部第一层水平连杆上。卸矸台上设有溜槽和翻矸设施。排矸时,矸石吊桶提到卸矸台后,利用翻矸设施将矸石倒入溜槽,再利用矿车或汽车进行排矸。卸矸台要有一定的高度,保持溜槽具有 35°~40° 倾角,使矸石能借自重下滑到排矸车辆内。卸矸台的高度,还必须满足伞钻在井架下移运的要求。

1.5.3 封口盘与固定盘

封口盘也叫井盖,它是升降人员和材料设备以及拆装各种管路的工作平台,又是保护井上下作业人员安全的结构物。封口盘上的各种孔口必须加盖封严。

固定盘是为了进一步保护井下人员安全而设置的,它位于封口盘下 4~8 m 处。固定盘上通常安设有井筒测量装置,有时也作为接长风筒、压风管、供水管和排水管的工作台。

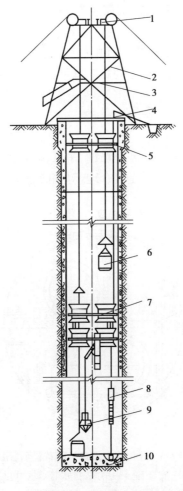

图9.2 立井施工设施设备纵向布置示意图
1—天轮平台;2—凿井井架;3—卸矸台;4—封口盘;5—固定盘;6—吊桶;
7—吊盘;8—吊泵;9—抓岩机;10—工作面

159

1.5.4 吊盘与稳绳盘

吊盘是井筒进行砌壁的工作盘,它用1~2根钢丝绳悬挂在地面的凿井绞车上。在掘砌单行作业和混合作业中,又可用于拉紧稳绳、保护工作面作业人员安全和安设抓岩机等掘进施工设备。为了避免翻盘,一般都采用双层吊盘,两层盘之间的距离应能满足永久井壁施工要求,通常为4~6 m。当用吊盘安装罐道梁时,吊盘层间距应与罐道梁间距相适应。吊盘与井壁之间应有不大于100 mm的间隙,以便于吊盘升降,同时又不因间隙过大而向下坠物。为了保证吊盘上和掘进工作面作业人员安全,盘面上各孔口和间隙必须封严。

采用掘砌平行作业时,井筒内除设有砌壁吊盘外还设有稳绳盘。稳绳盘用来拉紧稳绳、安设抓岩机等设备和保护掘进工作面作业人员的安全。

1.5.5 提升机与凿井绞车

提升机专门用于井筒施工的提升工作。凿井绞车主要用于悬吊凿井设备,凿井绞车主要有 JZ 和 JZM 两种系列,包括单滚筒和双滚筒及安全梯专用凿井绞车。凿井绞车一般根据其悬吊设备的质量和要求进行选择。提升机和凿井绞车在地面的布置应尽量不占用永久建筑物位置,同时应使凿井井架受力均衡,钢丝绳的弦长、绳偏角和出绳仰角均应符合规定值,凿井绞车钢丝绳之间、与附近通过的车辆之间均应有足够的安全距离。

1.6　立井施工设备布置

施工立井井筒时,井筒内布置的设备有吊桶、吊泵、抓岩机、安全梯,以及各种管路和电缆等,如图9.3所示。这些施工设备布置是否合理,对井筒施工、提升改装和井筒装备工作有很大影响。

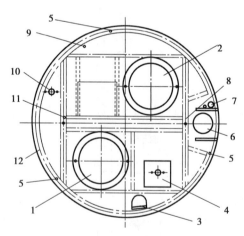

图 9.3　井筒施工设备平面布置示意图

1—主提吊桶;2—副提吊桶;3—安全梯;4—吊泵、排水管、动力电缆;5—模板悬吊绳;6—风筒;
7—压风、供水管;8—通信电缆;9—爆破电缆;10—混凝土输送管;11—信号电缆;12—吊盘梁格

1.6.1 吊桶的布置

在立井施工中提升矸石、升降人员和材料工具都需要使用吊桶。吊桶在井筒横断面上位置的确定,应满足以下要求:

①采用凿井提升机施工井筒时,应考虑地面地形条件是否有安设提升机的可能性。凿井提升机房的位置应不影响永久建筑物施工,并应力争井架受力比较均衡。

②吊桶应尽量布置在永久提升间内,并使提升中心线与罐笼出车方向或箕斗井临时罐笼出车方向一致,以利于转入平巷施工时的提升设备改装和进行井筒永久装备工作。

③吊桶应尽量靠近地面卸矸方向一侧布置,使溜矸槽少占井筒有效面积,避免溜矸槽装车高度不足。

④吊桶与井壁及其他设备的间隙,必须满足《煤矿安全规程》和《矿山井巷工程施工及验收规范》的有关规定。

1.6.2 抓岩机布置

抓岩机布置的位置应使抓岩工作不出现死角,有利于提高抓岩生产率。中心回转式抓岩机和长绳悬吊抓岩机应尽量靠近井筒中心布置,同时又不应影响井筒中心的测量工作。

1.6.3 吊泵布置

吊泵的位置应靠近井帮,使之不影响抓岩工作。为了使吊泵出入井口和接长排水管方便,吊泵必须躲开溜矸槽位置。

1.6.4 其他布置

在吊桶、抓岩机和吊泵主要设备的位置确定后,便可确定吊盘和封口盘等主梁位置及梁格结构。其他设备和管线如安全梯、风筒和压风管等,应结合井架型号、地面凿井绞车布置条件和允许的出绳方向,在满足安全间隙的前提下予以适当布置。

根据井筒内施工设备布置图,便可以进行天轮平台和地面提绞设备布置。当天轮平台或地面提绞设备布置遇到困难时,应重新调整井筒内施工设备布置,直至井内、天轮平台和地面布置均为合适时为止。

2 立井表土施工方法

根据表土的性质、水文地质条件及其所采用的施工措施,井筒表土施工方法可分为普通凿井法与特殊凿井法两大类。普通凿井法主要用于表土层稳定或含水较少的地层中,采用钻眼爆破或其他常规手段凿井;特殊凿井法主要用于表土层不稳定或含水量较大的地层中,采用非钻爆方式的特殊技术与工艺凿井。

2.1 普通凿井法

普通凿井法主要有井圈背板施工法、吊挂井壁施工法和板桩法。

2.1.1 井圈背板普通施工法

井圈背板普通施工法是采用抓岩机(土硬时可放小炮)出土,下掘一小段后(空帮距不超过1.2 m),即用井圈、背板进行临时支护,掘进一定长度后(一般不超过30 m),再由下向上拆除井圈、背板,然后砌筑永久井壁,如图9.4所示。如此周而复始,直至基岩。这种方法工艺简单、安全,适用于较稳定的表土层。

2.1.2 吊挂井壁施工法

吊挂井壁施工法采用0.5~1.5 m的小段高,随掘随砌混凝土井壁。按土层条件,分别采用台阶式或分段分块,并配以超前小井降低水位的挖掘方法。吊挂井壁施工中,因段高小,不必进行临时支护。但由于段高小,每段井壁与土层的接触面积小,土对井壁的围抱力小,为了防止井壁在混凝土尚未达到设计强度前失去自身承载能力,引起井壁拉裂或脱落,必须在井壁内设置钢筋,并与上段井壁吊挂,如图9.5所示。

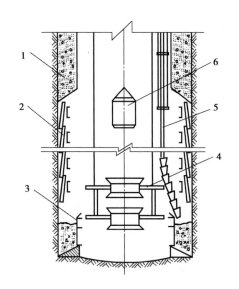

图9.4 井圈背板普通施工法

1—井壁;2—井圈背板;3—模板;
4—吊盘;5—混凝土输送管;6—吊桶

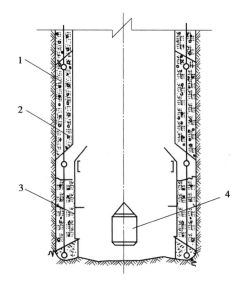

图9.5 吊挂井壁施工法

1—井壁;2—吊挂钢筋;3—模板;4—吊桶

这种施工方法可适用于渗透系数大于5 m/d,流动性小,水压不大于0.2 MPa的砂层和透水性强的卵石层,以及岩石风化带。吊挂井壁法使用的设备简单,施工安全。但施工的工序转换频繁,井壁接茬多,封水性差。故常在通过整个表土层后,自下而上复砌第二层井壁。因此,须按井筒设计规格,适当扩大掘进断面。

2.1.3　板桩法

对于厚度不大的不稳定表土层,在开挖之前,可先用人工或打桩机在工作面或地面沿井筒荒径依次打入一圈板桩,形成一个四周密封的圆筒,用以支承井壁,并在它的保护下进行掘进,图9.6为地面直板桩施工法示意图。板桩多采用相互正反扣合相接的槽钢。根据板桩入土的难易程度可逐次单块打入,也可多块并成一组,分组打入。金属板桩可根据打桩设备的能力条件,适用于厚度8~10 m的不稳定土层,若与其他方法相结合,其应用深度可更大。

2.2　特殊凿井法

在不稳定表土层中施工立井井筒,须采取特殊的施工方法,如冻结法、钻井法、沉井法、注浆法和帷幕法等。下面主要介绍冻结法、钻井法和沉井法。

2.2.1　冻结法

冻结法凿井是在井筒掘进前,在井筒周围钻冻结孔,用人工制冷的方法将井筒周围的不稳定表土层和风化岩层冻结成一个封闭的冻结圈(图9.7),以防止水或流砂涌入井筒并形成对地压的抵抗,然后在冻结圈的保护下掘砌井筒。待掘砌到预计的深度后,停止冻结,进行拔管和充填工作。

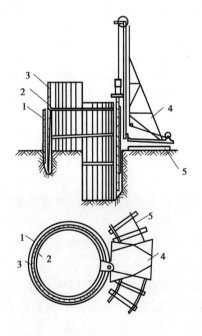

图9.6　地面直板桩工法
1—外导圈;2—内导圈;3—板桩;
4—打桩机;5—轨道

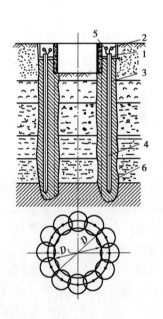

图9.7　冻结法凿井示意图
1—冷冻沟槽;2—配液管;3—冻结管;
4—供液管;5—回液管;6—冻结圈

1)冻结法开凿立井井筒的规定

采用冻结法开凿立井井筒时,应当遵守《煤矿安全规程》下列规定:

163

①冻结深度应当穿过风化带延深至稳定的基岩 10 m 以上。基岩段涌水较大时,应当加深冻结深度。

②第一个冻结孔应当全孔取芯,以验证井筒检查孔资料的可靠性。

③钻进冻结孔时,必须测定钻孔的方向和偏斜度,测斜的最大间隔不得超过 30 m,并绘制冻结孔实际偏斜平面位置图。偏斜度超过规定时,必须及时纠正。因钻孔偏斜影响冻结效果时,必须补孔。

④水文观测孔应当打在井筒内,不得偏离井筒的净断面,其深度不得超过冻结段深度。

⑤冻结管应当采用无缝钢管,并采用焊接或者螺纹连接。冻结管下入钻孔后应当进行试压,发现异常时,必须及时处理。

⑥开始冻结后,必须经常观察水文观测孔的水位变化。只有在水文观测孔冒水 7 天且水量正常,或者提前冒水的水文观测孔水压曲线出现明显拐点且稳定上升 7 天,确定冻结壁已交圈后,才可以进行试挖。在冻结和开凿过程中,要定期检查盐水温度和流量、井帮温度和位移,以及井帮和工作面盐水渗漏等情况。检查应当有详细记录,发现异常,必须及时处理。

⑦开凿冻结段采用爆破作业时,必须使用抗冻炸药,并制定专项措施。爆破技术参数应当在作业规程中明确。

⑧掘进施工过程中,必须有防止冻结壁变形和片帮、断管等的安全措施。

⑨生根壁座应当设在含水较少的稳定坚硬岩层中。

⑩冻结深度小于 300 m 时,在永久井壁施工全部完成后方可停止冻结;冻结深度大于 300 m 时,停止冻结的时间由建设、冻结、掘砌和监理单位根据冻结温度场观测资料共同研究确定。

此外,《煤矿安全规程》还规定:

①冻结井筒的井壁结构应当采用双层或者复合井壁,井筒冻结段施工结束后应当及时进行壁间充填注浆。注浆时壁间夹层混凝土温度应当不低于 4 ℃,且冻结壁仍处于封闭状态,并能承受外部水静压力。

②在冲积层段井壁不应预留或者后凿梁窝。

③当冻结孔穿过布有井下巷道和硐室的岩层时,应当采用缓凝浆液充填冻结孔壁与冻结管之间的环形空间。

④冻结施工结束后,必须及时用水泥砂浆或者混凝土将冻结孔全孔充满填实。

2)冻结法凿井的主要工艺流程

冻结法凿井的主要工艺过程有冻结孔的钻进、井筒冻结和井筒掘砌等。

(1)冻结孔的钻进

为了形成封闭的冻结圈,先要在井筒周围钻一定数量的冻结孔,以便在孔内安设带底锥的冻结管和底部开口的供液管。冻结孔一般等距离地布置在与井筒同心的圆周上,其圈径取决于井筒直径、冻结深度、冻结壁厚度和钻孔的允许偏斜率。冻结孔间距一般为 1.2 ~ 1.3 m,孔径为 200 ~ 250 mm,孔深应比冻结深度大 5 ~ 10 m。

(2)井筒冻结

井筒周围的冻结圈,是由冷冻站制出的低温盐水在沿冻结管流动过程中,不断吸收孔壁周围岩土层的热量,使岩土逐渐冷却冻结而成的。

冷冻站的制冷设备由氨循环系统、盐水循环系统和冷却水循环系统三部分组成,如图 9.8

所示。盐水起传递冷量的作用,称为冷媒剂。盐水的冷量是利用液态氨气化时吸收盐水的热量而制取的,所以氨叫作制冷剂。被压缩的氨由过热蒸气状态变成液态过程中,其热量又被冷却水带走。

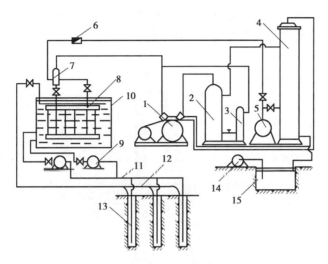

图9.8 制冷系统图

1—氨压缩机;2—氨油分离器;3—集油管;4—冷凝器;5—贮氨器;6—调节阀;7—液气分离器;
8—蒸发器;9—盐水泵;10—盐水箱;11—配液管;12—集液管;13—冻结孔;14—冷却水泵;15—水池

冻结方案有一次冻全深、局部冻结、差异冻结和分期冻结等几种。

一次冻全深方案的适应性强,应用比较广泛。局部冻结指只在涌水部位冻结,其冻结器结构复杂,但是冻结费用低。差异冻结,又叫长短管冻结,冻结管有长短两种间隔布置,在冻结的上段冻结管排列较密,可加快冻结速度,使井筒早日开挖,并可避免下段井筒冻实,影响施工进度,浪费冷量。分期冻结,指当冻结深度很大时,为了避免使用过多的制冷设备,可将全深分为数段(通常分为上下两段),从上而下依次冻结。

当井筒所穿过的表土层很厚时,需要冻结壁的厚度较大,才能有足够的强度抵抗住外围的水土压力。遇到这种情况需要采用多圈布置冻结管进行冻结才能满足施工的要求,目前常采用双圈和三圈冻结方法。

冻结方案的选择,主要取决于井筒穿过的岩土层的地质及水文地质条件、需要冻结的深度、制冷设备的能力和施工技术水平等。

(3)冻结段井筒的掘砌

采用冻结法施工,井筒的开挖时间要选择适当,即当冻结壁已形成而又尚未冻至井筒范围以内时最为理想。此时,既便于掘进又不会造成涌水冒砂事故。但是很难保证处于理想状态,往往是整个井筒被冻实。对于这种冻土挖掘,可采用风镐或钻眼爆破法施工。

冻结井壁一般都采用钢筋混凝土或混凝土双层井壁。内、外层井壁的厚度通常需要根据井壁所承受的压力大小来确定,外层井壁厚度为400~1 000 mm,随掘随浇筑。内层井壁厚度一般为600~800 mm,它在通过冻结段后自下向上一次施工到井口。井筒冻结段双层井壁的优点是内壁无接茬,井壁抗渗性好;内壁在消极冻结期施工,混凝土养护条件较好,有利于保证井壁质量。

2.2.2 钻井法

钻井法凿井是利用钻井机将井筒全断面一次钻成,或将井筒分次扩孔钻成。多采用转盘式钻井机,其型号有 ZZS-1、ND-1、S2-9/700、AS-9/500、BZ-I 和 I40/800 等。如图 9.9 所示为我国生产的 AS-9/500 型转盘式钻井机的工作全貌。

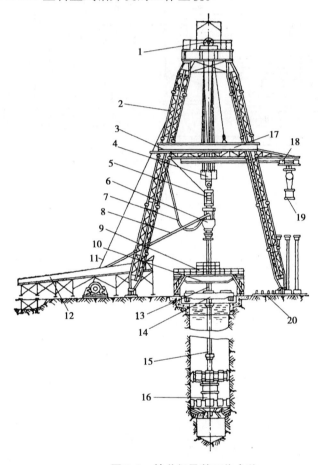

图 9.9　钻井机及其工作全貌

1—天车;2—钻塔;3—吊挂车;4—游车;5—大钩;6—水龙头;7—进风管;8—排浆管;
9—转盘;10—钻台;11—提升钢丝绳;12—排浆槽;13—主动钻杆;14—封口平车;
15—钻杆;16—钻头;17—二层平台;18—钻杆行车;19—钻杆小吊车;20—钻杆仓

1)钻井法凿井规定

采用钻井法开凿立井井筒时,《煤矿安全规程》有下列规定:

①钻井设计与施工的最终位置必须穿过冲积层,并进入不透水的稳定基岩中 5 m 以上。

②钻井临时锁口深度应当大于 4 m,且进入稳定地层中 3 m 以上,遇特殊情况应当采取专门措施。

③钻井期间,必须封盖井口,并采取可靠的防坠措施;钻井泥浆浆面必须高于地下静止水位 0.5 m,且不得低于临时锁口下端 1 m;井口必须安装泥浆浆面高度报警装置。

④泥浆沟槽、泥浆沉淀池、临时蓄浆池均应当设置防护设施。泥浆的排放和固化应当满

足环保要求。

⑤钻井时必须及时测定井筒的偏斜度。偏斜度超过规定时,必须及时纠正。井筒偏斜度及测点的间距必须在施工组织设计中明确。钻井完毕后,必须绘制井筒的纵横剖面图,井筒中心线和截面必须符合设计。

⑥井壁下沉时井壁上沿应当高出泥浆浆面1.5 m以上。井壁对接找正时,内吊盘工作人员不得超过4人。

⑦下沉井壁、壁后充填及充填质量检查、开凿沉井井壁的底部和开掘马头门时,必须制定专项措施。

2)钻井法凿井的主要工艺流程

钻井法凿井的主要工艺流程有井筒的钻进、泥浆洗井护壁、下沉预制井壁和壁后注浆固井等。

(1)井筒的钻进

井筒钻进是关键工序。钻进方式多采用分次扩孔钻进,即首先用超前钻头一次钻到基岩,在基岩部分占的比例不大时,也可用超前钻头一次钻到井底;而后分次扩孔至基岩或井底。超前钻头和扩孔钻头的直径一般是已固定的,但有的钻机可在一定范围内调整钻头的钻进尺寸。选择扩孔直径和次数的原则是在转盘和提吊系统能力允许的情况下,尽量减少扩孔次数,缩短辅助时间。

钻井机的动力设备多设置在地面。钻进时由钻台上的转盘带动钻杆旋转,进而使钻头旋转,钻头上装有破岩的刀具。为了保证井筒的垂直度,常采用减压钻进,即将钻头本身在泥浆中质量的30% ~60%压向工作面破碎岩石。

(2)泥浆洗井护壁

钻头破碎下来的岩屑必须及时用循环泥浆从工作面清除,使钻头的刀具始终直接作用在未被破碎的岩面上,提高钻进效率。泥浆由泥浆池经过进浆地槽流入井内,进行洗井护壁。压气通过中空钻杆中的压气管进入混合器,压气与泥浆混合后在钻杆内外造成压力差,使清洗过工作面的泥浆带动破碎下来的岩屑被吸入钻杆,经钻杆与压气管之间环状空间排往地面。泥浆量的大小,应保证泥浆在钻杆内的流速大于0.3 m/s,使被破碎下来的岩屑全部排到地面。泥浆沿井筒自上向下流动,洗井后沿钻杆上升到地面。这种洗井方式称为反循环洗井。

泥浆的另一个重要作用就是护壁,一方面是借助泥浆的液柱压力平衡地压,另一方面是在井帮上形成泥皮,堵塞裂隙,防止片帮。为了利用泥浆有效地洗井护壁,要求泥浆有较好的稳定性,不易沉淀;泥浆的失水量要比较小,能够形成薄而坚韧的泥皮;泥浆的黏度在满足排渣要求的条件下,应具有较好的流动性且便于净化。

(3)沉井和壁后充填

采用钻井法施工的井筒,其井壁多采用管柱形预制钢筋混凝土井壁。井壁在地面制作。

待井筒钻完,提出钻头,用起重大钩将带底的预制井壁悬浮在井内泥浆中,利用其自重和注入井壁内的水重缓慢下沉。同时,在井口不断接长预制管柱井壁。接长井壁时,要注意测量,以保证井筒的垂直度。在预制井壁下沉的同时,及时排除泥浆,以免泥浆外溢和沉淀。为了防止片帮,泥浆面不得低于锁口以下1 m。

当井壁下沉到距设计深度1~2 m时,应停止下沉,测量井壁的垂直度并进行调整,然后再下沉到底,并及时进行壁后充填。最后把井壁里的水排净,通过预埋的注浆管进行壁后注浆,以提高壁后充填质量和防止破底时发生涌水冒砂事故。

2.2.3 沉井法

沉井法属于超前支护类的一种特殊施工方法,其实质是在井筒设计位置上,预制好底部附有刃脚的一段井筒,在其掩护下,随着井内的掘进出土,井筒靠其自重克服其外壁与土层间的摩擦阻力和刃脚下部的正面阻力而不断下沉,随着井筒下沉,在地面相应接长井壁。如此周而复始,直至沉到设计标高。

沉井法是由古老的掘井作业发展完善而来的施工技术。随着现代化施工机械和施工工艺的不断革新,沉井技术也日新月异。沉井法施工工艺简单,所需设备少,易于操作,井壁质量好,成本低,操作安全,广泛应用于地下工程领域,如大型桥墩基础和地下厂房、仓库、车站等。目前在矿山立井井筒施工中普遍采用淹水沉井施工技术。

1)淹水沉井

淹水沉井是利用井壁下端的钢刃角插入土层,靠井壁自重、水下破土与压气排渣克服正面阻力而下沉。一边下沉一边在井口接长井壁,直到全部过冲积层,下沉到设计位置。

淹水沉井施工如图9.10所示,首先施工套井,然后在套井内构筑带刃脚的钢筋混凝土沉井井壁。套井的深度是由第一层含水层深度决定的,一般取8~15 m。套井与沉井的间隙,一般取0.5 m左右。

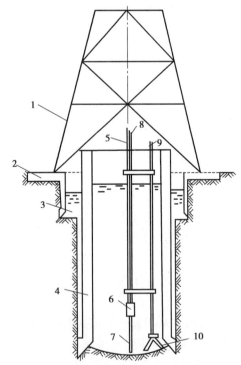

图9.10 淹水沉井法施工示意图

1—井架;2—套井;3—泥浆;4—沉井井壁;5—压风管;
6—压风排液器;7—吸泥管;8—排渣管;9—高压水管;10—水枪

当钢筋混凝土沉井井壁的高度超出地面高度后,用泵通过预埋的泥浆管将泥浆池中的泥浆压入沉井壁后形成泥浆隔层和泥皮。泥浆和泥皮起护壁润滑的作用,减小沉井下沉的摩擦阻力。沉井内充满水以达到平衡地下水压力的目的,防止涌沙冒泥事故的发生。淹水沉井的掘进工作无须人工挖土,而是采用机械破土。通常可用钻机和高压水枪破土,压气排渣。在井深不大的砾石层和卵石层中,也可采用长绳悬吊大抓斗直接抓取提到地面的破土排渣法。

2)普通沉井

当不稳定表土层厚度在 30 m 以内时,可采用普通沉井法。随着沉井下沉,在地面不断接长沉井井壁。在沉井下沉过程中要特别注意防偏与纠偏问题,以保证沉井的偏斜值在允许的范围内。

当淹水沉井或普通沉井下沉到设计位置,井筒的偏斜值又在允许范围内时,应立即进行注浆固井工作,防止继续下沉和漏水。注浆前,一般需要在作面浇筑混凝土止水垫封底,防止冒砂跑浆。如果刃脚已插入风化基岩内,也可以不封底而直接注浆。注浆工作一般是利用预埋的泥浆管和注浆管向壁后注入水泥或水泥-水玻璃浆液。套井与沉井之间的间隙,要用毛石混凝土充填。

3　立井基岩施工方法

根据井筒所穿过的基岩岩层的性质,过去主要采用钻眼爆破法施工,目前采用反井钻机施工法居多,未来将推广使用全断面机掘法。

3.1　钻爆法施工

立井钻爆法掘进的主要工序有钻眼、爆破、通风、安全检查,装岩、清底、支护、测量等,涌水较大时,还要排水。钻眼爆破工作是一项主要工序,钻眼爆破效果直接影响其他工序及井筒施工速度和工程成本。

3.1.1　钻眼设备

立井掘进的钻眼工作,过去一直采用风动凿岩机,如 YT-29 等轻型凿岩机以及 YGZ-70 导轨式重型凿岩机。前者用于人工手持打眼,后者用于配备伞形钻架打眼。目前液压凿岩机得到了推广应用,液压伞形钻架钻眼深度一般为 3~5 m。用伞形钻架打眼具有机械化程度高、劳动强度低、钻眼速度快和工作安全等优点。

伞形钻架的结构如图 9.11 所示。

打眼前用提升钩头将它从地面送到掘进工作面,然后利用支撑臂、调高器和底座固定在工作面上。打眼时用动臂将滑轨连同凿岩机送到钻眼位置,用活顶尖定位。打眼工作实行分区作业,全部炮眼打眼结束后收拢伞形钻,再利用提升钩头提到地面并转挂到井架翻矸平台下指定位置存放。

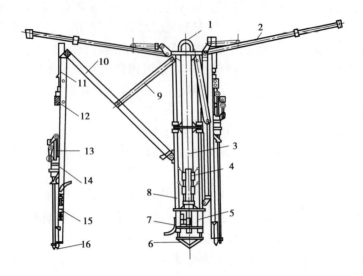

图 9.11 FJD 伞形钻架结构图

1—吊环;2—支撑臂;3—中央立柱;4—液压阀;5—调高器;6—底盘;7—风马达及油缸;
8—滑道;9—动臂油缸;10—动臂;11—升降油缸;12—推进风马达;13—凿岩机;
14—滑轨;15—操作阀组;16—活顶尖

3.1.2 爆破

爆破工作包括爆破器材的选择、确定爆破参数和编制爆破图表。

1)爆破器材的选择

在立井施工中,工作面常有积水,要求使用防水炸药。常用的防水炸药有水胶炸药和乳化炸药。在有瓦斯或煤尘爆炸危险的井筒内进行爆破,或者是井筒穿过煤层进行爆破时,必须采用煤矿许用安全炸药和延期时间不超过 130 ms 的毫秒延期电雷管或数码电雷管。

2)爆破参数的确定

炮眼深度是根据岩石性质、凿岩爆破器材的性能及合理的循环工作组织决定的。合理的炮眼深度,应能保证取得良好的爆破效果和提高立井掘进速度。

立井掘进的炮眼深度,当采用人工手持钻机打眼时,以 1.5 ~ 2.0 m 为宜;当采用伞形钻打眼时,为充分发挥机械设备的性能,以 3.0 ~ 5.0 m 为宜。

炮眼数目和炸药消耗量与岩石性质、井筒断面大小和炸药性能等因素有关。合理的炮眼数目和炸药消耗量,应在保证最优爆破效果下爆破材料消耗量最小。

炮眼数目应结合炮眼布置最后确定。在圆形断面井筒中,炮眼多布置成同心圆形,如图9.12 所示。掏槽方式有直眼掏槽和锥形掏槽。炮眼比较深时,为了打眼方便和防止崩坏井内设备,多采用直眼掏槽。

炮眼布置的圈间距一般为 0.7 ~ 1.0 m,掏槽眼圈径为 1.2 ~ 2.2 m,周边眼距井帮设计位置约为 0.1 mm。崩落眼的眼间距一般为 0.8 ~ 1.0 m,掏槽眼间距为 0.6 ~ 0.8 m,周边眼间距为 0.4 ~ 0.6 m。

装药方式一般都采用柱状连续装药。为了达到光面爆破的目的,周边眼可以采用不耦合装药或间隔装药。

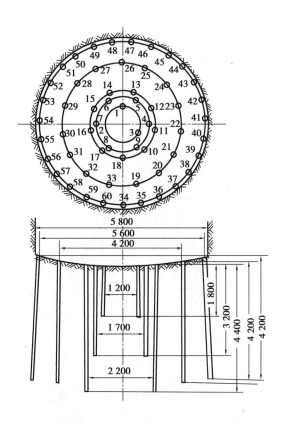

图 9.12　立井炮眼布置图

1~18—掏槽眼;19~33—辅助眼;34~60—周边眼

连线方式一般都采用并联。若是一次起爆的雷管数目较多,并联不能满足准爆电流要求时,可以采用串并联方式。

在立井施工爆破时,所有人员必须升井离开井口棚,打开井盖门,由专职爆破员爆破。爆破后,必须将炮烟排出并经过检查认为安全时,才允许作业人员下井。

3.1.3　装岩提升

在立井施工中,装岩提升工作是最费工时的工作,占整个掘进工作循环时间的 50% ~ 60%,是决定立井施工速度的关键。

1)装岩

立井施工普遍采用抓岩机装岩,实现了装岩机械化。我国生产的抓岩机有 NZQZ-0.11 型抓岩机、长绳悬吊抓岩机(HS 型)、中心回转式抓岩机(HZ 型)、环行轨道式抓岩机(HH 型)和靠壁式抓岩机(HK 型)。立井施工目前主要以采用中心回转式抓岩机为主。中心回转式抓岩机的结构如图 9.13 所示,它固定在吊盘的下层盘或稳绳盘上。抓斗利用变幅机构做径向运动,利用回转机构做圆周运动,利用提升机构通过悬吊钢丝绳使抓斗做上下运动。司机坐在司机室内控制抓斗抓岩,要求司机室距工作面不超过 15 m。

HZ 型中心回转抓岩机以前一般适用于井径 4~6 m,井深 400~600 m 的井筒,并与 2~3 m³ 吊桶配套使用较为适宜。目前,随着井筒直径的增大,工作面需要 2~3 台中心回转抓岩机,另外配置 1 台小型电动挖掘机,与 5 m³ 吊桶配套使用。HH 型环形轨道抓岩机一般适用于

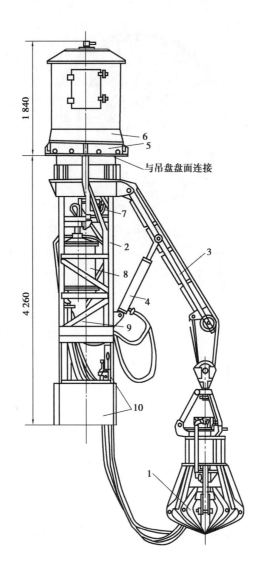

与吊盘盘面连接

图9.13 中心回转抓岩机

1—抓斗;2—机架;3—臂杆;4—变幅油缸;5—回转结构;6—提升绞车;7—回转动力机;
8—变幅气缸;9—增压油缸;10—操作阀和司机室

大型井筒,当井径为5~6.5 m时,可选用单斗 HH-6 型;井径大于 7 m时,可选用双斗 2HH-6 型。井筒深度一般大于 500 m,并可与 FJD-9 型伞钻和 3~4 m³ 大吊桶配套。但目前环形轨 道抓岩机应用较少。

提高装岩生产率是缩短装岩提升工序时间的重要途径。为此,在立井掘进施工中应注意 以下几点:

①注意抓岩机的维修保养,使之经常处于良好的工作状态。

②加大炮眼深度,提高爆破效果,以加快抓岩速度和减少清底时间。

③提高操作技术,使抓斗抓取矸石和向吊桶投放动作准确。

④吊桶直径应与抓斗张开直径相适应,并力争提升矸石能力,满足抓岩能力的要求。

2）提升

立井井筒施工时提升工作的主要任务是及时排除井筒工作面的矸石、下放器材和设备以及提放作业人员。提升系统一般由提升容器、钩头连接装置、提升钢丝绳、天轮、提升机以及提升所必需的导向稳绳和滑架组成。根据井筒断面的大小，可以设1～2套单钩提升或一套单钩和一套双钩提升。

①提升容器及其附属装置。井筒提升工作中，提升容器主要是吊桶，一般有两种。一种是矸石吊桶，主要用于提矸、升降人员和提放物料，当井内涌水量小于6 m³/h时，还可用于排水。另一种是底卸式材料吊桶，主要用于砌壁时下放混凝土材料。吊桶附属装置包括钩头及其连接装置、缓冲器、滑架等，一般根据吊桶特征进行选择。

②提升钢丝绳。立井井筒施工中提升钢丝绳一般采用多层股不旋转圆形钢丝绳。根据《煤矿安全规程》的规定：用于专为升降人员或提升物料和人员的钢丝绳，其钢丝的韧性应不低于特号标准；而用于升降物料或平衡的钢丝绳则应不低于1号韧性标准。钢丝绳直径一般根据提升的终端荷载、钢丝绳的最大悬长、钢丝绳钢丝的强度和安全系数进行计算确定。对于钢丝绳的安全系数，专门用于提升人员时不低于9；用于提升人员和物料时也不低于9，专门用于提升物料时不低于7.5。

③提升机。立井井筒施工提升机主要采用单绳缠绕式卷筒提升机，该提升机由卷筒、主轴及轴承、减速器及电动机、制动装置、深度指示器、配电及控制系统和润滑系统等部分组成。立井井筒施工提升机的选择应满足凿井、车场巷道施工和井筒安装的不同要求。对于主要服务于车场巷道施工的井筒，提升机的选择还应配置双卷筒，以便于改装成临时罐笼。

④提升辅助设施。井筒提升辅助设施包括提升天轮、导向稳绳、稳绳天轮、稳绳悬吊凿井绞车等。井筒提升系统必须保证提升能力大于井下抓岩机的工作能力，以充分发挥抓岩机的工作性能，为加快井筒的掘进速度打好基础。

3.1.4 排矸

立井井筒在掘进时，井下矸石通过吊桶提升到地面井架上翻矸台后，通过翻矸装置将矸石卸出，矸石通过溜矸槽或矸石仓卸入汽车或矿车，然后运往排矸场地。

1）翻矸方式

地面翻矸方式有人工翻矸和自动翻矸两种。其中自动翻矸装置包括座钩式、翻笼式和链球式。目前最常用的为座钩式自动翻矸方式，这种翻矸方式具有操作时间短、构造简单、加工安装方便、工作安全可靠等优点。

2）排矸方法

井筒施工的地面排矸方法一般采用汽车排矸和矿车排矸。汽车排矸机动灵活，排矸能力大，速度快，在井筒施工初期多采用这种方式，矸石可运往工业广场进行平整场地。矿车排矸简单、方便，主要用于井筒施工的后期，矸石可直接利用自卸式矿车运往临时矸石山。

3.1.5 井筒支护

井筒向下掘进一定深度后，应及时进行井筒支护工作，以支承地压、固定井筒装备、封堵涌水以及防止岩石风化破坏等。根据岩石的条件和井筒掘砌的方法，可掘进1～2个循环即进行永久支护工作，也可以往下掘进一定深度后再进行永久支护工作，这时为保证掘进工作安全,必须及时进行临时支护。

1)临时支护

井筒施工中,若采用短段作业,因围岩暴露高度不大,暴露时间不长,在进行永久支护之前不会片帮,这时可不采用临时支护。一般情况下,为了确保工作安全都需要进行临时支护。长期以来,井筒掘进的临时支护都是采用井圈背板。这种临时支护在通过不稳定岩层或表土层时,是行之有效的。但是,材料消耗量大,拆装费工费时。在井筒基岩段施工时,采用锚喷支护作为临时支护具有很大的优越性,它克服了井圈背板临时支护的缺点,现已被广泛采用。

2)永久支护

立井井筒永久支护是井筒施工中的一个重要工序。根据所用材料不同,立井井筒永久支护有料石井壁、混凝土井壁、钢筋混凝土井壁和锚喷支护井壁。砌筑料石井壁劳动强度大,不易实现机械化施工,而且井壁的整体性和封水性都很差。目前除小型矿井井筒涌水量不大,而又有就地取材的条件时采用料石井壁外,多数采用整体式混凝土井壁。浇筑井壁的混凝土,其配合比和强度必须进行试验检查。在地面混凝土搅拌站搅拌好的混凝土,经输料管或吊桶输送到井下注入模板内。

浇筑混凝土井壁的模板有多种。采用长段掘砌单行作业和平行作业时,多采用液压滑升模板或装配式金属模板。采用掘砌混合作业时,多采用金属整体移动式模板。由于掘砌混合作业方式在施工立井时被广泛应用,金属整体移动式模板也得到了广泛使用。

金属整体移动式模板有门轴式、门扉式和伸缩式三种。伸缩式金属整体移动式模板具有受力合理、结构刚度大、立模速度快、脱模方便、易于实现机械化等优点,目前已在立井井筒施工中得到广泛应用。伸缩式模板根据伸缩缝的数量又分为单缝式、双缝式和三缝式模板。目前使用最为普遍的 YJM 型金属伸缩式模板由模板主体、刃脚、缩口模板和液压脱模液装置等组成,其结构整体性好、几何变形小、径向收缩量均匀,采用同步增力单缝式脱模机构,使脱模、立模工作轻而易举。这种金属整体移动式模板用钢丝绳悬吊,立模时将它放到预定位置,用伸缩装置将它撑开到设计尺寸。浇筑混凝土时将混凝土直接通过浇注口注入,并进行振捣。当混凝土基本凝固时,先进行预脱模,在强度达到 0.05 ~ 0.25 MPa 时,进行脱模。金属整体移动式模板的高度,一般根据井筒围岩的稳定性和施工段高来决定,在稳定岩层中可达到 3.0 ~ 4.5 m。

锚喷支护也可作为井筒永久支护,特别是无提升设备的井筒中,采用锚喷支护作为永久支护,可使施工大为简化,施工机械化程度也大大提高,并且减少了井筒施工工程量。实践表明,凡是在中硬以上稳定的岩层中,涌水量小于 5 m^3/h 时,可以考虑采用锚喷支护作为井筒永久支护。锚喷支护的施工中,喷射混凝土材料一般在地面搅拌好,然后输送到井口或吊盘上的喷射机中,在喷射平台上进行喷射。喷射机设在井口时,采用管路输送到井下喷射地点,输送中应注意防止输送管路的堵塞问题。

3.1.6 其他工作

1)通风

井筒施工中,工作面必须不断地通入新鲜空气,以清洗和冲淡爆破后产生的有害气体,保证工作人员的身体健康。立井掘进的通风是由设置在地面的通风机和井内的风筒完成的。当采用压入式通风时,即通过风筒向工作面压入新鲜空气,污风经井筒排出,井筒内污浊空气排出缓慢,一般适用于井深小于 400 m 的井筒。而采用抽出式通风时,即通过风筒将工作面污浊空气向外抽,这时井筒内为新鲜空气,施工人员可尽快返回工作面。当井筒较深时,采用抽出式为主,辅以压入式通风,可增大通风系统的风压,提高通风效果。该方式是目前深井施工常用的通风方式。

立井施工通风工作中,风机主要采用 BKJ 系列轴流式局部通风机,也有的采用离心式通风机。根据实际情况,一般采用两台不同能力的风机并联,其中能力大的用于爆破后抽出式通风,另一台用于平时通风。风筒的直径一般为 0.5 ~ 1.0 m,可采用胶皮风筒、铁风筒和玻璃钢风筒,压入式通风采用胶皮风筒,抽出式通风采用铁风筒或玻璃钢风筒。风筒一般采用钢丝绳悬吊或者固定在井壁上,随着井筒的下掘而不断下放或延伸。

2)涌水的处理

井筒施工中,井内一般都有较大涌水,它不仅影响施工速度、工程质量、劳动效率,严重时还会给人们带来危害。因此必须采取有效措施,妥善处理井筒涌水。采用的处理方法有注浆堵水、导水与截水、井筒排水等。

(1)注浆堵水

注浆堵水就是用注浆泵经注浆孔将浆液注入含水岩层内,使之充满岩层的裂隙并凝结硬化,堵住地下水流向井筒的通路,达到减少井筒涌水量和防止渗水的目的。注浆堵水有两种方法:一种是为了打干井而在井筒掘进前向围岩含水层注浆堵水,这种注浆方法称为预注浆;另一种是为了封住井壁渗水而在井筒掘砌完后向含水层段的井壁注浆,这种注浆方法称为壁后注浆。

地面预注浆的钻注浆孔和注浆工作都是在建井准备期于地面进行的。含水层距地表较浅时,采用地面预注浆较为合适。钻孔布置在大于井筒掘进直径 1 ~ 3 m 的圆周上,有时也可以布置在井筒掘进直径范围以内。注浆时,若含水层比较薄,可将含水岩层一次注完全深。若含水层比较厚,则应分段注浆。分段注浆时,每个注浆段的段高应视裂隙发育程度而定,裂隙愈发育段高应愈小,一般为 15 ~ 30 m。厚含水岩层分段注浆。分段注浆方式效果好,但注浆孔复钻工程量大。另一种是注浆孔一次钻到含水层以下 3 ~ 4 m,而后自下向上借助止浆塞分段注浆。这种注浆方式的注浆孔不需要复钻,但注浆效果不如前者。特别是在垂直裂隙发育的含水岩层内,自下向上分段注浆更不宜采用。

当含水岩层埋藏较深时,采用井筒工作面预注浆是比较合适的。井筒掘进到距含水岩层一定距离时便停止掘进,构筑混凝土止水垫,随后钻孔注浆。当含水层上方岩层比较坚固致密时,可以留岩帽代替混凝土止水垫,然后在岩帽上钻孔注浆。止水垫或岩帽的作用是防止冒水跑浆。工作面预注浆如图 9.14 所示,注浆孔间距大小取决于浆液在含水岩层内的扩散半径,一般为 1.0 ~ 2.0 m。当含水岩层裂隙连通性较好,而浆液扩散半径较大时,可减少注浆孔数目。

井筒掘砌完后,往往由于井壁质量欠佳而造成井壁渗水。这对井内装备、井筒支护寿命和工作人员的健康都十分不利,而且还增加了矿井排水费用,所以必须进行壁后注浆加固封水。

壁后注浆,一般自上而下分段进行。注浆段高,视含水层赋存条件和具体出水点位置而定,一般段高为 15 ~ 25 m。

井筒围岩裂隙较大、出水较多的地段,应在砌壁时预埋注浆管。若没有预埋注浆管而在砌壁后发现井壁裂缝漏水的区段,可用凿岩机打眼埋设注浆管。注浆孔的深度应透过井壁进入含水岩层 100~200 mm。在表土层内,为了避免透水涌沙,钻孔不能穿透井壁,只能进行井壁内注浆填塞井壁裂隙,达到加固井壁和封水的目的。

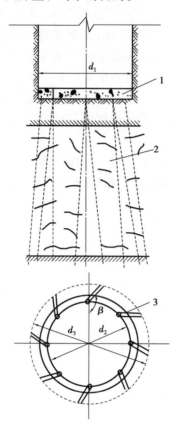

图 9.14 工作面预注浆示意图

1—止水垫;2—含水岩层;3—注浆钻孔

d_1—掘进直径;d_2—注浆孔布置直径;d_3—孔底直径;β—螺旋角(120°~180°)

(2)井筒排水

根据井筒涌水量大小不同,工作面积水的排出方法可分为吊桶排水、吊泵和卧泵排水。吊桶排水是用风动潜水泵将水排入吊桶或排入装满矸石吊桶的空隙内,用提升设备提到地面排出。吊桶排水能力,与吊桶容积和每小时提升次数有关。井筒工作面涌水量不超过 8m³/h 时,采用吊桶排水较为合适。

吊泵排水是利用悬吊在井筒内的吊泵将工作面积水直接排到地面或中间泵房内,卧泵排水是利用布置在吊盘上的卧泵将工作面积水直接排到地面。吊泵或卧泵排水井筒工作面涌水量以不超过 40 m³/h 为宜。否则,井筒内就需要设多台吊泵或卧泵同时工作,占据井筒较大空间,对井筒施工不利。

吊泵排水时,还可以与风动潜水泵进行配套排水,也就是用潜水泵将水从工作面排到吊盘上水箱内,然后用吊泵再将水箱内的水排到地面。此时,吊泵处在吊盘上方,不影响中心回转式抓岩机抓岩。而卧泵排水时,必须与风动潜水泵进行配套排水,要求在吊盘上设置水箱,进行接力排水。

当井筒深度超过水泵扬程时,需要设中间泵房进行多段排水。用吊泵或卧泵将工作面积水排到中间泵房,再用中间泵房的卧泵排到地面。

(3)导水与截水

为了减少工作面的积水、改善施工条件和保证井壁质量,应将工作面上方的井帮淋水截住并导入中间泵房或水箱内。截住井帮淋水的方法可在含水层下面设置截水槽,将淋水截住并导入水箱,再由卧泵排到地面。

3)压风和供水

立井井筒施工中,工作面打眼、装岩和喷射混凝土作业所需要的压风和供水通过并列吊挂在井内的压风管和供水管由地面送至吊盘上方,然后经三通、高压软管、分风(水)器和软管将风、水引入各风动机具。井内压风管和供水管可采用钢丝绳双绳悬吊,地面设置凿井绞车悬挂,随着井筒的下掘不断下放;也可直接固定在井壁上,随着井筒的下掘而不断向下延伸。工作面的软管与分风(水)器均采用钢丝绳悬吊在吊盘上,爆破时提至安全高度。

4)照明与信号

井筒施工中,良好的照明能提高施工质量和效率,减少事故的发生。因此在井口和井内,凡是有人操作的工作面和各盘台,均应设置足够的防爆、防水灯具。但在进行装药连线时,必须切断井下一切电源,使用矿灯照明。

立井井筒施工时,必须建立以井口为中心的全井信号系统。在掘进工作面、吊盘、泵房与井口信号房之间建立各自独立的信号联系。同时,井口信号房又可向卸矸台、提升机房及凿井绞车房发送信号。设置信号应简单、可靠,目前使用最普遍的是声、光兼具的电气信号。

5)测量工作

井筒施工过程中,必须做好测量工作,以确保井筒达到设计要求和规格。井筒中心线是井筒测量关键。在设置垂球测量的同时,保持激光指向仪全时投点。激光指向仪安设在井口封口盘下 4~8 m 处固定盘上方 1 m 处的支架上,平时应经常校正。当井筒深度很深时,可将仪器移设到井筒深部适当位置,以确保测量精度。

6)安全梯设置

当井筒停电或发生突然冒水等意外事故时,工人可借助井内所设置的安全梯迅速撤离工作面。安全梯用角钢制作,由若干节拼装而成。安全梯的高度应使井底全部人员在紧急状态下都能登上梯子,然后提至地面。安全梯必须采用专用凿井绞车悬吊。

3.2　钻井法施工

立井基岩钻井法凿井是利用钻井机械将井筒一次钻透后分次扩孔完成。除井壁支护方式为锚喷或混凝土浇筑外,其他与表土层钻井法类同。

3.3　反井钻机法施工

立井井筒反井钻机施工参见本书第 10 章——煤仓施工中的反井钻机施工法。矿井首先施工斜井到深部水平,然后掘进平巷至立井井筒下部位置,从上向下钻导向孔与深部水平相通,然后换扩孔钻头,自下向上扩孔,一直扩孔到反井钻机下方 3 m 处停止,剩余段岩柱待拆除反井钻机后利用钻爆法施工形成竖孔。扩孔时的矸石借自重下落到深部水平,由装岩机装入矿车或胶带输送机,通过斜井井筒运至上部水平直至地面。反井钻机扩孔直径达到 1~1.5 m 即能满足排矸、泄水和通风的施工要求。在井架上安装提升容器上下起降运送人员、设备和材料,自上而下用钻爆法刷大井筒,支护井壁,最终形成设计的立井井筒。

3.4 立井施工装备技术发展趋势

由中铁工程装备集团有限公司研制的世界首台全断面硬岩竖井掘进机已经在浙江宁海水电站建设项目中投入使用,成功攻克硬岩竖井掘进机技术难题,首次实现动力下沉和井下无人掘进施工,目前该技术处于世界领先水平。全断面硬岩竖井掘进机施工方式如图 9.15 所示。

图 9.15　全断面硬岩竖井掘进机工作示意图

研制团队先后攻克了掘排同步垂直出渣技术、环形撑靴推进技术等一系列关键难题,设备安全高效,推进动力可靠、稳定。全断面开挖机械式同步出渣系统比泥水、真空等传统出渣方式效率更高、能耗更低。与传统工法相比,施工人员减少 50% 以上,掘进效率提高 2 倍以上,施工期间实现了地面远程操控,井下无人自动掘进,为类似地下工程施工提供了经验和借鉴,为千米级竖井安全快速施工提供了全新的工艺技术方案。

由于竖井多选择圆形断面,而全断面掘进机正好能切割出圆形井筒。可以预见,全断面竖井掘进机成套设备将在煤矿立井施工中得到广泛推广运用。

【思考与练习】

1. 简述立井表土钻井法和冻结法施工的工艺流程。
2. 简述立井基岩钻爆法施工的工艺流程。

第 10 章
特殊巷道施工

1 硐室施工

1.1 硐室的特点与类型

硐室是断面大、长度短的地下空间或巷道。

矿井常见硐室主要有水泵房、变电所、充电硐室、箕斗装载硐室、卸载硐室、井底煤仓、水仓、绞车房、井下炸药库、等候室等。井底车场卸载硐室如图 10.1 所示。

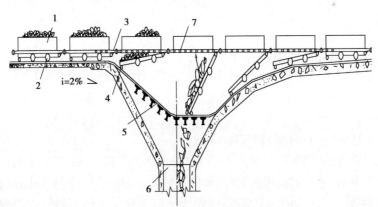

图 10.1　井底车场卸载硐室

1—底卸式矿车;2—车轮;3—缓冲器;4—卸载轮;

5—卸载曲轨;6—卸载坑;7—托辊

硐室的设计一般先按硐室的用途选择硐室内需要安设的机械和电气设备,然后根据选定的机电设备的类型、数量、外形尺寸,确定硐室的形式及其布置,最后再根据这些设备安装、检修和安全运行的间隙要求以及硐室所处围岩稳定状况,确定硐室的规格尺寸和支护结构。有些硐室还需要考虑防潮、防渗、防火和防爆等特殊要求。

硐室施工与一般巷道施工相比,具有以下特点:

①硐室的断面大、变化多、长度小,进出口通道狭窄,服务年限长,工程质量要求高,一般要求其具有防水、防潮、防火等性能。

②硐室周围井巷工程较多,一个硐室常与其他硐室或井巷相连。因而硐室围岩的受力情况比较复杂,施工难度大,支护比较困难。

③多数硐室安设有各种不同的机电设备,故硐室内需要浇筑设备基础,预留管缆、沟槽及安设起重梁等。

1.2 硐室施工方法

硐室施工方法的选择主要取决于硐室断面大小和围岩稳定性。围岩的稳定性不仅与硐室围岩的自然因素(围岩应力、岩体结构、岩石强度、地下水等)有关,而且与人为因素(位置、断面形状和尺寸、支护方式、施工方法等)有关。根据硐室断面大小和围岩稳定状况,煤矿井下硐室施工方法有全断面施工法、台阶施工法和导硐施工法。

1.2.1 全断面施工法

全断面施工法,是按硐室的设计掘进断面一次将硐室掘出,与普通岩石巷道施工方法基本相同。

全断面施工法一般适用于围岩稳定、断面高度不太高的硐室。由于全断面施工的工作空间宽敞,施工机械设备展得开,故具有一次成巷施工效率高、速度快、成本低等特点。硐室高度超过 5 m 时,在常规设备条件下,采用全断面施工不方便。如果使用凿岩台车和大型装岩机等掘进设备且围岩较稳定时,硐室断面大小不受此限制。

1.2.2 台阶施工法

这种方法用在岩层稳定或比较稳定的条件下,由于硐室的高度大,不便于施工。可以根据硐室高度将整个硐室分成几层,施工时形成台阶状。按台阶工作面布置方式的不同又可分为正台阶工作面法和倒台阶工作面法。前者上分层超前施工,亦称下行分层法;后者下分层超前施工,亦称上行分层法。

1)正台阶工作面(下行分层)施工法

根据硐室的全高,整个断面可分为 2 ~ 3 层,每层的高度以 1.8 ~ 2.5 m 为宜,最大不超过 3 m。如图 10.2 所示,某矿水泵房施工时,采用正台阶工作面法。上分层工作面高为 2.5 m,超前 2 m 左右;下分层工作面呈 45° 斜坡,以便于溜放上分层工作面的矸石,在下分层后面装岩机装岩。施工组织采用"两掘一锚喷",随掘随喷一层厚 5 mm 水泥砂浆用来临时封闭围岩,待掘进 20 ~ 30 m 后,再按设计厚度喷射混凝土作为永久支护。

当硐室长度较小时,可采用将上分层全部掘喷完,然后再掘喷下分层的方式。

若围岩条件差,硐室采用砌碹支护,也可用正台阶工作面施工法。此时,上分层掘进时用无腿金属支架支护。砌碹工作有两种做法:一种是砌碹工作滞后于下分层掘进工作面 1.5 ~ 2.5 m;另一种是先拱后墙,即上分层采用短掘短砌、先掘拱,并适当加大上分层的超前距离,使下分层掘进爆破不致损伤拱帽。下分层的掘进与砌墙也采用短段掘砌法,使墙紧跟迎头。

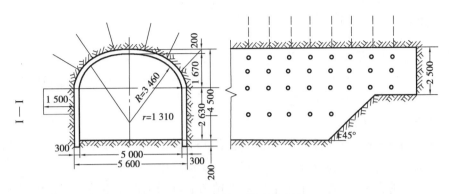

图 10.2　正台阶工作面施工法

这时整个拱部后端与墙连成整体,前端则支在岩石台阶上,所以很安全。硐室不太长时,也可将上分层拱部完全掘砌好后再刷掘下分层,同时砌墙与拱连接。

2)倒台阶工作面(上行分层)施工法

如图 10.3 所示为某矿水泵房倒台阶工作面施工法。下分层工作面超前 3～5 m,边掘边锚;上分层工作面施工时,可站在挑顶的矸石堆上打锚杆。顶板岩石稳定时,可掘锚 15 m 后再喷射混凝土;顶板岩石不太稳定时,可边掘边打锚杆和挂金属网,最后喷射混凝土。

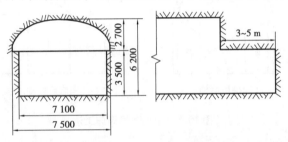

图 10.3　倒台阶工作面(上行分层)施工法

采用砌碹施工的硐室,下分层高度应相当于设计墙高,超前 4～6 m 或更长。下分层掘进时,一般采用棚式临时支架,如图 10.4 所示。砌碹时先要架台棚将原来的顶梁托住;上分层挑顶工作是在下分层掘砌完成后进行,挑顶后立即砌拱。

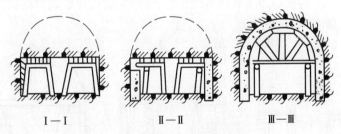

图 10.4　下分层掘进时棚式临时支架

正台阶工作面施工法比较安全可靠;倒台阶工作面施工法挑顶爆破效率高,装岩方便。两者都适用于围岩较稳定,整体性较好的岩层。其中先拱后墙下行分层法的适应范围更广,在较松软的岩层中也可应用。

1.2.3 导硐施工法

导硐施工法,是在硐室的某一部位先用小断面导硐掘进,然后再行开帮、挑顶或卧底,将导硐逐步扩大至硐室的设计断面。导硐的断面通常为 4 ~ 8 m²。根据导硐所在位置不同,分为中央下导硐施工法、两侧导硐施工法。

1) 中央下导硐施工法

导硐位于硐室中部靠近底板,导硐断面可按单轨巷道考虑,以满足机械装岩为宜。当导硐掘到预定位置后,再进行刷帮、挑顶并完成永久支护工作。

硐室采用锚喷支护时,宜用中央下导硐先挑顶后刷帮的施工顺序,如图 10.5(a)所示。挑顶的矸石可用装岩机运输,挑顶后随即安装拱顶锚杆和喷射拱部混凝土,然后刷帮并喷射墙部混凝土。对于砌碹支护的硐室,适用于中央下导硐先刷帮后挑顶施工顺序,如图 10.5(b)所示。在刷帮的同时完成砌墙工作,然后挑顶完成拱部砌碹。

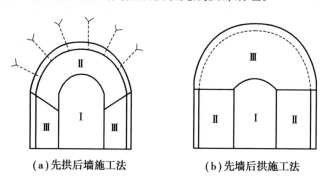

（a）先拱后墙施工法　　　　　（b）先墙后拱施工法

图 10.5　中央下导硐施工法

2) 两侧导硐施工法

在松软、不稳定岩层或特大断面硐室中,为了保证硐室施工安全。在两侧墙部位置沿硐室底板开掘两条小导硐超前掘进(其断面不宜过大,一般宽度 1.5 ~ 1.8 m、高度 2.0 m,以利于控制顶板),逐步向上扩大。掘一层导硐后随即砌墙,再掘上一分层小导硐,矸石存放在下层导硐中代替脚手架,再接砌边墙到拱基线位置;墙部完成后开始挑顶砌拱,拱部完成后再拆除中间所留岩柱,如图 10.6 所示。

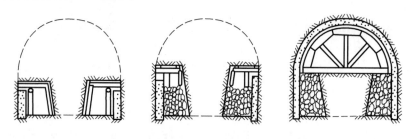

图 10.6　两侧导硐施工法

导硐施工方法曾广泛用于地质条件复杂或断面特大的硐室施工。由于该法是先导硐后扩大,逐步分部施工,故能有效减少围岩的暴露面积和时间。使硐室的顶、帮易于维护,施工安全有保障。但该法存在步骤多、效率低、速度慢、工期长、成本高等缺点。随着锚喷支护技术推广应用、顶板控制能力加强,导硐施工方法的采用日渐减少。

为安全和施工方便起见,在矿井开拓设计中,应尽量避免将硐室布置在不稳定岩层中。若经多方面比较后仍须开在不稳定岩层中,那就应该采取可靠的技术措施,保证硐室施工安全和工程质量。

1.3　箕斗装载硐室施工实例

某矿主立井井筒净直径 7 m,井内装有两对 16 t 箕斗。箕斗装载硐室位于井底车场水平以下,双面对称布置,硐室全高 16.105 m、宽 6.5 m、深 6.45 m,分上、中、下 3 室,硐室掘进最大横断面 133 m²、最大纵断面 135.7 m²,如图 10.7 所示。

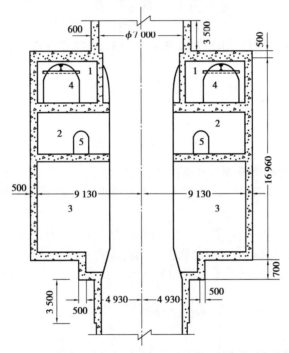

图 10.7　某矿主井箕斗装载硐室支护结构图
1—上室;2—中室;3—下室;4—胶带输送机巷;5—壁龛

硐室与井筒采用顺序施工方法。

第一阶段施工井筒到底。自井底车场水平向下掘进,采用全断面深孔爆破,一次支护采用挂网喷射混凝土,二次支护由下向上浇筑混凝土井壁,预留出箕斗装载硐室硐口。

第二阶段施工硐室,先掘后砌。硐室掘进自上而下分层进行,先掘出拱顶用锚喷方式进行一次支护,然后逐层下掘,待整个硐室掘出后再自下向上连续浇筑钢筋混凝土,并与井筒的井壁部分相接。为加快速度,硐室掘出后的矸石暂放入井筒,待后续集中出矸;砌筑时,立模、布筋和混凝土浇筑双面硐室交替进行。

2 煤仓施工

2.1 煤仓类型及特点

2.1.1 煤仓类型

煤仓按使用范围不同可分为井底煤仓和采区煤仓;按倾角大小可分垂直式、倾斜式和混合式;按煤仓断面形状分为圆形、拱形、方形、椭圆形和矩形。

垂直煤仓一般为圆形断面,断面利用率高,不易发生堵塞现象,便于维护,施工速度快。

倾斜式煤仓多为拱形和圆形断面,倾角为 60°～65°,这种煤仓施工也很方便,但承压性能稍差,铺底工作量大。

混合式煤仓折曲多,施工不便,采用较少;矩形断面煤仓断面利用率低,承压性能差。

煤矿常采用垂直式圆形断面煤仓。

2.1.2 煤仓参数

煤仓的主要参数是煤仓的断面尺寸及高度。

圆形垂直煤仓的直径为 2～5 m,以直径 4～5 m 应用居多;拱形断面倾斜煤仓宽度一般为 3 m 左右,高度可大于 2 m。

煤仓的高度不宜超过 30 m,以 20 m 左右为宜。为便于布置和防止堵塞,圆形垂直煤仓应设计成"短而粗"的形状。设垂直圆形断面煤仓的高度为 h,直径为 D。当 $h \geqslant 3D$ 时,可使煤仓的有效容积达到垂直圆形断面煤仓总容积的 90%。即为了有效地利用煤仓,煤仓高度应不小于直径的 3.5 倍。

2.1.3 煤仓结构

煤仓的结构如图 10.8 所示,包括煤仓的上部收口、仓身、下口漏斗及溜口闸门基础、溜口和闸门装置等。

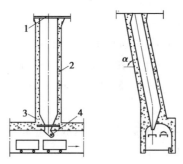

图 10.8 煤仓结构

1—上部收口;2—仓身;3—下口漏斗及漏口闸门基础;4—漏口和闸门

2.2　煤仓施工方法

采区煤仓施工主要有普通反井法、反井钻机法和深孔爆破法等几种。

2.2.1　普通反井法

在工作面无瓦斯、岩层稳定、无涌水的情况下,采用普通反井法施工煤仓简便易行。

以某矿煤仓施工为例,介绍采用普通反井法施工采区煤仓的过程。

该采区煤仓的形式为垂直圆形,仓高 10.3 m,内径 3.6 m,外径 4.2 m,如图 10.9 所示。煤仓穿过的岩层为黏土砂岩、粉砂岩、泥灰岩,岩层倾角 10°,层理较发育。

该煤仓的施工分三步进行:第一步,自下向上掘小反井;第二步,自上向下刷大至设计断面;第三步,自下向上进行混凝土浇筑永久支护。

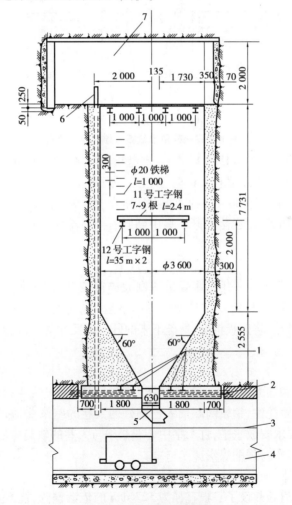

图 10.9　煤仓施工剖面图

1—20 号工字钢 500 mm×4;2—15 kg/m 钢轨 6 000 mm×2;3—大巷拱基线;
4—大巷装车场;5—煤仓闸门;6—127 mm 传话铁管;7—带式输送机机头硐室

1)掘进小反井

小反井断面为长方形,临时支护用四角木盘,木垛支护更为安全可靠但使用木材量大。

施工前由测量人员挂好十字中线,按照十字中线架好抬棚,将木盘坐落在抬棚上,如图10.10所示,用扒钉与抬棚连接牢固。木盘间距为1 m,四个角打有撑柱,撑柱与四角盘也用扒钉钉牢。木垛支护基本与木盘形式相同,只是没有撑柱,木盘一个接着一个向上垛,各盘梁之间用扒钉连接固定。

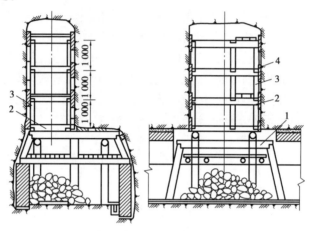

图10.10 小反井掘进示意图
1—抬棚;2—四角木盘;3—撑柱;4—背板

为防止片帮,空帮高度不得超过1.8 m。木盘与岩帮之间均用木板与木楔背实,小反井掘进至距离带式输送机机头硐室底板2 m时,从上方向下掘透。

掘进时,用宽200 mm、厚80 mm的木板搭在木盘上作为临时工作台,爆破前拆除,并在人行间的上方铺设倾斜挡板,使崩落的矸石集中到矸石间溜至大巷运走。人行间需设梯子,供人员上下使用。

2)刷大至设计断面

反井掘透后,开始自上向下用钻眼爆破法刷大成直径为4.2 m的圆形断面,用六角木盘做临时支架。刷大过程中,材料及工具均由上向下运送。打眼或支护时应在小反井上盖木板,以保证安全。爆破前,将盖板拆除,爆破下来的矸石由反井落下,在大巷装车运走。

3)砌筑永久支护

(1)固定漏斗座

为了固定漏斗座和加大巷道上部的支撑能力,在大巷顶部设置4根20号工字钢梁,工字钢梁由15 kg/m的钢轨托住,钢轨两端插入已砌好的大巷的硐帽上,漏斗座固定在中间两根工字钢梁上,漏斗座要求安放水平,且十字中心线必须与大巷的轨道中心线重合,以保证漏斗座不偏不斜,不会在装车时洒漏煤炭。

(2)浇灌大巷硐帽

事先在大巷的东肩处敷设了一根直径为127 mm的传话铁管,浇灌混凝土由两边向中间进行,每浇灌300 mm厚需认真捣固一遍,混凝土浇灌到与漏斗座上口齐平时暂停。

(3)浇灌煤仓圆锥体

该项工作最关键的工序是支模板,模板应在地面制成并组装成型,编号下井。支模时,对号入座,这样不但支模速度快,还能保证工程质量。

固定模板时,先在漏斗口内做一木衬,模板的下端直接坐在木衬上,如图 10.11 所示,上端用拉杆固定。拉杆的一头钉在模板上,另一头撑在岩帮上,全部斜长分三次浇灌,模板长度为 1 m。

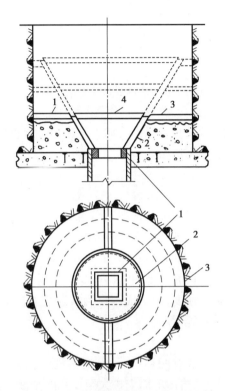

图 10.11　浇灌煤仓圆锥体支模示意图
1—衬木;2—模板;3—拉杆;4—碴骨

混凝土在煤仓顶部带式输送机机头硐室内搅拌好以后,沿铁风筒送下,铁风筒的下端接有一节帆布风筒,使混凝土直接灌于模板内,一边浇灌,一边捣固。每茬均空出 100 mm 的高度,以便下一次支模和保证工程质量。

为了保证施工安全,防止物料掉下伤人,煤仓顶部要用木板盖严。

(4)浇筑煤仓壁

首先拆除木盘,每次只拆一架,并加固上面的 4~5 架木盘,然后支模浇灌混凝土,浇灌煤仓壁用的碴骨和模板也是事先做好的,由 4 个小碴骨组合成一个圆形碴,碴骨钉在模板的接头处,如图 10.12 所示。

碴骨的厚度不小于 80 mm,碴骨的接头处做成亲口式,亲口的下面打上垂直撑柱,模板的长度应与临时支架间距相适应,按中线支好模板以后,经检查若误差较大,必须重新调整。

在浇灌煤仓的过程中,应注意煤仓内设置的缓冲台、π 形梯和顶盖梁的位置,随着向上浇灌混凝土,跟随完成安装任务。

(5)拆模

混凝土凝固并达到一定强度后拆模。首先将下部的漏斗口打开,把拆下的模板从漏斗口放下去。

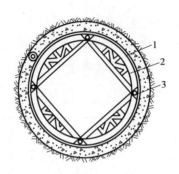

图 10.12　浇灌煤仓壁支模示意图

1—模板；2—碴骨；3—撑柱

在岩层稳定、煤仓断面不大时，也可以由下向上全断面一次掘喷成仓。有时可以不支护，但下部漏煤口斜面必须采用混凝土浇筑。

2.2.2　反井钻机法

煤仓的施工，过去多采用普通反井法，现在逐渐被反井钻机法取代。

国外在 20 世纪 60 年代开始生产和使用反井钻机进行反井施工，我国从 20 世纪 70 年代开始自制反井钻机，目前已有多种不同规格型式的反井钻机在煤矿使用。反井钻机是一种机械化程度高、安全高效的施工设备，尤其是用它钻凿煤矿的反井、井下煤仓、溜煤眼、延伸井筒和各种暗立井时可大大提高施工速度，施工成本仅为普通反井法的 1/3。它还具有减轻工人劳动强度、作业安全、成井质量好等优点。

1）施工方式和施工设备

利用反井钻机钻凿反井的方式有两种：一种是把钻机安装在反井上部水平、由上而下先钻进一个导向孔至反井下部水平，再由下而上扩大至反井的全断面，即上行扩孔法；另一种是把钻机安装在待掘反井的下部水平、先由下向上钻一导向孔，然后自上而下扩大到全断面，即下行扩孔法。下行扩孔法的岩屑沿钻杆周围下落，因此要求钻凿直径较大的导向孔，否则岩屑下落时在扩孔器边刀处重复研磨，不仅会加剧刀具磨损，也会影响扩孔速度；向上钻导向孔的开孔比较困难，人员又在钻孔下方，工作条件较差。正是由于这些原因，国内外多采用上行扩孔法。如果由于岩石条件和巷道布置所限，不允许在反井上部开凿硐室和无法运输钻机，或由于岩石不稳定而要求紧跟扩孔作业进行支护等情况下可以考虑采用下行扩孔法。

我国煤矿应用的系列反井钻机主要技术特征见表 10.1。

表 10.1　国产反井钻机技术特征表

主要参数	TYZ-1000	AF-2000	LM-100	LM-120	LM-2000	ATY-1500	ATY-2500
扩孔直径/mm	1 000	1 500 ~ 2 400	1 000	1 200	1 400 ~ 2 000	1 200 ~ 1 500	2 000 ~ 2 500
导孔直径/mm	216	250	110	244	216	250	311
钻孔深度/m	120	80	100	120	200 ~ 150	200 ~ 100	250 ~ 100
钻孔倾角/度	60 ~ 90	60 ~ 90	60 ~ 90	60 ~ 90	60 ~ 90	60 ~ 90	60 ~ 90
钻孔转速/(r·min^{-1})	0 ~ 40	0 ~ 27	0 ~ 45	0 ~ 34	0 ~ 27	0 ~ 36	0 ~ 36

续表

主要参数	TYZ-1000	AF-2000	LM-100	LM-120	LM-2000	ATY-1500	ATY-2500
扩孔转速 /(r·min⁻¹)	0~20	0~12	0~27	0~22	0~18	0~18	0~18
钻孔推力/kN	245	3 102	150	250	350	488	1 041
扩孔拉力/kN	705	1 080	380	500	850	1 155	1 703
扩孔扭矩 /(kN·m)	24.1	610.4		110.6	40	42	68.6
总功率/kW	102	102	52.5	62.5	82.5	118.5	161
主机质量/kg	4 000	8 900	6 000	8 000	10 000	5 985	9 300
外形尺寸(长×宽×高)/mm	1 920×1 000 ×1 130	2 200×1 200 ×1 592	1 900×950 ×1 115	2 290×1 110 ×1 430	2 950×1 370 ×1 700	2 530×1 000 ×1 775	2 803×1 310 ×1 930

2)反井施工

现以 LM-120 型反井钻机施工某采区煤仓为例,介绍其施工方法。

(1)准备工作

①浇筑基础。施工之前在反井的上口位置按照设计尺寸要求用混凝土浇筑反井钻机基础。该基础必须水平而且要有足够强度。井口底板若是煤层或松软破碎岩层,应适当加大基础面积和厚度,若底板是稳定硬岩可适当减少基础面积和厚度。为了方便后期拆解钻机,钻机基础可做成梁框式,梁长要大于钻进扩孔最终断面直径一定尺寸。

钻进场地应布置施工循环水池。用于导向孔钻进时,清洗钻孔与冷却钻头。导向孔钻进时,岩屑是利用高压循环水带出钻孔,需安装一台高压水泵,一般的井下静压水系统不能满足要求,应做一个循环水池,水池容量一般不小于 5 m³,距钻孔距离不小于 5 m,钻孔与水池之间用水沟连接,从钻孔中返出来的冲洗水通过水沟自流入水池,岩屑在水沟和水池中沉淀,钻进过程中要不断清理水沟和水池中的岩屑。水泵直接从水池中吸水以供冷却和冲洗钻孔之用。

②提供冷却水。钻进时冷却器的冷却水要求流量为 7.2 m³/h、压力为 0.8 MPa。导孔钻进时用于冷却钻头和排除岩屑的冲洗水要求流量为 30 m³/h、压力为 0.7~1.5 MPa。

③钻机安装与调试。钻机运到现场以后,按照图 10.13 所示的位置排列,然后找正钻机位置,拧紧卡轨器后按照如下步骤进行工作:往油箱内注油,连接动力电源和液压管路,启动副泵,升起翻转架将钻机竖立,使其动力水龙头接头轴心线对正预钻钻孔中心,安装斜拉杆,卸下翻转架和钻机架的连接销,放平翻转架,安装转盘吊和机械手,调平钻机架,固定钻机架(支起上下支撑缸),接洗井液胶管和冷却水管,钻机安装好后,要全面检查各个部件的动作是否准确,液压系统是否漏油,供水系统是否漏水等。待一切正常后方可进行钻机试运转。

(2)反井钻进

①导孔钻进。把事先与稳定钻杆接好的导孔钻头放入井中心就位,启动马达,慢慢下放动力水龙头,连接导孔钻头,启动水泵向水龙头供水。开始以低钻压向下钻进,开孔钻速控制

在 1.0 ~ 1.5 m/h,开孔深度达 3 m 以后,增加推力油缸推力进行正常钻进。根据岩石的具体情况控制钻压,一般对松软岩层和过渡地层宜采用低钻压,对坚硬岩石宜采用高钻压。在钻透前应逐渐降低钻压。

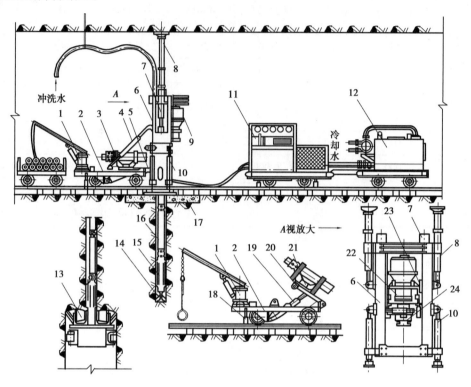

图 10.13　LM-120 型反井钻机示意图

1—转盘吊;2—钻机平台;3—钻杆;4—斜拉杆;5—长销轴;6—钻机架;7—推进油缸;8—上支撑;
9—液压马达;10—下支撑;11—泵车;12—油箱车;13—扩孔钻头;14—导孔钻头;
15—稳定钻杆;16—钻杆;17—混凝土基础;18—卡轨器;19—斜撑油缸;
20—翻转架;21—机械手;22—动力水龙头;23—滑轨;24—接头体

在导孔钻进中采用正循环排碴。将压力小于 1.2 MPa 的洗井液通过中心管和钻杆内孔送至钻头底部,水和岩屑再由钻杆外面与钻孔壁之间的环形空间返回。装卸钻杆可借助于机械手、转盘吊和翻转架。

②扩孔钻进。导孔钻透后,在下部巷道将导孔钻头卸下,接上直径 1.2 m 的扩孔钻头,将液压马达变为并联状态,调整主泵油量,使水龙头出轴转速为预定值(一般为 17 ~ 22 r/min)。扩孔时将冷却器的冷却水放入井口,水沿导孔井壁和钻杆外壁自然下流,即可达到冷却刀具和消尘防爆的作用。扩孔开孔时应采用低钻压,待刀盘和导向辊全部进入孔内后方可转入正常钻进。在扩孔钻进时,岩石碎屑自由下落到下部平巷,停钻时装车运出。扩孔钻进情况如图 10.14 所示。

扩孔距离煤仓上口时须留 2 m 岩柱,以确保钻机及人员安全,待钻机全部拆除后可用爆破法或风镐凿开预留的岩柱。

反井钻机也可以安装在基础梁(梁长度大于最终钻进扩孔断面直径安全尺寸)上,不留岩柱,一次扩透。

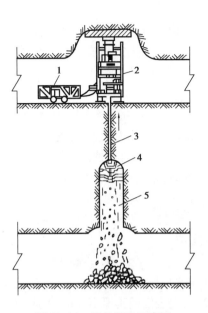

图 10.14　反井扩孔示意图

1—动力车;2—反井钻机;3—导向孔;4—扩孔钻头;5—已扩反井

(3)反井刷大

用钻机钻扩完直径为 1.2 m 的反井全深后,即可按设计煤仓规格进行刷大。刷大前应做好掘砌施工设备的布置和安装等准备工作,煤仓刷大施工段设备布置如图 10.15 所示。

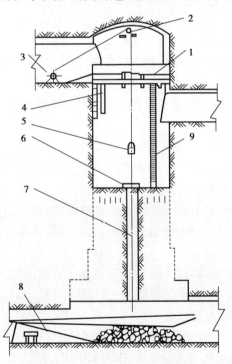

图 10.15　煤仓刷大施工设备布置示意图

1—封口盘;2—提升天轮;3—提升绞车;4—风筒;5—吊桶;
6—铁箅子孔盖;7—φ1.2 m 的反井;8—耙矸机;9—钢丝绳软梯

利用煤仓上部的卸载硐室作锁口,在其上面安装封口盘,盘面上设置提升、风筒、风管、水管、下料管、喷浆管和人行梯等孔口。在硐室顶安装工字钢梁并架设提升天轮,提升利用 JD-25 型绞车、1 m³ 吊桶上下机具和下放材料。人员则沿钢丝绳软梯上下。采用压入式通风,在卸载硐室安设 1 台 55 kW 局部通风机,用 ϕ500 mm 胶质风筒经封口盘下到工作面上方。

煤仓反井自上向下进行刷大,工作面可配备 YT 型风动凿岩机,选用药卷 ϕ35 mm 的煤矿硝铵炸药和毫秒电雷管。由于钻出的反井为刷大爆破提供了理想的自由面,因而工作面上无须再打掏槽眼。全断面炮眼爆破分两次进行,使爆破面形成台阶漏斗形,以便矸石向反井溜放。当刷大到距离反井下口 2 m 时,采用加深炮眼方法一次打透。

刷大掘进放炮后,矸石大部分沿反井溜放到煤仓下部平巷,剩余矸石用人工攉入反井。下部平巷设 1 台 0.6 m³ 的耙斗装岩机,将落入巷道的矸石装入 1.5 t 矿车外运。煤仓反井刷大过程中,采用锚喷网作临时支护。

3)永久仓壁的砌筑

该煤仓的仓壁采用厚 700 mm 的圆筒形钢筋混凝土结构。煤仓下口为倒锥形给煤漏斗,上口直径 8 m,下口直径 4.22 m,内表面铺砌厚 100 mm 的钢屑混凝土耐磨层。漏斗由两根高 2 m 的钢筋混凝土梁支托。煤仓砌筑总的施工顺序是先浇筑给煤机漏斗,再自下向上砌筑仓壁。混凝土和模板全部由煤仓上口的绞车调运。

煤仓砌筑时的支模方法,通常采用绳捆模板或固定模板,支模工作在木脚手架上进行,施工中由于脚手架不能拆除,模板无法周转使用,木材耗量大且组装拆卸困难,影响砌筑速度。因此,该矿在砌筑煤仓时,改变上述支模方法,采用滑模技术创造了一套应用滑模砌筑煤仓仓壁的施工方法。考虑到煤仓垂深不大的特点,直接引用立井的液压滑模在经济上不够合理,因而专门研制了一种砌筑仓壁的手动可伸缩模板,沿周围用 24 个 GS-3 型手动起重器作模板提升牵引装置,模板沿直径 13.5 mm 的钢丝绳滑升,使用灵活方便。煤仓砌壁滑模施工如图 10.16 所示。

这一施工支模方法省工、省料,机械化程度高、质量好、速度快。

2.2.3 深孔掏槽爆破法

虽然反井钻机施工法技术先进,但有时受条件限制而难以应用。传统的普通反井掘进方式多属浅眼爆破施工法,费工费时、作业面通风不良且施工安全条件差。深孔掏槽爆破法采用中型钻机全深度一次钻孔,自下而上连续分段爆破成井,集中出碴,装药、连线、填塞、爆破等作业均在煤仓上部巷道进行,与传统施工法相比,具有作业条件好、工效高、速度快、安全、节约材料等一系列优点。

下面以某矿西采区圆筒立式煤仓(图 10.17)的施工为例,说明深孔爆破法的施工过程。

该煤仓高 8 m,净直径 3.4 m,喷射混凝土支护,厚度 150 mm。煤仓上口与胶带输送机上山机头硐室相接,下口与运输大巷相通。

先在胶带输送机机头硐室内安设液压钻机,沿煤仓中心打一钻孔,然后绕中心孔直径为 1 m 的圆周上均匀地打四个钻孔与大巷穿透,作为掏槽眼。钻孔直径均为 81 mm,爆破所用炸药为 2 号岩石硝铵炸药,1～4 段秒延期电雷管和导爆索起爆。

将 7 m 深炮眼一次装药分两段起爆,每段炮眼装药长度为 2.52 m,装药量为 8.4 kg,中间用 500 mm 炮泥相隔,眼底用木锥、炮泥封口 600～1 000 mm,上口封 500 mm 炮泥(图 10.18)。

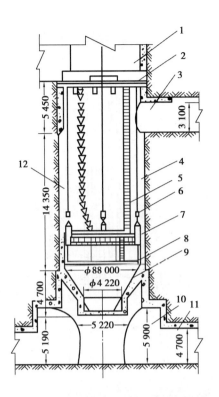

图 10.16　手动起重器牵引滑模砌壁示意图

1—胶带输送机机头;2—封口盘;3—配煤硐室; 4—煤仓;5—软梯;6—手动葫芦; 7—滑模;
8—滑模辅助盘;10—给煤漏斗;10—给煤机硐室;11—装载胶带输送机硐室;12—钢丝绳

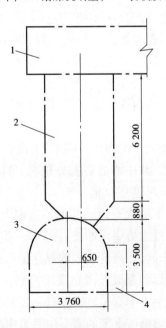

图 10.17　某矿西采区煤仓示意图

1—胶带输送机机头硐室;2—煤仓;3—运输大巷;4—小绞车硐室

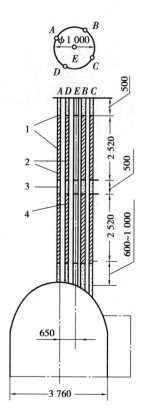

图 10.18　炮眼布置与装药
1—雷管;2—炸药;3—炮泥;4—钢弹

装药前,先将眼底封好,再把炸药捆成小捆,每捆 4 卷,然后把 14 捆炸药对接起来,用导爆索上下贯穿并一起固定在一根铁丝上送入眼底。封 500 mm 长间隔炮泥后,再用同样方法装好上段炸药。用炮泥封好上口,合计每孔装药量为 16.6 kg。为确保起爆,在每段炸药的上部和中部各装一个同号雷管。中心孔不装药,用铁丝悬吊两个钢弹,分别放在每分段上部位置。钢弹用 ϕ81 mm、长 500 mm 的钢管制成,每个钢弹内装药 1.2 kg,一次起爆总装药量为 610.6 kg。

下段炸药和下部钢弹分别装入 1 段和 2 段雷管,上段炸药和上部钢弹分别装入 3 段和 4 段雷管。下部的过量炸药爆炸后,将中心岩石充分预裂,再借助该段上部钢弹的爆炸威力实现挤压抛碴。上段装药和爆炸情况也是如此。

小反井爆透后,即可自上向下刷大至设计断面。边刷大边喷射混凝土直至下部漏斗口,安装漏斗座、中间缓冲台和顶盖梁之后煤仓即施工完毕。

此法作业安全,速度快、效率高,在高度不大的煤仓施工中使用可以获得比较满意的技术经济效益。但钻眼的垂直度要求高,爆破技术也要求严格。反井爆破前,必须在煤仓下口巷道内预留补偿空间,因岩石爆破后会碎胀,如果没有一定的容纳空间,放炮后岩块间互相挤压,挤压太紧密可能散落不下去。爆破下来的岩石由巷道中的耙斗装岩机装入矿车运走。

3　交岔点施工

3.1　交岔点的类型及应用

3.1.1　交岔点的概念与形式

交岔点是指巷道相交或分岔的地点。

交岔点按支护方式与形式不同,可分为砌碹(料石或预制混凝土块)交岔点、锚喷支护交岔点、棚式交岔点。

按结构形式不同,可分为牛鼻子交岔点和穿尖交岔点,如图 10.19 所示。穿尖交岔点长度短、高度低、跨度小、工程量小、施工简单、通风阻力小,但承载能力较低,故多用于围岩稳定、巷道跨度不超过 5.0 m、巷道转角大于 45°的交岔点。

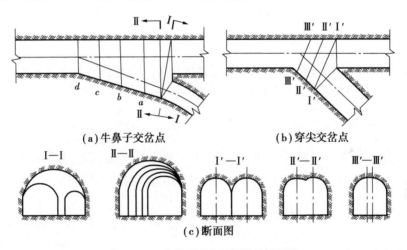

(a)牛鼻子交岔点　　　　(b)穿尖交岔点

(c)断面图

图 10.19　牛鼻子交岔点和穿尖交岔点

3.1.2　交岔点的应用

矿井主要运输巷道的弯曲和分岔都有一定的技术规格和要求,其交岔点断面变化大、跨度大、顶板不易维护,因此大多采用能适用于各种围岩条件和不同规格尺寸的牛鼻子交岔点。

过去交岔点施工多采用砌碹支护,目前普遍采用锚喷支护。

3.2　道岔构造与技术特征

3.2.1　道岔的概念与组成

道岔是轨道运输线路连接系统中的基本元件,其的作用是使车辆由一条线路过渡到另一条线路的装置。由岔尖、基本轨、辙岔(岔心和翼轨)、护轮轨以及转辙器等部件构成,如图10.20所示。

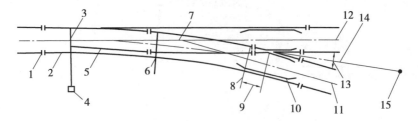

图10.20 道岔构造示意图

1—基本轨接头;2—基本轨;3—牵引拉杆;4—转辙机构;5—岔尖;6—曲线起点;
7—转辙中心;8—曲线终点;9—插入直线;10—翼轨;11—岔心;12—辙岔岔心角;
13—侧轨轴线;14—直轨轴线;15—辙岔轴线;16—护轮轨;17—警冲标

岔尖的作用是引导车辆向主线或岔线运行,矿车通过时它承受较大的冲击力。应具有足够的强度,其摆动依靠转辙器来完成。

辙岔的作用是防止矿车掉道,保证车轮轮缘能顺利通过,转辙曲线是位于岔尖和辙岔之间的一段曲线,其曲率半径取决于道岔的型号,辙岔岔心角 α(简称辙岔角),是道岔的最重要参数。用 $\alpha/2$ 的余切值表示道岔的型号 M,即 $M=\frac{1}{2}\cot\frac{\alpha}{2}$。$M$ 越大,α 越小,道岔曲率半径和长度就越大,车辆通过时就越平稳;反之,平稳性就越差。道岔型号 M 有 2、3、4、5、6 五种。

护轮轨是防止车辆在辙岔上脱轨而设置的一段内轨。

3.2.2 道岔的类型与技术特征

矿用窄轨道岔有 3 种形式,即单开道岔(用 DK 表示),对称道岔(用 DC 表示)和渡线道岔(用 DX 表示)。其主要尺寸标注如图10.21所示,其技术特征见表10.2。

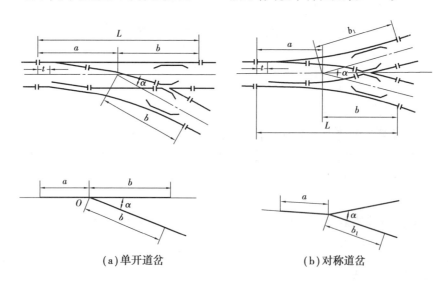

(a)单开道岔　　　　　　　　　(b)对称道岔

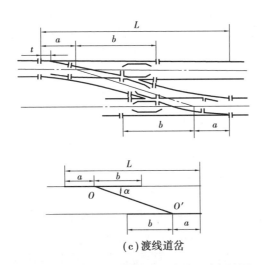

（c）渡线道岔

图 10.21　矿用窄轨道岔主要尺寸标注图

a—转辙中心至道岔起点的距离;b—转辙中心至道岔终点的距离;L—道岔长度

表 10.2　道岔的技术特征及适用条件

道岔型号	曲线半径	主要参数/mm				允许行驶车辆类型	允许行驶速度/(m·s⁻¹)
		α	a	b	L		
DK615-2-4	4	28°04′20″	1 649	1 851	3 500	1 t 矿车	≤1.5
DK615-4-12	12	14°15′00″	3 340	3 500	6 840	7 t 及以下电机车	1.5～3.5
DK615-6-25	25	9°31′38″	4 026	5 124	9 150	7 t 及以下电机车	1.5～3.5
DK618-4-12	12	14°15′00″	3 472	3 328	6 800	7～10 t 电机车	1.5～3.5
DK618-5-15	15	11°25′16″	3 251	4 149	7 400	7～10 t 电机车	1.5～3.5
DK624-4-12	12	14°15′00″	3 496	3 404	6 900	7～10 t 电机车	1.5～3.5
DK918-3-9	9	18°55′30″	3 694	3 706	7 400	3 t 矿车	≤1.5
DK918-4-15	15	14°15′00″	3 710	4 690	8 400	7～10 t 电机车	1.5～3.5
DK918-5-20	20	11°25′16″	4 070	5 630	9 700	7～10 t 电机车	1.5～3.5
DK924-5-20	20	11°25′16″	4 066	5 734	9 800	14 t 电机车	1.5～3.5
DK918-6-30	30	9°31′38″	4 507	6 693	11 200	14 t 电机车	1.5～3.5
DC615-2-6	6	28°4′20″	2 102	898	4 000	1 t 矿车	1.5～3.5
DC615-3-12	12	18°55′30″	2 000	2 880	4 880	7 t 及以下电机车	1.5～3.5
DC618-3-12	12	18°55′30″	2 077	2 723	4 800	7～10 t 电机车	1.5～3.5
DC624-3-9	9	18°55′30″	1 945	1 755	4 700	1 t 矿车	1.5～3.5
DC624-3-12	12	18°55′30″	2 064	2 736	4 800	7～10 t 电机车	1.5～3.5
DC918-3-9	9	18°55′30″	1 946	3 554	5 500	3 t 矿车	≤1.5
DC918-3-20	20	18°55′30″	2 405	3 495	5 900	7～10 t 电机车	1.5～3.5
DC924-3-20	20	18°55′30″	2 375	3 525	5 900	14 t 电机车	1.5～3.5

续表

道岔型号	曲线半径	主要参数/mm				允许行驶车辆类型	允许行驶速度/(m·s⁻¹)
		α	a	b	L		
DX615-4-1213	12	14°15′00″	3 340	3 500	11 799	7 t 及以下电机车	1.5~3.5
DX615-5-1516	15	11°25′16″	3 117	4 233	14 154	7 t 及以下电机车	1.5~3.5
DX618-4-1213	12	14°15′00″	3 472	3 328	12 063	7~10 t 电机车	1.5~3.5
DX618-5-1513	15	11°25′16″	3 251	4 149	12 937	7~10 t 电机车	1.5~3.5
DX624-4-1213	12	14°15′00″	3 496	3 404	12 111	7~10 t 电机车	1.5~3.5
DX624-5-1516	15	11°25′16″	3 258	4 142	14 436	7~10 t 电机车	1.5~3.5
DX918-4-1516	15	14°15′00″	3 710	4 690	13 720	7~10 t 电机车	1.5~3.5
DX918-5-2016	20	11°25′16″	4 070	5 630	16 060	7~10 t 电机车	1.5~3.5
DX924-4-1516	15	14°15′00″	3 726	4 674	13 752	14 t 电机车	1.5~3.5
DX924-5-2019	20	11°25′16″	4 066	5 734	17 537	14 t 电机车	1.5~3.5

注:①DK918-5-20 代表单开道岔,900 mm 轨距,18 kg/m 轨型,5 号道岔,曲率半径 20 m;

②DC624-3-12 代表对称道岔,600 mm 轨距,24 kg/m 轨型,3 号道岔,曲率半径 12 m;

③DX624-4-1213 代表渡线道岔,600 mm 轨距,24 kg/m 轨型,4 号道岔,曲率半径 12 m,双轨的轨道中心距为 1 300 mm。

3.2.3 道岔的选择原则

道岔本身制造质量的优劣或道岔型号选择是否合适,与车辆运行速度、运行安全和集中控制程度等均有很大关系。一般应按以下原则选用:

①与基本轨的轨距相适应。如基本轨线路的轨距是 600 mm,就应选用 600 mm 轨距的道岔。

②与基本轨型相适应。选用与基本轨同级或高一级的道岔型号,绝不允许采用低一级的道岔。

③与行驶车辆的类别相适应。多数标准道岔都允许机车通过,少数标准道岔由于道岔的曲率半径过小(≤10 m)、辙岔角过大(>18°55′30″)时,只允许矿车行驶。

④与行车速度相适应。多数标准道岔允许车辆通过的速度为 1.5~3.5 m/s,而少数标准道岔只允许车辆通过的速度在 1.5 m/s 以下。

3.3 交岔点施工方法

交岔点的施工与硐室施工方法基本相同,应使用光面爆破、锚喷支护,在条件允许时尽量做到一次成巷。

在井底车场施工中为了服从总的施工组织安排、加速连锁工程施工,当岩石条件较好时可以允许先掘其中一条巷道,再在前面巷道掘进的同时进行交岔点刷大和支护,此时的刷大和支护工作应不影响前面巷道的施工,以保证连锁工程的连续快速掘进。

3.3.1 锚喷支护的岩巷交岔点施工

施工中应根据交岔点穿过岩层的地质条件、断面大小和支护型式、开始掘进的方向和施工期间工作面的运输条件,选用不同的施工方法,交岔点施工方法归纳起来主要有四种。

1)随掘随支或掘后一次支护

若围岩稳定,可采用一次成巷施工方法,随掘随支或掘进后一次支护,其施工顺序如图10.22所示。按图中Ⅰ→Ⅱ→Ⅲ的顺序全断面掘进,锚杆按设计要求一次锚完并喷射适当厚度的混凝土及时封闭顶板;若岩石易风化,可先喷混凝土后打锚杆,最后安设牛鼻子和两帮处锚杆并复喷混凝土至设计厚度。

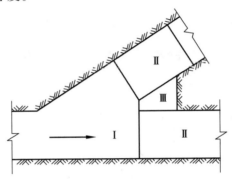

图10.22 坚固稳定岩层中交岔点一次成巷

2)先小断面掘进两支巷,然后分段刷帮、挑顶和支护

若围岩中等稳定,交岔点变断面部分起始段仍可采用一次成巷施工,在断面较大处为了使顶板一次暴露面积不致过大,先用小断面向两支巷掘进并对边墙锚喷,余下周边喷射一层厚30~50 mm的混凝土作临时支护,再分段刷帮、挑顶和支护。

3)先掘砌柱墩再刷砌扩大断面

若围岩稳定性较差,可采用先掘砌柱墩再刷砌扩大断面部分的方法。一种方法是:先将主巷掘通,同时将交岔点一侧边墙砌好,接着以小断面横向掘岔口并向支巷掘进2 m,将柱墩及巷口2 m处的拱、墙砌好,然后刷砌扩大断面处,做好收尾工作,如图10.23(a)所示。另一种方法是:先由支巷掘至岔口,接着以小断面横向与主巷贯通并将主巷掘过岔口2 m,同时将柱墩和两巷口的2 m拱、墙砌好,随后向主巷方向掘进过斜墙起点2 m后将边墙和该段2 m巷道拱、墙砌好,再反过来向柱墩方向刷砌,做好收尾工作,如图10.23(b)所示。

4)导硐施工法

若围岩稳定性差,不允许一次暴露面积过大,可采用导硐施工法,如图10.24所示,此法与上述方法基本相同,先以小断面导硐将交岔点各巷口、柱墩、边墙掘砌好后,从主巷向岔口方向挑顶砌拱。为了加快施工速度、缩短围岩暴露时间、保证交岔点施工的安全,中间岩柱暂时留下,待交岔点刷砌好后用放小炮方法将其除掉。

在交岔点实际施工中,应根据围岩的稳定程度、断面大小、掘进方向以及施工设备和技术条件等具体情况,采用多种多样的施工方法。其原则应是:既要保证施工安全又要使施工快速、方便(特别是减少倒研次数)。

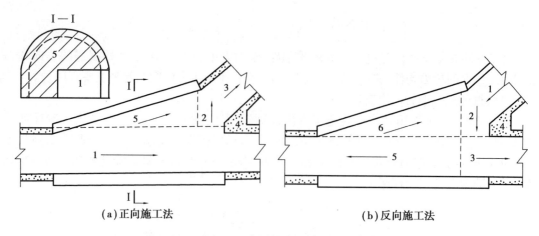

（a）正向施工法 （b）反向施工法

图 10.23　先掘砌柱墩再刷砌扩大断面的施工顺序

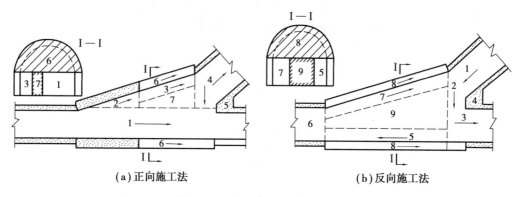

（a）正向施工法 （b）反向施工法

图 10.24　交岔点导硐法施工顺序

5）处理施工中的相关技术问题

（1）测量工作

施工测量除了定期给出中、腰线,还要给出变断面部分的起点,必要时还要找出主巷与支巷轨道中心线的交点。根据交岔点施工图计算出开帮长度和开帮量。如图 10.25 所示为确定刷帮范围的方法之一,主巷轨道中心线的 P 点是刷帮起点,通过 P 点作一直线平行于扩大边墙,并与支巷轨道中心线交于 Q 点,根据交岔点施工图可定出两轨道中心线的交点 O 及 OP 或 OQ 的长度,其值亦可通过计算求得,施工测量可在现场定出 P 点,放出 PQ 线,与 PQ 相距为 S 的一条平行线即为开帮线。

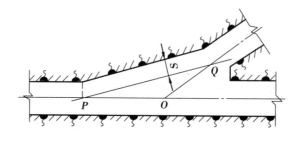

图 10.25　交岔点的测量方法

（2）柱墩砌筑

柱墩是交岔点受力最大的地方,可以用料石砌筑,但最好用混凝土浇筑。若用锚喷支护交岔点,常采用在交岔点掘进到柱墩处时预留光爆层 300～400 mm,交岔点其他部分掘锚结束后,再用打浅眼放小炮(眼距 150 mm)的方法刷出柱墩,随后锚喷成形。

3.3.2　棚式支架交岔点的结构与施工

棚式支架交岔点主要在岩层相对稳定、服务年限较短的巷道中使用。其结构有直角交岔点,如图 10.26(a)所示;锐角交岔点,如图 10.26(b)所示。这类交岔点宽度变化而高度不变,施工方法比较简单,在施工时首先将主巷掘过分巷 3～5 m,然后在开口处架设抬棚,再进行分巷掘进。

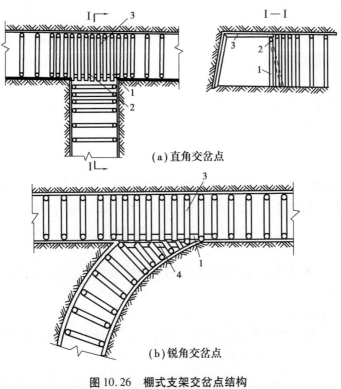

（a）直角交岔点

（b）锐角交岔点

图 10.26　棚式支架交岔点结构
1—抬棚;2—抬棚顶梁;3—插梁;4—辅助抬棚

4　巷道维护与修复

4.1　巷道维护与修复的概念

4.1.1　巷道维护

巷道维护是指不改变巷道基本尺寸和外形而仅对巷道进行加固支护。

巷道维护原理是支护体系、支护结构和参数及工艺过程适应围岩变形后的力学状态,确保支护特性与围岩变形力学特征相适应,最大限度发挥围岩自撑能力和支护体系支承能力以控制围岩变形。

4.1.2　巷道修复

巷道修复(或修复改造)则是指对已经变形或破坏且基本丧失使用功能的巷道进行改造,这种改造可能会改变其原有的尺寸或外形。

4.2　维修巷道

4.2.1　巷道维修原则

巷道维修的原则是:
①加固浅层围岩。
②充分利用和发挥深部围岩的承载能力。
③综合治理,联合支护,长期监控。

4.2.2　巷道维修技术

1)锚喷巷道维修

如巷道或硐室变形量不大、未产生根本性破坏、其基本功能尚未丧失或未严重影响矿井安全生产的巷道局部区域,且围岩相对稳定,可采取锚网喷支护加固技术,即可满足维护的基本要求。

对于严重破坏的巷道,应采取综合加固维护方法,如浅孔注浆+锚网喷技术、注浆+锚网(梁)技术、锚注加固技术等。

2)棚式支护巷道维修

对于严重破坏的棚式支护巷道,维修应更换支架。更换支架时应遵守"先外后里,先支后拆、先梁后腿、先顶后帮(背护)"的维修原则。

4.3　修复巷道

修复严重破坏的巷道施工难度增大,凿岩过程中可能出现卡钎、塌孔、锚杆无法安装等问题。应采取综合加固维护方法,如浅孔注浆+锚网喷技术、注浆+锚网(梁)技术、锚注加固技术等。锚注加固技术实质是通过对产生变形的围岩进行预注浆填充加固,提高围岩的物理力学参数,使之增强可锚性、提高锚杆的锚固力,然后在注浆加固的基础上利用高强树脂锚杆、锚索等支护材料进行加固。

4.3.1　冒顶片帮修复

冒顶片帮修复的处理方法有直接支架、撞楔法、锚喷法、木垛法。处理程序如下:
①首先,应控制冒顶范围进一步扩大。处理时应先加打点柱,临时维护确认安全后可补

打加固锚杆,然后对冒落区采取全断面处理、小断面处理、绕道掘进等加固处理方法。

②其次,要及时封(固)巷顶,再封两侧。应优先考虑采用锚喷支护处理冒顶区。首先将冒落区顶帮活石捣掉,喷射人员站在安全一侧向冒顶区喷射一层30～50 mm厚的混凝土,混凝土凝固后再打锚杆并挂网复喷一次,也可采用架棚支护。处理人员站在安全地点,用长杆将冒落的顶部活石捣掉,在没有冒落危险情况下架好支架,排好护顶木垛至冒落最高点将顶托住。

某矿采用锚喷方法处理过翻车机硐室和东大巷冒顶,如图10.27、图10.28所示。处理方法是:冒顶落下的岩石暂不清除,先用长杆捣掉冒顶区浮石,然后站在岩石堆上先喷一层混凝土固顶,后喷两帮。若顶、帮有渗漏水,可用特制捕斗和导管将水引出。初次喷层凝固后开始打锚杆眼,而后安装锚杆并挂网并再复喷一次,两次喷射厚度以不超过200 mm为宜。冒顶处理完之后,可按设计断面立模浇灌300～400 mm厚混凝土碹。碹顶上再充填400～500 mm河砂和矸石作为缓冲层,以保护下方碹拱。

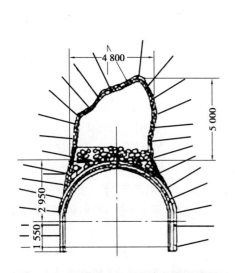

图10.27　用锚喷法处理翻车机硐室冒顶

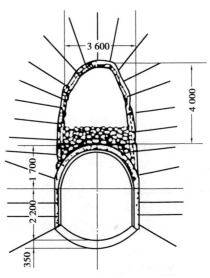

图10.28　用锚喷法处理大巷冒顶

4.3.2　岩巷修复

岩巷修复改造采用卧底、挑顶、刷帮方式扩巷后再加固支护。扩巷修复适用于巷道破坏严重但具有修复可能性和修复价值的巷道。这类巷道一般都发生了较大位移,如底臌、巷帮开裂、顶板下沉等使巷道的断面缩小、轨道变形,致使行人、运输、通风等均无法满足基本生产安全需求。

巷道扩修基本工艺流程:扩巷爆破(或静态)→临时支护(初喷、初支)→永久支护加固(支架、锚网喷、锚注+锚网梁等)。

1)扩巷爆破

对围岩变形破坏严重的巷道采用爆破扩帮时,首先应分析爆破对围岩的破坏影响,然后采取相应措施,以减少爆破对围岩的进一步破坏。一般来说,扩帮爆破有以下两种基本方法:

（1）垂直巷壁浅孔小炮剥帮

其工艺特点是根据扩帮量大小采用浅眼凿岩，少装药、放小炮，使巷道扩帮后达到相应尺寸，其炮眼布置如图10.29所示。必须编制爆破安全措施，按程序审批。

（2）平行巷壁的深孔剥帮

其工艺特点是沿巷道走向以较深炮孔装药后爆破扩帮。必须注意的是，爆破过程中应控制每孔的装药量或采取间隔装药方式进行爆破，以保持新扩巷道周边不受爆破应力影响。其炮眼布置如图10.30所示。

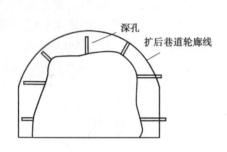
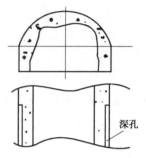

图10.29　垂直巷壁浅孔爆破扩修示意图　图10.30　平行巷壁的深孔松动爆破扩修示意图

2）临时支护

巷道修复改造必须进行有效的临时支护，这是因为松散破碎的老巷爆破后失去支护易冒落，必须及时进行控制。岩巷修复临时支护类型有喷混凝土、临时架棚、临时点柱、临时锚杆支护等。

上述临时支护方式分别适用于不同的条件。当围岩松散程度不严重、新巷道轮廓较为规整时，宜采用点柱、锚杆或喷射混凝土工艺维护顶帮，然后进行永久支护。当扩帮后顶帮围岩松散破碎容易进一步冒顶片帮掉岩时，应及时用木支架进行临时支护，然后采取相应维护措施再进行永久支护。

3）永久支护加固

岩巷修复可根据围岩稳定状况采用内注浆金属锚杆结合锚网（索）和喷射混凝土作为永久支护方式。

岩巷修复加固的目的是能较长时间地延续巷道基本功能。长期生产实践表明，一条巷道一般经过反复扩帮修复后围岩相当破碎，再做进一步修复相当困难。因此，巷道服务期内修复不宜超过3次。

当以上措施不能完整地恢复岩巷功能时，则要进行特殊改造修复，如重新开掘替代巷道等。

4.3.3　锚喷支护巷道的修复

1）锚喷支护巷道的修复措施

若喷层开裂、局部有剥落现象而锚杆仍能有效地发挥作用时，只要挖掉破碎的喷层、在原来的喷层上再喷一层混凝土即可。

若喷层开裂剥落范围较大且有的锚杆已经松脱无加固围岩能力时，需要挖掉破碎的喷层，新补打锚杆再喷射混凝土。

围岩和喷层破碎严重时,除了打锚杆加固,还应铺设金属网,压力特别大时还要增设钢骨架,以增加锚喷支护刚度。

当巷道处于断层破碎带时,采用锚喷支护效果不好,经锚喷多次修复仍不能稳定时,可以考虑注浆固结围岩,然后再用锚网喷支护。

2)锚网喷支护运输大巷变形修复实例

(1)工程概况

徐州矿区某矿-1 010 m 水平胶带运输大巷长 1 362 m,设计为拱形断面(宽 4.2 m,高 3.7 m,净断面面积 13.65 m²),支护方式为锚网喷,遇围岩破碎时采取绑扎钢筋锚喷和金属支架联合支护。巷道施工后变形严重,严重变形段的最大底臌量达 2.56 m,平均 1.52 m;两帮最大移近量达 1.36 m,平均 0.65 m。该段巷道混凝土严重脱落、围岩裸露、U29 型拱形支架棚梁扭曲变形,卡缆被挤断脱落,钢筋弯曲,底板倒立,巷道周边围岩松动破碎,经地质雷达测定,巷道围岩松动圈平均 2.45 m 左右,不得不进行二次修复处理。

(2)修复机理

根据巷道变形情况和实测地质资料分析,造成巷道严重变形主要有几个方面的因素:矿井采深达 1 100 m,地应力大,巷道岩性差,支护结构有缺陷。针对围岩承载能力差和巷道变形大的特点,支护需要给围岩留有一定变形量,以释放部分集中应力,同时增加围岩自身强度,以提高围岩承载能力。因此,采用锚注式锚杆对岩体实行充填注浆,将松散围岩加固成一整体,同时底板采用混凝土反拱支护,以提高围岩强度和承载能力。

(3)修复方案和工序

常规的修复方式在挖除混凝土体和变形围岩时,往往会带来大范围冒顶,威胁修复工作安全,还会进一步扩大巷道松动圈,支护的效果也不好。为避免上述问题,采用先对巷道松动圈内岩体实行注浆加固、然后挖掘混凝土体的修复方案。

修复工序如下:

①清掉浮矸和混凝土体,对巷道进行初喷,喷厚 50 mm,封闭顶帮裂缝和自由面。

②安装锚注锚杆,锚杆参数如下:ϕ20mm,L＝1 000 mm,间排距 1 400 mm×800 mm;然后对岩体注浆,凝固一段时间(25 d 左右),使岩体成为坚固整体。

③刷大巷道至设计毛断面,安装等强树脂锚杆。锚杆参数如下:ϕ20 mm,L＝2 500mm,间排距 700 mm×800 mm,挂网喷混凝土(喷厚 100～150 mm)。

④安装锚注锚杆,锚杆参数如下:ϕ20 mm,L＝2 000 mm,间排距 1 400 mm×800 mm,再行壁后充填注浆。

⑤挖除底臌岩土成反拱形,充填毛石水泥砂浆;然后安装锚注锚杆。锚杆参数:ϕ20 mm,L＝1 400 mm,间排距 1 400 mm×800 mm,对底板加固注浆。

(4)修复效果监测

巷道修复后,经过半年多时间设点观测,统计数据表明巷道平均两帮移近量为 38 mm,顶底板移近量为 23 mm,巷道已趋于稳定,可确保正常使用。

【思考与练习】

1. 简述硐室台阶法施工的工艺流程。
2. 简述煤仓反井钻机施工法的工艺流程。
3. 简述煤矿井下道岔的分类,说明道岔型号代表的意义。
4. 比较巷道维护与巷道修复的异同,简述锚喷支护巷道的修复方法。

参考文献

[1] 中华人民共和国应急管理部,国家矿山安全监察局.煤矿安全规程[M].北京:应急管理出版社,2022.

[2] 国家煤矿安全监察局.防治煤与瓦斯突出细则[M].北京:煤炭工业出版社,2019.

[3] 国家煤矿安全监察局.煤矿防治水细则[M].北京:煤炭工业出版社,2018.

[4] 吴再生,刘禄生.井巷工程[M].北京:煤炭工业出版社,2005.

[5] 何满潮,袁和生,靖洪文,等.中国煤矿锚杆支护理论与实践[M].北京:科学出版社,2004.

[6] 张永兴.岩石力学[M].北京:中国建筑工业出版社,2004.

[7] 东兆星,吴士良.井巷工程[M].徐州:中国矿业大学出版社,2004.

[8] 张先尘,钱鸣高,等.中国采煤学[M].北京:煤炭工业出版社,2003.

[9] 张国枢.通风安全学[M].3版.徐州:中国矿业大学出版社,2021.

参考文献

［1］中华人民共和国应急管理部,国家矿山安全监察局.煤矿安全规程［M］.北京:应急管理
出版社,2022.

［2］国家煤矿安全监察局.防治煤与瓦斯突出细则［M］.北京:煤炭工业出版社,2019.

［3］国家煤矿安全监察局.煤矿防治水细则［M］.北京:煤炭工业出版社,2018.

［4］吴再生,刘禄生.井巷工程［M］.北京:煤炭工业出版社,2005.

［5］何满潮,袁和生,靖洪文,等.中国煤矿锚杆支护理论与实践［M］.北京:科学出版
社,2004.

［6］张永兴.岩石力学［M］.北京:中国建筑工业出版社,2004.

［7］东兆星,吴士良.井巷工程［M］.徐州:中国矿业大学出版社,2004.

［8］张先尘,钱鸣高,等.中国采煤学［M］.北京:煤炭工业出版社,2003.

［9］张国枢.通风安全学［M］.3版.徐州:中国矿业大学出版社,2021.

主要参数	TYZ-1000	AF-2000	LM-100	LM-120	LM-2000	ATY-1500	ATY-2500
扩孔转速 /($r \cdot min^{-1}$)	0 ~ 20	0 ~ 12	0 ~ 27	0 ~ 22	0 ~ 18	0 ~ 18	0 ~ 18
钻孔推力/kN	245	3 102	150	250	350	488	1 041
扩孔拉力/kN	705	1 080	380	500	850	1 155	1 703
扩孔扭矩 /($kN \cdot m$)	24.1	610.4		110.6	40	42	68.6
总功率/kW	102	102	52.5	62.5	82.5	118.5	161
主机质量/kg	4 000	8 900	6 000	8 000	10 000	5 985	9 300
外形尺寸(长×宽×高)/mm	1 920×1 000 ×1 130	2 200×1 200 ×1 592	1 900×950 ×1 115	2 290×1 110 ×1 430	2 950×1 370 ×1 700	2 530×1 000 ×1 775	2 803×1 310 ×1 930

2）反井施工

现以 LM-120 型反井钻机施工某采区煤仓为例,介绍其施工方法。

（1）准备工作

①浇筑基础。施工之前在反井的上口位置按照设计尺寸要求用混凝土浇筑反井钻机基础。该基础必须水平而且要有足够强度。井口底板若是煤层或松软破碎岩层,应适当加大基础面积和厚度,若底板是稳定硬岩可适当减少基础面积和厚度。为了方便后期拆解钻机,钻机基础可做成梁框式,梁长要大于钻进扩孔最终断面直径一定尺寸。

钻进场地应布置施工循环水池。用于导向孔钻进时,清洗钻孔与冷却钻头。导向孔钻进时,岩屑是利用高压循环水带出钻孔,需安装一台高压水泵,一般的井下静压水系统不能满足要求,应做一个循环水池,水池容量一般不小于 5 m^3,距钻孔距离不小于 5 m,钻孔与水池之间用水沟连接,从钻孔中返出来的冲洗水通过水沟自流入水池,岩屑在水沟和水池中沉淀,钻进过程中要不断清理水沟和水池中的岩屑。水泵直接从水池中吸水以供冷却和冲洗钻孔之用。

②提供冷却水。钻进时冷却器的冷却水要求流量为 7.2 m^3/h、压力为 0.8 MPa。导孔钻进时用于冷却钻头和排除岩屑的冲洗水要求流量为 30 m^3/h、压力为 0.7 ~ 1.5 MPa。

③钻机安装与调试。钻机运到现场以后,按照图 10.13 所示的位置排列,然后找正钻机位置,拧紧卡轨器后按照如下步骤进行工作:往油箱内注油,连接动力电源和液压管路,启动副泵,升起翻转架将钻机竖立,使其动力水龙头接头轴心线对正预钻钻孔中心,安装斜拉杆,卸下翻转架和钻机架的连接销,放平翻转架,安装转盘吊和机械手,调平钻机架,固定钻机架（支起上下支撑缸）,接洗井液胶管和冷却水管,钻机安装好后,要全面检查各个部件的动作是否准确,液压系统是否漏油,供水系统是否漏水等。待一切正常后方可进行钻机试运转。

（2）反井钻进

①导孔钻进。把事先与稳定钻杆接好的导孔钻头放入井中心就位,启动马达,慢慢下放动力水龙头,连接导孔钻头,启动水泵向水龙头供水。开始以低钻压向下钻进,开孔钻速控制

在 1.0 ~ 1.5 m/h,开孔深度达 3 m 以后,增加推力油缸推力进行正常钻进。根据岩石的具体情况控制钻压,一般对松软岩层和过渡地层宜采用低钻压,对坚硬岩石宜采用高钻压。在钻透前应逐渐降低钻压。

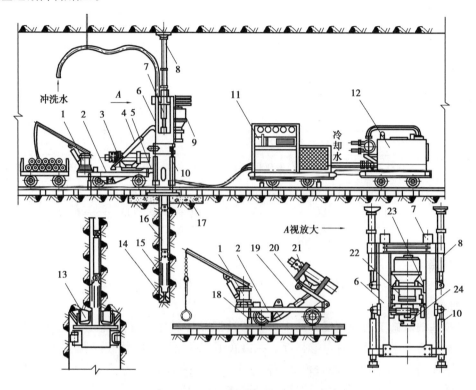

图 10.13 LM-120 型反井钻机示意图

1—转盘吊;2—钻机平台;3—钻杆;4—斜拉杆;5—长销轴;6—钻机架;7—推进油缸;8—上支撑;
9—液压马达;10—下支撑;11—泵车;12—油箱车;13—扩孔钻头;14—导孔钻头;
15—稳定钻杆;16—钻杆;17—混凝土基础;18—卡轨器;19—斜撑油缸;
20—翻转架;21—机械手;22—动力水龙头;23—滑轨;24—接头体

在导孔钻进中采用正循环排碴。将压力小于 1.2 MPa 的洗井液通过中心管和钻杆内孔送至钻头底部,水和岩屑再由钻杆外面与钻孔壁之间的环形空间返回。装卸钻杆可借助于机械手、转盘吊和翻转架。

②扩孔钻进。导孔钻透后,在下部巷道将导孔钻头卸下,接上直径 1.2 m 的扩孔钻头,将液压马达变为并联状态,调整主泵油量,使水龙头出轴转速为预定值(一般为 17 ~ 22 r/min)。扩孔时将冷却器的冷却水放入井口,水沿导孔井壁和钻杆外壁自然下流,即可达到冷却刀具和消尘防爆的作用。扩孔开孔时应采用低钻压,待刀盘和导向辊全部进入孔内后方可转入正常钻进。在扩孔钻进时,岩石碎屑自由下落到下部平巷,停钻时装车运出。扩孔钻进情况如图 10.14 所示。

扩孔距离煤仓上口时须留 2 m 岩柱,以确保钻机及人员安全,待钻机全部拆除后可用爆破法或风镐凿开预留的岩柱。

反井钻机也可以安装在基础梁(梁长度大于最终钻进扩孔断面直径安全尺寸)上,不留岩柱,一次扩透。

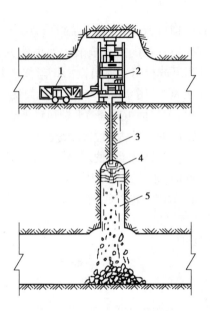

图 10.14　反井扩孔示意图

1—动力车;2—反井钻机;3—导向孔;4—扩孔钻头;5—已扩反井

（3）反井刷大

用钻机钻扩完直径为 1.2 m 的反井全深后,即可按设计煤仓规格进行刷大。刷大前应做好掘砌施工设备的布置和安装等准备工作,煤仓刷大施工段设备布置如图 10.15 所示。

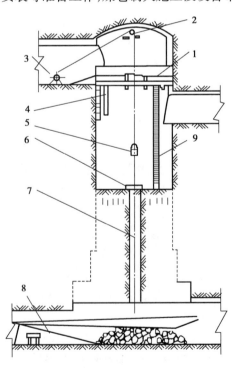

图 10.15　煤仓刷大施工设备布置示意图

1—封口盘;2—提升天轮;3—提升绞车;4—风筒;5—吊桶;
6—铁箅子孔盖;7—ϕ1.2 m 的反井;8—耙矸机;9—钢丝绳软梯

191

利用煤仓上部的卸载硐室作锁口,在其上面安装封口盘,盘面上设置提升、风筒、风管、水管、下料管、喷浆管和人行梯等孔口。在硐室顶安装工字钢梁并架设提升天轮,提升利用 JD-25 型绞车、1 m³ 吊桶上下机具和下放材料。人员则沿钢丝绳软梯上下。采用压入式通风,在卸载硐室安设 l 台 55 kW 局部通风机,用 φ500 mm 胶质风筒经封口盘下到工作面上方。

煤仓反井自上向下进行刷大,工作面可配备 YT 型风动凿岩机,选用药卷 φ35 mm 的煤矿硝铵炸药和毫秒电雷管。由于钻出的反井为刷大爆破提供了理想的自由面,因而工作面上无须再打掏槽眼。全断面炮眼爆破分两次进行,使爆破面形成台阶漏斗形,以便矸石向反井溜放。当刷大到距离反井下口 2 m 时,采用加深炮眼方法一次打透。

刷大掘进放炮后,矸石大部分沿反井溜放到煤仓下部平巷,剩余矸石用人工撬入反井。下部平巷设 1 台 0.6 m³ 的耙斗装岩机,将落入巷道的矸石装入 1.5 t 矿车外运。煤仓反井刷大过程中,采用锚喷网作临时支护。

3)永久仓壁的砌筑

该煤仓的仓壁采用厚 700 mm 的圆筒形钢筋混凝土结构。煤仓下口为倒锥形给煤漏斗,上口直径 8 m,下口直径 4.22 m,内表面铺砌厚 100 mm 的钢屑混凝土耐磨层。漏斗由两根高 2 m 的钢筋混凝土梁支托。煤仓砌筑总的施工顺序是先浇筑给煤机漏斗,再自下向上砌筑仓壁。混凝土和模板全部由煤仓上口的绞车调运。

煤仓砌筑时的支模方法,通常采用绳捆模板或固定模板,支模工作在木脚手架上进行,施工中由于脚手架不能拆除,模板无法周转使用,木材耗量大且组装拆卸困难,影响砌筑速度。因此,该矿在砌筑煤仓时,改变上述支模方法,采用滑模技术创造了一套应用滑模砌筑煤仓仓壁的施工方法。考虑到煤仓垂深不大的特点,直接引用立井的液压滑模在经济上不够合理,因而专门研制了一种砌筑仓壁的手动可伸缩模板,沿周围用 24 个 GS-3 型手动起重器作模板提升牵引装置,模板沿直径 13.5 mm 的钢丝绳滑升,使用灵活方便。煤仓砌壁滑模施工如图 10.16 所示。

这一施工支模方法省工、省料、机械化程度高、质量好、速度快。

2.2.3 深孔掏槽爆破法

虽然反井钻机施工法技术先进,但有时受条件限制而难以应用。传统的普通反井掘进方式多属浅眼爆破施工法,费工费时、作业面通风不良且施工安全条件差。深孔掏槽爆破法采用中型钻机全深度一次钻孔,自下而上连续分段爆破成井,集中出碴、装药、连线、填塞、爆破等作业均在煤仓上部巷道进行,与传统施工法相比,具有作业条件好、工效高、速度快、安全、节约材料等一系列优点。

下面以某矿西采区圆筒立式煤仓(图 10.17)的施工为例,说明深孔爆破法的施工过程。

该煤仓高 8 m,净直径 3.4 m,喷射混凝土支护,厚度 150 mm。煤仓上口与胶带输送机上山机头硐室相接,下口与运输大巷相通。

先在胶带输送机机头硐室内安设液压钻机,沿煤仓中心打一钻孔,然后绕中心孔直径为 1 m 的圆周上均匀地打四个钻孔与大巷穿透,作为掏槽眼。钻孔直径均为 81 mm,爆破所用炸药为 2 号岩石硝铵炸药,1~4 段秒延期电雷管和导爆索起爆。

将 7 m 深炮眼一次装药分两段起爆,每段炮眼装药长度为 2.52 m,装药量为 8.4 kg,中间用 500 mm 炮泥相隔,眼底用木锥、炮泥封口 600~1 000 mm,上口封 500 mm 炮泥(图 10.18)。

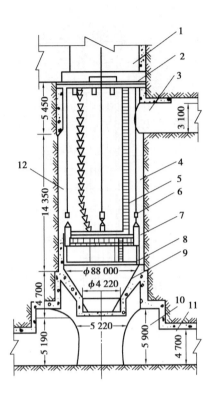

图 10.16　手动起重器牵引滑模砌壁示意图

1—胶带输送机机头;2—封口盘;3—配煤硐室；4—煤仓；5—软梯;6—手动葫芦；7—滑模；
8—滑模辅助盘;10—给煤漏斗;10—给煤机硐室;11—装载胶带输送机硐室;12—钢丝绳

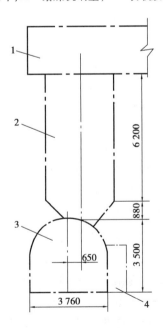

图 10.17　某矿西采区煤仓示意图

1—胶带输送机机头硐室;2—煤仓;3—运输大巷;4—小绞车硐室

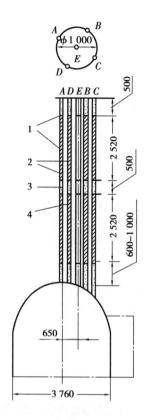

图 10.18　炮眼布置与装药

1—雷管;2—炸药;3—炮泥;4—钢弹

　　装药前,先将眼底封好,再把炸药捆成小捆,每捆 4 卷,然后把 14 捆炸药对接起来,用导爆索上下贯穿并一起固定在一根铁丝上送入眼底。封 500 mm 长间隔炮泥后,再用同样方法装好上段炸药。用炮泥封好上口,合计每孔装药量为 16.6 kg。为确保起爆,在每段炸药的上部和中部各装一个同号雷管。中心孔不装药,用铁丝悬吊两个钢弹,分别放在每分段上部位置。钢弹用 ϕ81 mm、长 500 mm 的钢管制成,每个钢弹内装药 1.2 kg,一次起爆总装药量为 610.6 kg。

　　下段炸药和下部钢弹分别装入 1 段和 2 段雷管,上段炸药和上部钢弹分别装入 3 段和 4 段雷管。下部的过量炸药爆炸后,将中心岩石充分预裂,再借助该段上部钢弹的爆炸威力实现挤压抛碴。上段装药和爆炸情况也是如此。

　　小反井爆透后,即可自上向下刷大至设计断面。边刷大边喷射混凝土直至下部漏斗口,安装漏斗座、中间缓冲台和顶盖梁之后煤仓即施工完毕。

　　此法作业安全,速度快、效率高,在高度不大的煤仓施工中使用可以获得比较满意的技术经济效益。但钻眼的垂直度要求高,爆破技术也要求严格。反井爆破前,必须在煤仓下口巷道内预留补偿空间,因岩石爆破后会碎胀,如果没有一定的容纳空间,放炮后岩块间互相挤压,挤压太紧密可能散落不下去。爆破下来的岩石由巷道中的耙斗装岩机装入矿车运走。

3　交岔点施工

3.1　交岔点的类型及应用

3.1.1　交岔点的概念与形式

交岔点是指巷道相交或分岔的地点。

交岔点按支护方式与形式不同,可分为砌碹(料石或预制混凝土块)交岔点、锚喷支护交岔点、棚式交岔点。

按结构形式不同,可分为牛鼻子交岔点和穿尖交岔点,如图 10.19 所示。穿尖交岔点长度短、高度低、跨度小、工程量小、施工简单、通风阻力小,但承载能力较低,故多用于围岩稳定、巷道跨度不超过 5.0 m、巷道转角大于 45°的交岔点。

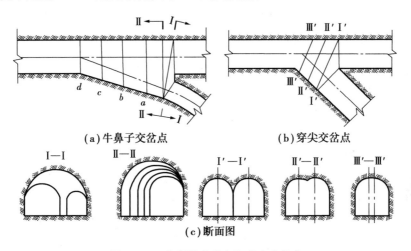

图 10.19　牛鼻子交岔点和穿尖交岔点

3.1.2　交岔点的应用

矿井主要运输巷道的弯曲和分岔都有一定的技术规格和要求,其交岔点断面变化大、跨度大、顶板不易维护,因此大多采用能适用于各种围岩条件和不同规格尺寸的牛鼻子交岔点。

过去交岔点施工多采用砌碹支护,目前普遍采用锚喷支护。

3.2　道岔构造与技术特征

3.2.1　道岔的概念与组成

道岔是轨道运输线路连接系统中的基本元件,其的作用是使车辆由一条线路过渡到另一

条线路的装置。由岔尖、基本轨、辙岔(岔心和翼轨)、护轮轨以及转辙器等部件构成,如图10.20 所示。

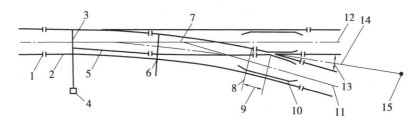

图 10.20 道岔构造示意图

1—基本轨接头;2—基本轨;3—牵引拉杆;4—转辙机构,5—岔尖;6—曲线起点;
7—转辙中心;8—曲线终点;9—插入直线;10—翼轨;11—岔心;12—辙岔岔心角;
13—侧轨轴线;14—直轨轴线;15—辙岔轴线;16—护轮轨;17—警冲标

岔尖的作用是引导车辆向主线或岔线运行,矿车通过时它承受较大的冲击力。应具有足够的强度,其摆动依靠转辙器来完成。

辙岔的作用是防止矿车掉道,保证车轮轮缘能顺利通过,转辙曲线是位于岔尖和辙岔之间的一段曲线,其曲率半径取决于道岔的型号,辙岔岔心角 α(简称辙岔角),是道岔的最重要参数。用 $\alpha/2$ 的余切值表示道岔的型号 M,即 $M = \dfrac{1}{2}\cot\dfrac{\alpha}{2}$。$M$ 越大,α 越小,道岔曲率半径和长度就越大,车辆通过时就越平稳;反之,平稳性就越差。道岔型号 M 有 2、3、4、5、6 五种。

护轮轨是防止车辆在辙岔上脱轨而设置的一段内轨。

3.2.2 道岔的类型与技术特征

矿用窄轨道岔有 3 种形式,即单开道岔(用 DK 表示),对称道岔(用 DC 表示)和渡线道岔(用 DX 表示)。其主要尺寸标注如图 10.21 所示,其技术特征见表 10.2。

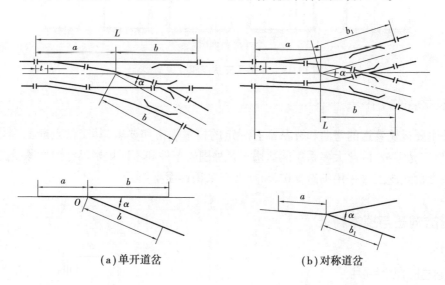

(a)单开道岔　　　　　　　　　(b)对称道岔

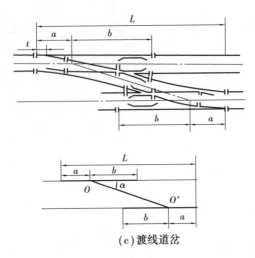

（c）渡线道岔

图 10.21　矿用窄轨道岔主要尺寸标注图

a—转辙中心至道岔起点的距离；b—转辙中心至道岔终点的距离；L—道岔长度

表 10.2　道岔的技术特征及适用条件

道岔型号	曲线半径	主要参数/mm				允许行驶车辆类型	允许行驶速度/(m·s⁻¹)
		α	a	b	L		
DK615-2-4	4	28°04′20″	1 649	1 851	3 500	1 t 矿车	≤1.5
DK615-4-12	12	14°15′00″	3 340	3 500	6 840	7 t 及以下电机车	1.5～3.5
DK615-6-25	25	9°31′38″	4 026	5 124	9 150	7 t 及以下电机车	1.5～3.5
DK618-4-12	12	14°15′00″	3 472	3 328	6 800	7～10 t 电机车	1.5～3.5
DK618-5-15	15	11°25′16″	3 251	4 149	7 400	7～10 t 电机车	1.5～3.5
DK624-4-12	12	14°15′00″	3 496	3 404	6 900	7～10 t 电机车	1.5～3.5
DK918-3-9	9	18°55′30″	3 694	3 706	7 400	3 t 矿车	≤1.5
DK918-4-15	15	14°15′00″	3 710	4 690	8 400	7～10 t 电机车	1.5～3.5
DK918-5-20	20	11°25′16″	4 070	5 630	9 700	7～10 t 电机车	1.5～3.5
DK924-5-20	20	11°25′16″	4 066	5 734	9 800	14 t 电机车	1.5～3.5
DK918-6-30	30	9°31′38″	4 507	6 693	11 200	14 t 电机车	1.5～3.5
DC615-2-6	6	28°4′20″	2 102	898	4 000	1 t 矿车	1.5～3.5
DC615-3-12	12	18°55′30″	2 000	2 880	4 880	7 t 及以下电机车	1.5～3.5
DC618-3-12	12	18°55′30″	2 077	2 723	4 800	7～10 t 电机车	1.5～3.5
DC624-3-9	9	18°55′30″	1 945	1 755	4 700	1 t 矿车	1.5～3.5
DC624-3-12	12	18°55′30″	2 064	2 736	4 800	7～10 t 电机车	1.5～3.5
DC918-3-9	9	18°55′30″	1 946	3 554	5 500	3 t 矿车	≤1.5
DC918-3-20	20	18°55′30″	2 405	3 495	5 900	7～10 t 电机车	1.5～3.5
DC924-3-20	20	18°55′30″	2 375	3 525	5 900	14 t 电机车	1.5～3.5

续表

道岔型号	曲线半径	主要参数/mm				允许行驶车辆类型	允许行驶速度/(m·s⁻¹)
		α	a	b	L		
DX615-4-1213	12	14°15′00″	3 340	3 500	11 799	7 t 及以下电机车	1.5 ~ 3.5
DX615-5-1516	15	11°25′16″	3 117	4 233	14 154	7 t 及以下电机车	1.5 ~ 3.5
DX618-4-1213	12	14°15′00″	3 472	3 328	12 063	7 ~ 10 t 电机车	1.5 ~ 3.5
DX618-5-1513	15	11°25′16″	3 251	4 149	12 937	7 ~ 10 t 电机车	1.5 ~ 3.5
DX624-4-1213	12	14°15′00″	3 496	3 404	12 111	7 ~ 10 t 电机车	1.5 ~ 3.5
DX624-5-1516	15	11°25′16″	3 258	4 142	14 436	7 ~ 10 t 电机车	1.5 ~ 3.5
DX918-4-1516	15	14°15′00″	3 710	4 690	13 720	7 ~ 10 t 电机车	1.5 ~ 3.5
DX918 5-2016	20	11°25′16″	4 070	5 630	16 060	7 ~ 10 t 电机车	1.5 ~ 3.5
DX924-4-1516	15	14°15′00″	3 726	4 674	13 752	14 t 电机车	1.5 ~ 3.5
DX924-5-2019	20	11°25′16″	4 066	5 734	17 537	14 t 电机车	1.5 ~ 3.5

注:①DK918-5-20 代表单开道岔,900 mm 轨距,18 kg/m 轨型,5 号道岔,曲率半径 20 m;

②DC624-3-12 代表对称道岔,600 mm 轨距,24 kg/m 轨型,3 号道岔,曲率半径 12 m;

③DX624-4-1213 代表渡线道岔,600 mm 轨距,24 kg/m 轨型,4 号道岔,曲率半径 12 m,双轨的轨道中心距为 1 300 mm。

3.2.3 道岔的选择原则

道岔本身制造质量的优劣或道岔型号选择是否合适,与车辆运行速度、运行安全和集中控制程度等均有很大关系。一般应按以下原则选用:

①与基本轨的轨距相适应。如基本轨线路的轨距是 600 mm,就应选用 600 mm 轨距的道岔。

②与基本轨型相适应。选用与基本轨同级或高一级的道岔型号,绝不允许采用低一级的道岔。

③与行驶车辆的类别相适应。多数标准道岔都允许机车通过,少数标准道岔由于道岔的曲率半径过小(≤10 m)、辙岔角过大(>18°55′30″)时,只允许矿车行驶。

④与行车速度相适应。多数标准道岔允许车辆通过的速度为 1.5 ~ 3.5 m/s,而少数标准道岔只允许车辆通过的速度在 1.5 m/s 以下。

3.3 交岔点施工方法

交岔点的施工与硐室施工方法基本相同,应使用光面爆破、锚喷支护,在条件允许时尽量做到一次成巷。

在井底车场施工中为了服从总的施工组织安排、加速连锁工程施工,当岩石条件较好时可以允许先掘其中一条巷道,再在前面巷道掘进的同时进行交岔点刷大和支护,此时的刷大和支护工作应不影响前面巷道的施工,以保证连锁工程的连续快速掘进。

3.3.1 锚喷支护的岩巷交岔点施工

施工中应根据交岔点穿过岩层的地质条件、断面大小和支护型式、开始掘进的方向和施工期间工作面的运输条件,选用不同的施工方法,交岔点施工方法归纳起来主要有四种。

1)随掘随支或掘后一次支护

若围岩稳定,可采用一次成巷施工方法,随掘随支或掘进后一次支护,其施工顺序如图10.22 所示。按图中Ⅰ→Ⅱ→Ⅲ的顺序全断面掘进,锚杆按设计要求一次锚完并喷射适当厚度的混凝土及时封闭顶板;若岩石易风化,可先喷混凝土后打锚杆,最后安设牛鼻子和两帮处锚杆并复喷混凝土至设计厚度。

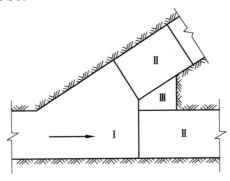

图 10.22 坚固稳定岩层中交岔点一次成巷

2)先小断面掘进两支巷,然后分段刷帮、挑顶和支护

若围岩中等稳定,交岔点变断面部分起始段仍可采用一次成巷施工,在断面较大处为了使顶板一次暴露面积不致过大,先用小断面向两支巷掘进并对边墙锚喷,余下周边喷射一层厚30～50 mm 的混凝土作临时支护,再分段刷帮、挑顶和支护。

3)先掘砌柱墩再刷砌扩大断面

若围岩稳定性较差,可采用先掘砌柱墩再刷砌扩大断面部分的方法。一种方法是:先将主巷掘通,同时将交岔点一侧边墙砌好,接着以小断面横向掘岔口并向支巷掘进2 m,将柱墩及巷口2 m 处的拱、墙砌好,然后刷砌扩大断面处,做好收尾工作,如图10.23(a)所示。另一种方法是:先由支巷掘至岔口,接着以小断面横向与主巷贯通并将主巷掘过岔口2 m,同时将柱墩和两巷口的2 m 拱、墙砌好,随后向主巷方向掘进过斜墙起点2 m 后将边墙和该段2 m 巷道拱、墙砌好,再反过来向柱墩方向刷砌,做好收尾工作,如图10.23(b)所示。

4)导硐施工法

若围岩稳定性差,不允许一次暴露面积过大,可采用导硐施工法,如图10.24 所示,此法与上述方法基本相同,先以小断面导硐将交岔点各巷口、柱墩、边墙掘砌好后,从主巷向岔口方向挑顶砌拱。为了加快施工速度、缩短围岩暴露时间、保证交岔点施工的安全,中间岩柱暂时留下,待交岔点刷砌好后用放小炮方法将其除掉。

在交岔点实际施工中,应根据围岩的稳定程度、断面大小、掘进方向以及施工设备和技术条件等具体情况,采用多种多样的施工方法。其原则应是:既要保证施工安全又要使施工快速、方便(特别是减少倒矸次数)。

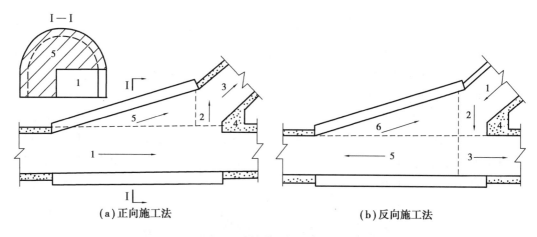

(a)正向施工法　　　　　　　　　　　　(b)反向施工法

图 10.23　先掘砌柱墩再刷砌扩大断面的施工顺序

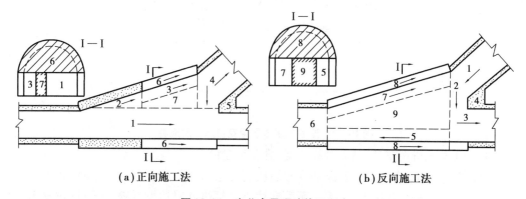

(a)正向施工法　　　　　　　　　　　　(b)反向施工法

图 10.24　交岔点导硐法施工顺序

5)处理施工中的相关技术问题

(1)测量工作

施工测量除了定期给出中、腰线,还要给出变断面部分的起点,必要时还要找出主巷与支巷轨道中心线的交点。根据交岔点施工图计算出开帮长度和开帮量。如图 10.25 所示为确定刷帮范围的方法之一,主巷轨道中心线的 P 点是刷帮起点,通过 P 点作一直线平行于扩大边墙,并与支巷轨道中心线交于 Q 点,根据交岔点施工图可定出两轨道中心线的交点 O 及 OP 或 OQ 的长度,其值亦可通过计算求得,施工测量可在现场定出 P 点,放出 PQ 线,与 PQ 相距为 S 的一条平行线即为开帮线。

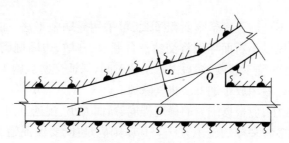

图 10.25　交岔点的测量方法

（2）柱墩砌筑

柱墩是交岔点受力最大的地方,可以用料石砌筑,但最好用混凝土浇筑。若用锚喷支护交岔点,常采用在交岔点掘进到柱墩处时预留光爆层 300～400 mm,交岔点其他部分掘锚结束后,再用打浅眼放小炮(眼距 150 mm)的方法刷出柱墩,随后锚喷成形。

3.3.2　棚式支架交岔点的结构与施工

棚式支架交岔点主要在岩层相对稳定、服务年限较短的巷道中使用。其结构有直角交岔点,如图 10.26(a)所示;锐角交岔点,如图 10.26(b)所示。这类交岔点宽度变化而高度不变,施工方法比较简单,在施工时首先将主巷掘过分巷 3～5 m,然后在开口处架设抬棚,再进行分巷掘进。

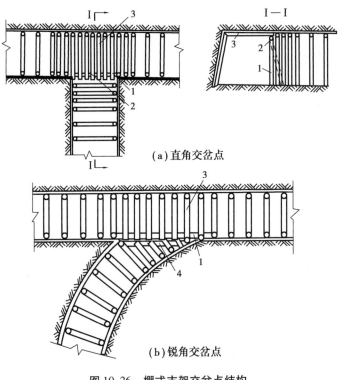

（a）直角交岔点

（b）锐角交岔点

图 10.26　棚式支架交岔点结构
1—抬棚;2—抬棚顶梁;3—插梁;4—辅助抬棚

4　巷道维护与修复

4.1　巷道维护与修复的概念

4.1.1　巷道维护

巷道维护是指不改变巷道基本尺寸和外形而仅对巷道进行加固支护。

巷道维护原理是支护体系、支护结构和参数及工艺过程适应围岩变形后的力学状态,确保支护特性与围岩变形力学特征相适应,最大限度发挥围岩自撑能力和支护体系支承能力以控制围岩变形。

4.1.2　巷道修复

巷道修复(或修复改造)则是指对已经变形或破坏且基本丧失使用功能的巷道进行改造,这种改造可能会改变其原有的尺寸或外形。

4.2　维修巷道

4.2.1　巷道维修原则

巷道维修的原则是:
①加固浅层围岩。
②充分利用和发挥深部围岩的承载能力。
③综合治理,联合支护,长期监控。

4.2.2　巷道维修技术

1)锚喷巷道维修

如巷道或硐室变形量不大、未产生根本性破坏、其基本功能尚未丧失或未严重影响矿井安全生产的巷道局部区域,且围岩相对稳定,可采取锚网喷支护加固技术,即可满足维护的基本要求。

对于严重破坏的巷道,应采取综合加固维护方法,如浅孔注浆+锚网喷技术、注浆+锚网(梁)技术、锚注加固技术等。

2)棚式支护巷道维修

对于严重破坏的棚式支护巷道,维修应更换支架。更换支架时应遵守"先外后里,先支后拆、先梁后腿、先顶后帮(背护)"的维修原则。

4.3　修复巷道

修复严重破坏的巷道施工难度增大,凿岩过程中可能出现卡钎、塌孔、锚杆无法安装等问题。应采取综合加固维护方法,如浅孔注浆+锚网喷技术、注浆+锚网(梁)技术、锚注加固技术等。锚注加固技术实质是通过对产生变形的围岩进行预注浆填充加固,提高围岩的物理力学参数,使之增强可锚性、提高锚杆的锚固力,然后在注浆加固的基础上利用高强树脂锚杆、锚索等支护材料进行加固。

4.3.1　冒顶片帮修复

冒顶片帮修复的处理方法有直接支架、撞楔法、锚喷法、木垛法。处理程序如下:
①首先,应控制冒顶范围进一步扩大。处理时应先加打点柱,临时维护确认安全后可补

打加固锚杆,然后对冒落区采取全断面处理、小断面处理、绕道掘进等加固处理方法。

②其次,要及时封(固)巷顶,再封两侧。应优先考虑采用锚喷支护处理冒顶区。首先将冒落区顶帮活石捣掉,喷射人员站在安全一侧向冒顶区喷射一层 30 ~ 50 mm 厚的混凝土,混凝土凝固后再打锚杆并挂网复喷一次,也可采用架棚支护。处理人员站在安全地点,用长杆将冒落的顶部活石捣掉,在没有冒落危险情况下架好支架,排好护顶木垛至冒落最高点将顶托住。

某矿采用锚喷方法处理过翻车机硐室和东大巷冒顶,如图 10.27、图 10.28 所示。处理方法是:冒顶落下的岩石暂不清除,先用长杆捣掉冒顶区浮石,然后站在岩石堆上先喷一层混凝土固顶,后喷两帮。若顶、帮有渗漏水,可用特制捕斗和导管将水引出。初次喷层凝固后开始打锚杆眼,而后安装锚杆并挂网并再复喷一次,两次喷射厚度以不超过 200 mm 为宜。冒顶处理完之后,可按设计断面立模浇灌 300 ~ 400 mm 厚混凝土碹。碹顶上再充填 400 ~ 500 mm 河砂和矸石作为缓冲层,以保护下方碹拱。

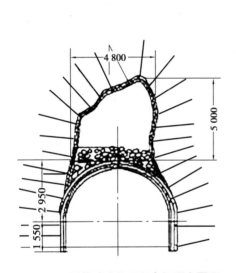

图 10.27　用锚喷法处理翻车机硐室冒顶

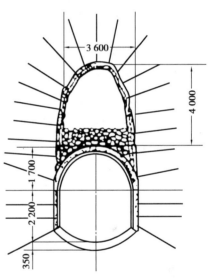

图 10.28　用锚喷法处理大巷冒顶

4.3.2　岩巷修复

岩巷修复改造采用卧底、挑顶、刷帮方式扩巷后再加固支护。扩巷修复适用于巷道破坏严重但具有修复可能性和修复价值的巷道。这类巷道一般都发生了较大位移,如底臌、巷帮开裂、顶板下沉等使巷道的断面缩小、轨道变形,致使行人、运输、通风等均无法满足基本生产安全需求。

巷道扩修基本工艺流程:扩巷爆破(或静态)→临时支护(初喷、初支)→永久支护加固(支架、锚网喷、锚注+锚网梁等)。

1)扩巷爆破

对围岩变形破坏严重的巷道采用爆破扩帮时,首先应分析爆破对围岩的破坏影响,然后采取相应措施,以减少爆破对围岩的进一步破坏。一般来说,扩帮爆破有以下两种基本方法:

（1）垂直巷壁浅孔小炮剥帮

其工艺特点是根据扩帮量大小采用浅眼凿岩,少装药、放小炮,使巷道扩帮后达到相应尺寸,其炮眼布置如图 10.29 所示。必须编制爆破安全措施,按程序审批。

（2）平行巷壁的深孔剥帮

其工艺特点是沿巷道走向以较深炮孔装药后爆破扩帮。必须注意的是,爆破过程中应控制每孔的装药量或采取间隔装药方式进行爆破,以保持新扩巷道周边不受爆破应力影响。其炮眼布置如图 10.30 所示。

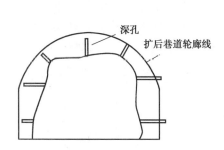
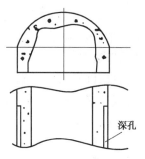

图 10.29　垂直巷壁浅孔爆破扩修示意图　图 10.30　平行巷壁的深孔松动爆破扩修示意图

2）临时支护

巷道修复改造必须进行有效的临时支护,这是因为松散破碎的老巷爆破后失去支护易冒落,必须及时进行控制。岩巷修复临时支护类型有喷混凝土、临时架棚、临时点柱、临时锚杆支护等。

上述临时支护方式分别适用于不同的条件。当围岩松散程度不严重、新巷道轮廓较为规整时,宜采用点柱、锚杆或喷射混凝土工艺维护顶帮,然后进行永久支护。当扩帮后顶帮围岩松散破碎容易进一步冒顶片帮掉岩时,应及时用木支架进行临时支护,然后采取相应维护措施再进行永久支护。

3）永久支护加固

岩巷修复可根据围岩稳定状况采用内注浆金属锚杆结合锚网（索）和喷射混凝土作为永久支护方式。

岩巷修复加固的目的是能较长时间地延续巷道基本功能。长期生产实践表明,一条巷道一般经过反复扩帮修复后围岩相当破碎,再做进一步修复相当困难。因此,巷道服务期内修复不宜超过 3 次。

当以上措施不能完整地恢复岩巷功能时,则要进行特殊改造修复,如重新开掘替代巷道等。

4.3.3　锚喷支护巷道的修复

1）锚喷支护巷道的修复措施

若喷层开裂、局部有剥落现象而锚杆仍能有效地发挥作用时,只要挖掉破碎的喷层、在原来的喷层上再喷一层混凝土即可。

若喷层开裂剥落范围较大且有的锚杆已经松脱无加固围岩能力时,需要挖掉破碎的喷层重新补打锚杆再喷射混凝土。

围岩和喷层破碎严重时,除了打锚杆加固,还应铺设金属网,压力特别大时还要增设钢骨架,以增加锚喷支护刚度。

当巷道处于断层破碎带时,采用锚喷支护效果不好,经锚喷多次修复仍不能稳定时,可以考虑注浆固结围岩,然后再用锚网喷支护。

2）锚网喷支护运输大巷变形修复实例

（1）工程概况

徐州矿区某矿-1 010 m 水平胶带运输大巷长 1 362 m,设计为拱形断面（宽4.2 m,高3.7 m,净断面面积13.65 m²）,支护方式为锚网喷,遇围岩破碎时采取绑扎钢筋锚喷和金属支架联合支护。巷道施工后变形严重,严重变形段的最大底臌量达 2.56 m,平均 1.52 m;两帮最大移近量达 1.36 m,平均0.65 m。该段巷道混凝土严重脱落、围岩裸露,U29 型拱形支架棚梁扭曲变形,卡缆被挤断脱落,钢筋弯曲,底板倒立,巷道周边围岩松动破碎,经地质雷达测定,巷道围岩松动圈平均2.45 m 左右,不得不进行二次修复处理。

（2）修复机理

根据巷道变形情况和实测地质资料分析,造成巷道严重变形主要有几个方面的因素:矿井采深达 1 100 m,地应力大,巷道岩性差,支护结构有缺陷。针对围岩承载能力差和巷道变形大的特点,支护需要给围岩留有一定变形量,以释放部分集中应力,同时增加围岩自身强度,以提高围岩承载能力。因此,采用锚注式锚杆对岩体实行充填注浆,将松散围岩加固成一整体,同时底板采用混凝土反拱支护,以提高围岩强度和承载能力。

（3）修复方案和工序

常规的修复方式在挖除混凝土体和变形围岩时,往往会带来大范围冒顶,威胁修复工作安全,还会进一步扩大巷道松动圈,支护的效果也不好。为避免上述问题,采用先对巷道松动圈内岩体实行注浆加固、然后挖掘混凝土体的修复方案。

修复工序如下:

①清掉浮矸和混凝土体,对巷道进行初喷,喷厚 50 mm,封闭顶帮裂缝和自由面。

②安装锚注锚杆,锚杆参数如下:$\phi20mm$,$L=1 000 mm$,间排距 1 400 mm×800 mm;然后对岩体注浆,凝固一段时间（25 d 左右）,使岩体成为坚固整体。

③刷大巷道至设计毛断面,安装等强树脂锚杆。锚杆参数如下:$\phi20 mm$,$L=2 500mm$,间排距700 mm×800 mm,挂网喷混凝土（喷厚 100~150 mm）。

④安装锚注锚杆,锚杆参数如下: $\phi20 mm$,$L=2 000 mm$,间排距 1 400 mm×800 mm,再行壁后充填注浆。

⑤挖除底臌岩土成反拱形,充填毛石水泥砂浆;然后安装锚注锚杆。锚杆参数:$\phi20 mm$,$L=1 400 mm$,间排距 1 400 mm×800 mm,对底板加固注浆。

（4）修复效果监测

巷道修复后,经过半年多时间设点观测,统计数据表明巷道平均两帮移近量为 38 mm,顶底板移近量为 23 mm,巷道已趋于稳定,可确保正常使用。

【思考与练习】

1. 简述硐室台阶法施工的工艺流程。
2. 简述煤仓反井钻机施工法的工艺流程。
3. 简述煤矿井下道岔的分类,说明道岔型号代表的意义。
4. 比较巷道维护与巷道修复的异同,简述锚喷支护巷道的修复方法。